Deepen Your Mind

前言 Foreword

從頂級公司的面試說起

網際網路頂級公司是當今很多開發人員，尤其是應屆畢業生們所嚮往的公司。但大家應該都聽過關於頂級公司面試候選人的一句調侃的話，「面試造火箭，工作轉螺絲」，這雖然有一點誇張的成分，不過也確實描述得比較形象。在面試中，尤其是頂級網際網路頂級公司的面試，對技術的詢問往往很深。但是到了工作中，可能確實又需要花不少時間在寫各種各樣的重複 CRUD 上。

那為什麼會出現這種情況，是頂級公司閒得沒事非得為難候選人嗎？其實不是，這是因為紮實的底層功力確實對頂級公司來說很重要。

網際網路頂級公司區別於小公司的業務特點就是巨量請求，隨便一個業界第二等級的 App，每天的後端介面請求數過億很常見，更不用提微信、淘寶等頂級公司了。在這種量級的使用者請求下，業務能 7×24 小時穩定地提供服務就非常重要了。哪怕服務故障出現十分鐘，對業務造成的損失可能都是不容小覷的。

所以在頂級公司中，你寫出來的程式不是能跑起來就行了，是必須能夠穩定運行。程式在運行期間可能會無法避免地遭遇各種線上問題。應用都是跑在硬體、作業系統之上的，因此線上的很多問題都和底層相關。如果遇到線上問題，你是否有能力快速排除和處理？例如有的時候線上存取逾時是因為 TCP 的全連接佇列滿導致的，如果你對這類底層的知識了解得不夠，則根本無法應對。

另外，頂級公司應徵高水準程式設計師的目的可能不僅是能快速處理問題，甚至希望程式設計師能在寫程式之前就做出預判，從而避免出故障。不知道你所在的團隊是否進行過 Code Review（程式評審，簡稱 CR）。往往新手程式設計師自我感覺良好、覺得寫得還不錯的程式給資深程式設計師看一眼就能發現很多上線後可能會出現的問題。

頂級公司在招人上是不怕花錢的，最怕的是業務不穩定和不可靠。如果以很低的價錢招來水準一般的程式設計師，結果導致業務三天兩頭出問題，給業務收入造成損失，那可就得不償失了。所以，要想進頂級公司，紮實的內功是不可或缺的。

談談工作以後的成長

那是不是說已經工作了，或已經進入頂級公司了，紮實的內功、能力就可有可無了呢？答案當然是否定的，工作以後內功也同樣的重要！

拿後端開發工作來舉例。初接觸後端開發的朋友會覺得，這個方向太容易了。我剛接觸後端開發的時候也有這種錯覺。我剛畢業做 Windows 下的 C++ 開發的時候，專案裡的程式編譯完生成的專案都是幾個 GB 的，但是轉到後端後發現，一個服務端介面可能 100 行程式就搞定了。

由於看上去的這種「簡單性」，許多工作三年左右的後端開發人員會陷入一個成長瓶頸，手頭的東西感覺已經特別熟練了，程式語言、框架、MySQL、Nginx、Redis 都用得很熟，總感覺自己沒有什麼新東西可以學習了。

他們真的已經掌握了所有了嗎？其實不然，當他們遇到一些線上的問題時，排除和定位方法又極其有限，很難承擔得起線上問題緊急救火的重要責任。當程式性能出現瓶頸的時候，只是在網上搜幾篇發文，瞎子摸象式地試一試，各個一知半解的核心參數調一調，對關鍵技術缺乏足夠深的認知。

反觀另外一些工作經驗豐富的高級技術人員，他們一般對底層有著深刻的理解。當線上服務出現問題的時候，都能快速發現關鍵問題所在。就算是真的遇到了棘手的問題，他們也有能力潛入底層，比如核心原始程式，去找答案，看看底層到底是怎麼幹的，為什麼會出現這種問題。

所以頂級公司不僅是在應徵時考察面試者，在內部的晉升選拔中也同樣注重考察開發人員對於底層的理解以及性能把控的能力。一個人的內功深淺，決定了他是否具備基本的問題排除以及性能最佳化能力。內功指的就是當年你曾經學過的作業系統、網路、硬體等知識。網際網路的服務都是跑在這些基礎設施之上的，只有你對它們有深刻的理解，才能夠源源不斷想到新的性能分析和最佳化辦法。

所以說，紮實的內功並不是透過頂級公司面試以後就沒有用了，而是會貫穿你整個職業生涯。

再聊聊中年焦慮

之前網路曾爆炒一篇標題為「網際網路不需要中年人」的文章，瘋狂繪製 35 歲藍領程式設計師的前程問題，製造焦慮。本來我覺得這件事情應該只是媒體的炒作行為而已，不過恰恰兩、三年前我們團隊擴充，需要應徵一些等級高一點的開發人員，之後使我對此話題有了些其他想法。那段時間我面試了七十多人，其中有很多工作七、八年以上的。

我面試的這些人裡，有這麼一部分人雖然已經工作了七、八年以上，但是所有的經驗都集中在手頭的那點專案的業務邏輯上。對他們稍微深入問一點性能相關的問題都沒有好的想法，技術能力並沒有隨著工作年限的增長而增長。換句話說，他們並不是有七、八年經驗，而是把兩、三年的經驗用了七、八年而已。

和這些人交流後，我發現共同的原因就是他們絕大部分的時間都是在處理各種各樣的業務邏輯和 bug，沒有時間和精力去提升自己的底層技術能力，真遇到線上問題也沒有耐心鑽研下去，隨便在網上搜幾篇文章都試一試，哪個碰對了就算完事，或乾脆把故障拋給運行維護人員去解決，導致技術水準一直原地踏步，並沒有隨著工作年限而同步增長。我從那以後也確實意識到，藍領程式設計師圈裡可能真的有中年焦慮存在。

那是不是這種焦慮就真的無解了呢？答案肯定「不是」。至少我面試過的這些人裡還有一部分很優秀，不但業務經驗豐富，而且技術能力出眾，目前都發揮著重要作用。你也可以看看你們公司的高等級技術人員，甚至業界的各位技術大神，相信他們會是你們公司甚至業界長期的中流砥柱。

那麼工作了多年的這兩類人中，差異如此巨大的原因是什麼呢？我思考了很多，也和許多人都討論過這個問題。最後得出的結論就是大神們的技術累積是隨著工作年限的增長而逐漸增長的，尤其是內功，和普通的開發人員相差巨大。

大神們對底層的理解都相當深刻。深厚的內功知識又使得他們學習起新技術來非常快。舉個例子，在初級開發人員眼裡，可能 Java 的 NIO 和 Golang 的 net 套件是兩個完全不同的東西，所以學習起來需要分別花費不少精力。但在底層知識深厚的人眼裡，它們兩個只不過是對 epoll 的不同封裝方式，就像只換了一身衣服，理解起來自然就輕鬆得多。

如此良性迭代下去，技術好的和普通的開發人員相比，整體技術水準差距越拉越大。普通開發人員越來越焦慮，甚至開始擔心技術水準被剛畢業的年輕人超越。

修煉內功的好處

內功，它不幫你掌握最新的開發語言，不教會你時髦的框架，也不會帶你走進火熱的人工智慧，但是我相信它是你成為「大神」的必經之路。我簡單列一下修煉內功的好處。

1）**更順利地透過頂級公司的面試**。頂級公司的面試對技術的詢問比較底層，而網上的很多答案層次都還比較淺。拿三次握手舉例，一般網上的答案只說到了初步的狀態流轉。其實三次握手中包含了非常多的關鍵技術點，比如全連接佇列、半連接佇列、防 syn flood 攻擊、佇列溢位封包遺失、逾時重發等深層的知識。再拿 epoll 舉例，如果你熟悉它的內部實現方式，理解它的紅黑樹和就緒佇列，就知道它高性能的根本原因是讓處理程序大部分時間都在處理使用者工作，而非頻繁地切換上下文。如果你的內功能深入觸達這些底層原理，一定會為你的面試加分不少。

2）**為性能最佳化提供充足的「彈藥」**。目前大公司內部對於高級和高級以上工程師晉升時考核心的重要指標之一就是性能最佳化。在對核心缺乏認識的時候，大家的最佳化方式一般都是瞎子摸象式的，方法非常有限，做法很片面。當你對網路整體收發送封包的過程理解了以後，對網路在 CPU、記憶體等方面的消耗的理解將很深刻。這會對你分析專案中的性能瓶頸所在提供極大的幫助，從而為你的專案性能最佳化提供充足的「彈藥」。

3）**內功方面的技術生命週期長**。Linux 作業系統 1991 年就發佈了，現
在還是發展得如火如荼。對於作者 Linus，我覺得他也有年齡焦慮，
但他可能焦慮的是找不到接班人。反觀應用層的一些技術，尤其是很
多的框架，生命週期能超過十年我就已經覺得它很棒了。如果你的精
力全部押寶在這些生命週期很短的技術上，你説能不焦慮嗎！所以我
覺得戒掉浮躁，踏踏實實練好內功是你對抗焦慮的解藥之一。

4）**內功深厚的人理解新技術非常快**。不用説業界的各位「大神」了，就
拿我自己來舉兩個小例子。我其實沒怎麼翻過 Kafka 的原始程式，但
是當我研究完了核心是如何讀取檔案的、核心處理網路封包的整體過
程後，就「秒懂」了 Kafka 在網路這塊為什麼性能表現很突出了。還
有，當我理解了 epoll 的內部實現以後，回頭再看 Golang 的 net 套
件，才切切實實看懂了絕頂精妙的對網路 IO 的封裝。所以你真的弄
懂了 Linux 核心的話，再看應用層的各種新技術就猶如戴了透視鏡一
般，直接看到骨骼。

5）**核心提供了優秀系統設計的實例**。Linux 作為一個經過千錘百煉的系
統，其中蘊含了大量的世界頂級的設計和實現方案。平時我們在自己
的業務開發中，在編碼之前也需要先進行設計。比如我在剛工作的時
候負責資料獲取任務排程，其中的實現就部分參考了作業系統處理程
序排程方案。再比如，如何在管理巨量連接的情況下仍然能高效發現
某一條連接上的 IO 事件，epoll 內部的「紅黑樹 + 佇列」組合可以
給你提供一個很好的參考。這種例子還有很多很多。總之，如果能將
Linux 的某些優秀實現搬到你的系統中，會極大提升你的專案的實現
水準。

時髦的東西終究會過時，但紮實的內功將伴隨你一生。只有具備了深厚
的內功底蘊，你才能在發展的道路上走得更穩、走得更遠。

為什麼要寫這本書

平時大家都是用各種語言進行業務邏輯的程式撰寫，無論你用的是 PHP、Go，還是 Java，都屬於應用層的範圍。但是應用層是建立在物理層和核心層之上的。我把在應用層的技術能力稱為外功，把 Linux 核心、裝置物理結構方面的技術能力稱為內功。前面已經說了，無論是在職業生涯的哪個階段，紮實的內功都很重要。

那好，既然內功如此重要，那就找一些底層相關的資料加強學習就行了。但很遺憾，我覺得目前市面上的技術資料在內功方向存在一些不足。

先說網上的技術文章。目前網上的技術文章、部落格非常多。大家遇到問題往往先去搜一下，但是你有沒有發現，網上入門級資料一搜一大把，而內功深厚、能深入底層原理的文章卻十分匱乏。

比如，現在的網際網路應用大部分都是透過 TCP 連接來工作的，那麼一台機器最多能撐多少個 TCP 連接？按道理說，整個業界都在講高併發，這應該算是很入門的問題了。但當年我產生這個疑問的時候，在搜尋引擎上搜了個遍也沒找到令我滿意的答案，後來我乾脆自己動手，花了一個多月時間邊做測試，邊挖核心原始程式，才算是把問題徹底弄明白了。

再比如，大部分的開發人員都搞過網路相關的開發。那麼一個網路封包是如何從網路卡到達你的處理程序的？這個問題表面上看起來簡單，但實際上很多性能最佳化方案都和這個接收過程有關，能不能深度理解這個過程決定了你在網路性能上有多少最佳化措施可用。例如多佇列網路卡的最佳化方案是在硬體中斷這一步開始將工作分散在多個 CPU 核心上，進而提升性能的。我幾年前想把這個問題徹底弄清楚，幾乎搜遍了網際網路，翻遍了各種經典書都無法找到想要的答案。

還比如，網上搜到的三次握手的技術文章都是在說一些簡單的內容，用戶端如何發起 SYN 握手進入 SYN_SENT 狀態，服務端回應 SYN 並回覆 SYNACK，然後進入 SYN_RECV……諸如此類。但實際上，三次握手的過程執行了很多核心操作，比如用戶端通訊埠選擇、重傳計時器啟動、半連接佇列的增加和刪除、全連接佇列的增加和刪除。線上的很多問題都是因為三次握手中的某一個環節出問題導致的，能否深度理解這個過程直接決定你是否有線上上快速消滅或避免這種問題的能力。網上能深入介紹三次握手的文章太少了。

你可能會說，網上的文章不足夠好，不是還有好多經典書嗎？首先我得說，電腦類的一些經典的書確實很不錯，值得你去看，但是這裡面存在幾個問題。

一是底層的書都寫得比較深奧難懂，你看起來需要花費大量的時間。假如你已經工作了，很難有這麼大區塊的時間去啃。比如我剛開始深入探尋網路實現的時候，買來了《深入理解 Linux 核心》、《深入理解 Linux 網路技術內幕》等幾本書，利用工作之餘斷斷續續花了將近一年時間才算理解了一個大概。

另外一個問題就是當你真正在工作中遇到一些困惑的時候，會發現很難有一本經典書能直接給你答案。比如在《深入理解 Linux 網路技術內幕》這本書裡介紹了核心中各個元件，如網路卡裝置、鄰居子系統、路由等，把相關原始程式都講了一遍。但是看完之後我還是不清楚一個封包到底是如何從網路卡到應用程式的，一台伺服器到底能支援多少個 TCP 連接。

還有個問題就是電腦技術不同於其他學科，除理論外對實踐也有比較高的要求。如果只是停留在經典書裡的理論階段，實際上很多問題根本就不能理解合格。這些書往往又缺乏和實際工作相關的動手實驗,比如對於一台伺服器到底能支持多少個 TCP 連接這個問題,我自己就是在做了很多次的實驗以後才算比較清晰地理解了。還有就是如果沒有真正動過手,那你將來對線上的性能最佳化也就無從談起了。

整體來說,看這些經典書不失為一個辦法,但考量時間的花費和對工作問題的精準處理,我感覺效率比較低。所以鑑於此,我決定輸出一些內容,也就有了這本書的問世。

創作想法

雖然底層的知識如此重要,但這類知識有個共同的特點就是很枯燥。那如何才能把枯燥的底層講好呢?這個問題我思考過很多很多次。

2012 年我在騰訊工作期間,在內部 KM 技術討論區上發表過一篇文章,叫作《Linux 檔案系統十問》(這篇文章現在在外網還能搜到,因為被搬運了很多次)。當時寫作的背景是「老大」分配給我一個任務,把所有合作方提供的資料裡的圖片檔案都下載並保存起來。我把在工作中產生的幾個疑問進行了追根溯源,找到答案以後寫成文章發表了出來。比如檔案名稱到底存在了什麼地方,一個空檔案到底佔不佔用磁碟空間,Linux 目錄下子目錄太多會有什麼問題等等。這篇文章發表出來以後,竟然在全騰訊公司內部傳播開了,反響很大,最後成為了騰訊 KM 當年的年度熱文。

為什麼我的一篇簡單的 Linux 檔案系統的文章能得到這麼強烈的迴響?後來我在邏輯思維的一期節目裡找到了答案。節目中說最好的學習方式就是你自己要產生一些問題,帶著這些問題去知識的海洋裡尋找答案,當

找到答案的時候，也就是你真正掌握了這些知識的時候。經過這個過程
掌握的知識是最深刻的，和你自身的融合程度也是最高的，能完全內化
到你的能力系統中。

換到讀者的角度來考慮也是一樣的。其實讀者並不是對底層知識感興
趣，而是對解決工作中的實際問題興趣很大。這篇文章其實並不是在講
檔案系統，而是在講開發過程中可能會遇到的問題。我只是把檔案系統
知識當成工具，用它來解決掉這些實際問題而已。

所以我在本書的創作過程中，一直貫穿的是這個想法：以和工作相關的
實際的問題為核心。

在每一章中，我並不會一開始就給你灌輸軟體中斷、epoll、socket 核心
物件等核心網路模組的知識，我也覺得這些很乏味，而是每章先拋出幾
個和開發工作相關的實際問題，然後圍繞這幾個問題展開探尋。是的，
我用的詞不是「學習」，而是「探尋」。和學習相比，探尋更強調對要解
惑的問題的好奇心，更有意思。

雖然本書中會涉及很多的原始程式，但這裡先強調一下，這並不是一本
原始程式解析的書。大家學習的真正目的是理解和解決專案實踐相關的
問題，進而提高駕馭手頭工作的能力，而原始程式只是我們達成目的的
工具和途徑而已。

適用讀者

本書並不是一本電腦網路的入門書，閱讀本書需要你具備起碼的電腦網路知識。它適合以下讀者：

- 想透過提升自己的網路內功而進頂級公司的讀者。
- 不滿足於只學習網路通訊協定，也想理解它是怎麼實現的讀者。
- 雖有幾年開發工作經驗，但對網路消耗把握不準的開發人員。
- 想做網路性能最佳化，但沒有成系統的理論指導的讀者。
- 維護各種高併發伺服器的運行維護人員。

其他說明

本書中的內容是在我的微信公眾號「開發內功修煉」的部分內容的基礎上，理順了整體的框架結構整理而來的。歡迎大家關注我的微信公眾號，及時閱讀最新內容。另外，由於本人精力有限，書中內容難免會有疏漏，如您發現內容中有不正確的地方，歡迎到微信公眾號後台或聯繫本人微信批評指正，不勝感激！也歡迎大家加入我的微信交流群，互相學習、共同成長。個人微信帳號為 zhangyanfei748528。

致謝

本書能夠得以問世，要感謝許多許多人。

首先要感謝的是我的微信公眾號和知乎專欄裡的粉絲們。我提筆寫下第一篇文章的時候，是根本沒敢想能夠成系統出一本書的，是你們的認可和鼓勵支持著我輸出一篇又一篇的硬核心技術文。現在回頭一看，竟然攢了好幾十篇。基於這些文章，將來再整理出一本書都是有可能的。而且很多讀者技術也非常優秀，指出了我的文章中不少的瑕疵。飛哥在此對大家表示感謝！

接下來要感謝的是我的愛人，在我寫作的過程中給了我很大的支持和鼓勵，還幫我分擔了很多顧小孩的工作，讓我能專心地投入到寫作中來。寫作要投入的精力是巨大的，如果缺少家人的支持，想完成一本書基本是不可能的。

感謝：鞏鵬軍、彭東林、孫國路、王錦、隨行、harrytc、t 濤、point、LJ、WannaCry 等同學提出的非常棒的改進建議！

最後要感謝的是道然科技姚老師以及電子工業出版社的老師們，是你們幫我完成出書過程最後的「臨門一腳」。

目錄 Contents

03 核心是如何與使用者處理程序協作的

04 核心是如何發送網路封包的

📁 Contents

05　深度理解本機網路 IO

06　深度理解 TCP 連接建立過程

07　一筆 TCP 連接消耗多大記憶體

08　一台機器最多能支援多少筆 TCP 連接

09　網路性能最佳化建議

⑩ 容器網路虛擬化

緒論

開篇先引用一段庖丁解牛裡的典故。話說梁惠王因庖丁解牛的技術而驚歎，於是就問庖丁，文惠君曰：「嘻，善哉！技蓋至此乎？」意思是：你的技術怎麼會高明到這種程度呢？

庖丁曰：「始臣之解牛之時，所見無非牛者。三年之後，未嘗見全牛也。」庖丁的回答意思是，我剛開始解牛時，對牛的結構還不了解，看見的無非就是整頭的牛，但三年之後，我看見的再也不是整頭的牛了，而是牛的內部筋骨肌理，所以技術越來越精進！

開發技術和解牛技術是相通的。在你對底層工作原理不清楚時，能看到的只是個整體。等到技術精進之後，你將能看到核心的筋骨肌理，各個模組是如何有機協作的。當你達到這個境界以後，技術能力也就變得更強了！

1.1 我在工作中的困惑

有人說，學習網路就是在學習各種協定，這種說法其實誤導了很多的人。

提到電腦網路的基礎知識，你肯定首先想到的是 OSI 七層模型、IP、TCP、UDP、HTTP 等。關於 TCP，再多一點你也許會想到三次握手、四次揮手、滑動視窗、流量控制。關於 HTTP 協定，就是封包格式、GET/POST、狀態碼、Cookie/Session 等。現在市面上與網路相關的書、課程也基本是以協定為主。協定相關的內容確實很重要，但是有了這些知識仍然不能幫我解決在工作實踐中遇到的一些問題。

1.1.1 過多的 TIME_WAIT

有一次我們的運行維護人員找過來，說某幾台線上機器上出現了 3 萬多個 TIME_WAIT，說是不行了，應趕緊處理。後來他幫我們打開了 tcp_tw_reuse 和 tcp_tw_recycle，先把問題處理掉了。

雖然問題算是臨時處理了，但是我的思考卻沒有停止，一個 TIME_WAIT 狀態的連接到底會有哪些消耗？是通訊埠占用導致新連接無法建立？還是會過多消耗機器上的記憶體？ 3 萬筆 TIME_WAIT 究竟該算是 warning 還是 error ？解決 TIME_WAIT 的更好的辦法是什麼？這些困惑激發了我強烈的好奇心。

1.1.2 長連接消耗

另外一次是我們的業務人員要進行性能最佳化，為了節約頻繁的握手、揮手消耗，我們將存取 MySQL 和 Redis 等資料伺服器時的短連接都改成了長連接。

那時我們公司還沒有建立統一 Redis 平台，是業務人員自己維護了一組 Redis 伺服器。當開啟長連接後，一個 Redis 實例上最終出現了 6000 筆 TCP 連接。當時我的內心是有點惶恐的，因為之前從來沒試過這麼高的併發數。雖然知道連接上大部分時間都是空閒的，但仍然擔心這 6000 筆即使是空閒的連接會不會把伺服器搞壞。等上線以後觀察一段時間發現沒有太大問題才算是稍稍安心一些。

但到了 MySQL 上，就沒那麼順利了。公司很早就提供了統一的 MySQL 平台。在平台上申請許可權時需要為每一個 IP 填一個併發數，平台的負責人員來進行審核。因為當時使用的是 php-fpm，沒有連接池，所以我們有多少個 fpm 處理程序，就得申請多大的併發數。我們當時申請了 200 個，然後工程部的同事就找過來了：「你們這單機 200 個併發不行，太高了！」

我告訴他雖然我們申請了這麼高的併發，但其實絕大部分時間連接上都是空閒的。又給他看了我們長連接下 Redis 的伺服器狀態，他最終勉強同意我們這麼做。

在這個過程中，我發現了一個關鍵的問題，我當時其實吃不準一筆空閒的 TCP 連接到底有多大的消耗，我如果當時能把空閒 TCP 連接的 CPU、記憶體消耗都理解得很透徹，就沒有上面這麼多的瞎擔心了。

把這個問題再拓展拓展，就整理出另外幾個問題。

1）一台伺服器最多可以支撐多少筆 TCP 連接？

我們假設所有的 TCP 連接都是空連接，那麼一台伺服器上最多可以支撐多少筆 TCP 連接？你是否能有一個量化的估計？這個最大數字是受 CPU 設定的影響，還是受記憶體大小的限制？一台機器有可能支撐起 100 萬筆併發長連接嗎?當理解了機器在極限情況下的表現,回頭再看專案中的併發數,你就不會再有無謂的恐慌了。

2)一台用戶端最多可以支撐多少筆 TCP 連接?

因為用戶端和伺服器不一樣的地方在於,每次建立 TCP 連接請求時都會消耗一個通訊埠,而這個通訊埠在 TCP 協定中又是一個 16 位元的整數(0~65535),那麼是否表示用戶端單機最多只能建立起 65535 筆連接?

3)一筆 TCP 連接需要消耗多大的記憶體?

相對前兩個問題,這個問題更本質一些。對前面兩個問題把握不準,很大程度是因為不理解 TCP 連接的網路消耗。我們可以還假設這筆 TCP 連接是空連接,只是進行了三次握手,並沒有產生真正的資料。好,請問一筆 TCP 連接需要吃掉多少記憶體,是幾 KB,還是幾十 KB,還是幾 MB?

1.1.3 CPU 被消耗光了

還有一次是我的線上 CPU 消耗過高的問題。事發在我們的一組雲端控制介面,是用 Nginx +Lua 寫的。正常情況下,單虛擬機器 8 核心 8GB 可以負擔每秒 2000 左右的 QPS,負載一直都比較健康。

但是該服務近期開始偶發一些 500 狀態的請求了,監控時不時會出現警告。透過 sar –u 命令查看峰值時 CPU 餘量只剩下 20% ~ 30%。但奇怪的是,負載竟然是比較正常的,當時的監控系統展示如圖 1.1 所示。

後來經過兩天的排除發現,根本原因是在通訊埠不充足的情況下,connect 系統呼叫的 CPU 消耗會大幅度增加。負載指的是就緒狀態等待 CPU 呼叫的處理程序數量統計,而伺服器上處理程序又不多,所以自然負載並不高。定位到問題，處理起來辦法就多了。最後透過除掉一段不重要的業務邏輯解決了問題。

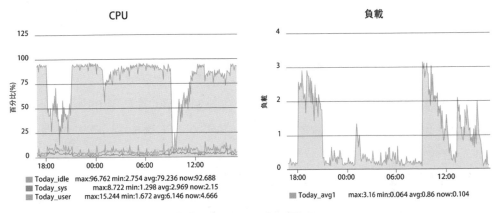

▲ 圖 1.1　CPU 與負載監控

那為什麼在通訊埠不充足的情況下，connect 系統呼叫的 CPU 消耗會大幅度增加，其根本原因是什麼？我又陷入了深深的思考。

1.1.4　為什麼不同的語言網路性能差別巨大

上一節提到我們的用 Nginx +Lua 寫的服務，單虛擬機器 8 核心 8GB 可以扛每秒 2000 左右的 QPS，負載還一直比較健康。但是我們的其他 php-fpm 的服務卻遠遠到不了這個數，500 QPS 都算是比較好的情況了。

那問題來了，為什麼使用不同的語言網路性能差別有這麼大，這底層的根本原因是什麼？所以我接下來深入挖掘了同步阻塞網路 IO，去分析阻塞在核心中的到底是一個什麼樣的操作，也深入分析了 epoll 的工作原理，終於徹底搞懂了多工之所以高性能的根本原因，也終於理解了為什麼 Redis 可以做到每秒處理幾萬筆的請求。

有了這些深度的理解，再看其他語言裡的網路模型，例如 Java 的 NIO、Golang 的 net 套件將更輕鬆。因為不同的語言，只是對核心提供的網路 IO 進行不同方式的封裝而已，本質上都相差無幾。

1.1.5 存取 127.0.0.1 過網路卡嗎

現在的網際網路業務中，尤其是近期隨著 sidecar 等模式的興起，本機網路 IO 的應用也越來越廣泛。那麼問題來了，本機網路 IO 和跨機比起來，執行過程是怎樣的？資料需要經過網路卡嗎？性能有沒有那麼一點點的優勢？有的話，那是節約了哪一部分的消耗呢？

網上還有文章建議把本機的網路通訊中指定的本機 IP 都換成 127.0.0.1，這樣就能節約一些消耗，從而提升性能。我對此感到好奇，這個說法可靠嗎？如果說它可靠，那到底是節約了哪些消耗？

1.1.6 軟體中斷和硬體中斷

在核心的網路模組中，有兩個很重要的元件，硬體中斷和軟體中斷，軟體中斷還分成了 NET_RX（R 指的是 Receive）和 NET_TX（T 指的是 Transmit）等幾大類。從字面意思上來看，RX 是接收，TX 是發送。但是即使在收發差不多相同的伺服器上 NET_RX 也比 NET_TX 要大得多，對此我也是非常好奇。

```
$ cat /proc/softirqs
               CPU0         CPU1         CPU2         CPU3
    HI:            0            0            0            0
 TIMER: 1670794607    218940516   3765758957   3937988107
NET_TX:       384508       285972       244566       258230
NET_RX: 1591545176   1212716226   1017620906   1058380340
```

還有一次一位粉絲和我回饋，他執行了一次測試，呼叫 send 命令發送一個
"Hello World" 出去之後，NET_TX 並沒有增加。對於這個我更詫異了。

類似的疑惑還有。我們線上有一組伺服器的網路 IO 比較高，在單任務佇
列的機器上，過多的軟體中斷 si（top 命令裡展示的軟體中斷 CPU 消耗
占比）消耗都打在一個核心上了。所以我們決定開啟多佇列網路卡最佳
化調研，發現要想把軟體中斷 si 消耗分散到多個 CPU 核心上，操作的卻
是硬體中斷號和 CPU 之間的綁定關係。這又是為什麼？

在 Linux 上使用 top 等命令查看 CPU 消耗時，展示結果中把總消耗分成
了 us、sy、hi、si 等幾項。其中 us 是花在使用者空間的 CPU 占比，sy
是核心空間占比，hi 是硬體中斷消耗占比，si 是軟體中斷 CPU 占比。

1.1.7 零拷貝到底是怎麼回事

很多性能最佳化方案裡都會提到零拷貝。零拷貝到底是怎麼回事，是真
的沒有資料的記憶體拷貝了？究竟是避免了哪步到哪步的拷貝操作？如
果不了解資料在網路封包收發時各個不同核心元件中的拷貝過程，對零
拷貝根本理解不到本質上。

1.1.8 DPDK

舊的還沒學完，又有很多新技術出來了。比如 DPDK 究竟是什麼，是否需
要學習和使用它？其實理解不了這個新技術的根本原因可能是你對 Linux
核心工作原理不清楚。當你掌握了 Linux 核心的網路處理過程以後，回頭
再看 DPDK 這類 Kernel-ByPass 的技術，直接就可以大致理解了。

這些問題都是筆者在工作中陸陸續續遇到的，都是和實踐相關的。如果對於網路你只是學過協定，而不了解 Linux 核心的實現，對於這些問題其實是無能為力的。而且當我產生這些疑惑時，在網上進行了很多的搜索，但一直沒有搜到能深入根本原因的結論。索性我就捲起袖子，透過挖掘核心原始程式做測試，自己在實現層面把電腦網路挖了個遍。把這些問題徹底搞明白，也就形成了本書的內容。

1.2 本書內容結構

第 1 章　緒論

這一章分享了筆者在工作的十多年中遇到的一些線上問題，以及由此帶來的困惑和疑問。

第 2 章　核心是如何接收網路封包的

在這一章中，深入分析了 Linux 網路接收封包的過程。在這裡，你將看到網路卡、RingBuffer、硬體中斷、軟體中斷等元件是如何緊密配合的，也將了解到發送過程是如何消耗 CPU 的，同時深刻理解為什麼網路卡開啟多佇列能提升網路性能。

第 3 章　核心是如何與使用者處理程序協作的

在這一章中，將分析阻塞到底做了什麼，為什麼同步阻塞的網路 IO 模型性能比較差，還有 epoll 之所以高效的深層次原理。透過學習這一章你將能理解為什麼 Redis 可以達到 10 萬 QPS 的高性能。

第 4 章　核心是如何發送網路封包的

在這一章，我們會看到為什麼軟體中斷中 NET_RX 要比 NET_TX 高得多，也能理解核心在發送網路封包時都涉及哪些記憶體拷貝操作。理解了這個再來看 Kafka 裡用到的零拷貝，就能很容易明白了。還能了解到在查看發送網路封包的 CPU 消耗時，應該 sy（CPU 在核心空間的消耗占比）和 si（CPU 在軟體中斷上的消耗占比）同時都看。

第 5 章　深度理解本機網路 IO

現在本機網路 IO 用得也很多。那麼本機網路 IO 過網路卡嗎？和外網網路通訊相比，在核心收發流程上有什麼差別？存取本機服務時，使用 127.0.0.1 能比使用本機 IP（例如 192.168.x.x）更快嗎？這些問題你將在這一章看到清晰的講解。

第 6 章　深度理解 TCP 連接建立過程

實際上核心實現的三次握手過程涉及很多關鍵操作，如半 / 全連接佇列的建立與長度限制、用戶端通訊埠的選擇、半連接佇列的增加與刪除、全連接佇列的增加與刪除，以及重傳計時器的啟動。在這章中，你將深入理解核心的這些底層工作。再遇到線上因三次握手而導致的問題時，相信你就能從容應對了。

第 7 章　一筆 TCP 連接消耗多大記憶體

核心和應用程式一樣，也是需要不停地申請和釋放記憶體的。但和應用程式不同的是，核心使用一種叫作 SLAB 的方式來管理記憶體。在這一章中，你將理解這種記憶體分配方式，並透過原始程式解析以及 slabtop 等工具看到一筆 TCP 狀態的空連接是如何消耗記憶體的、消耗是多大。

第 8 章　一台機器最多能支援多少筆 TCP 連接

在到處都在談論高併發的今天，弄清楚一台機器最多能支持多少筆 TCP 連接這個問題非常重要。不僅是服務端，在用戶端最大能達到多少筆

TCP 連接，如何突破 65535 個通訊埠編號的束縛建立更多連接，都將在這一章中進行討論。此外，這一章還分析了一個實際需求，做一個支持一億個使用者的長連接推送需要多少台機器。

第 9 章 網路性能最佳化建議

在這一章，將討論一些網路開發時可用的最佳化方法。例如 RingBuffer 的擴充、多佇列網路卡的使用、設定充足的通訊埠範圍、使用零拷貝等等。這一章還將討論為什麼 DPDK 等 Kernel-ByPass 之類的新技術性能會很不錯。

第 10 章 容器網路虛擬化

現在越來越多的公司線上生產環境中不再將服務部署到實體物理機或 KVM 虛擬機器上，而是部署到基於 Docker 的容器雲端上。這就對技術人員提出了新的挑戰，你需要理解容器網路工作原理。如果理解不合格，很有可能你沒有能力定位線上問題，也沒有能力進行性能等方面的最佳化。這一章深入分析容器網路中的核心技術點──veth、namespace、bridge 等技術。

1.3 一些約定

本書所使用的 Linux 原始程式版本是 3.10，之所以採用這個版本，是因為寫作時我們公司線上 Linux 主要是基於 3.10 的。另外，如果涉及驅動程式（簡稱驅動），預設採用的都是 Intel 的 igb 網路卡驅動。還有就是測試環境資料結果，如無特殊說明，也是在 3.10 的核心版本的伺服器上做的。

關於 B 和 b，B 代表的是一個 Byte（位元組），而 b 代表的是一個 bit（位元）。在本書中，記憶體消耗主要使用 B 作為單位。

關於 K 和 k，分別代表 1024 和 1000，這兩個差別並不大，所以本書中有些地方是混著用了。

1.4 一些術語

在本書的內容中，會提到不少專業術語。在這裡把一些關鍵術語都列出來，後面再出現時可能就提一下，不詳細介紹了。

- hi：CPU 消耗中硬體中斷消耗的部分。
- si：CPU 消耗中軟體中斷消耗的部分。
- skb：skb 是 struct sk_buff 物件的簡稱。struct sk_buff 是 Linux 網路模組中的核心結構，各個層用到的資料封包都是存在這個結構裡的。
- NAPI：Linux 2.5 以後的核心引入的一種高效網路卡資料處理的技術，先用中斷喚醒核心接收資料，後續採用 poll 輪詢從網路卡裝置獲取資料，透過減少中斷次數來提高核心處理網路卡資料的效率。
- MSI/MSIx：MSI 是 Message Signal Interrupt 的字首縮寫，是一種觸發 CPU 中斷的方式。

核心是如何接收網路封包的

2.1 相關實際問題

在現在的網際網路世界裡,所有技術職位的人員幾乎都是天天和網路請求打交道。平時我們在做網路開發的時候,如果需要接收網路資料,只需要簡單的幾行程式就可以搞定。如果拿 C 語言來舉例(Java、Golang、PHP 等其他語言也是類似的),一行 read 函數呼叫程式就能接收來自對端的資料。

```
int main(){
  int sock = socket(AF_INET, SOCK_STREAM, 0);
  connect(sock, ...);
  read(sock, buffer, sizeof(buffer)-1);
  ......
}
```

從開發角度來看,只要用戶端有對應的資料發送過來,服務端執行 read 後就能收到。那你是否深入思考過,在 Linux 下資料是如何從網路卡一步步地到達你的處理程序裡的，這中間都需要哪幾個核心元件進行協作？這個問題看起來簡單，但實際上隱藏了非常多的技術點。

1）RingBuffer 到底是什麼，RingBuffer 為什麼會封包遺失？

在網路性能相關的技術文章中經常能看到 RingBuffer 這一關鍵字。RingBuffer 到底存在於哪一塊，是如何被用到的，真的就只是一個環狀的佇列嗎？在有的技術文章裡指出 RingBuffer 記憶體是預先分配好的，還有的則說 RingBuffer 裡使用的記憶體是隨著網路封包的收發而動態分配的。這兩個說法哪一個是正確的？為什麼 RingBuffer 會封包遺失，如果封包遺失了的話應該怎麼去解決？

2）網路相關的硬體中斷、軟體中斷都是什麼？

有人說網路卡是通超強中斷來通知 CPU 有新封包到達的，又有人說網路裡面還有個軟體中斷。那硬體中斷和軟體中斷的區別是什麼，二者又是怎麼協作的呢？另外，在很多性能最佳化的技術文章中會提到網路卡中斷綁定，不知道你有沒有思考過為什麼大部分文章中提到的都是操作硬體中斷號和 CPU 之間的綁定關係，但最終的效果卻是軟體中斷跟著一起調整了，軟體中斷消耗也被綁定到不同的 CPU？你想過這是為什麼嗎？

3）Linux 裡的 ksoftirqd 核心執行緒是做什麼的？

到伺服器上執行 "ps -ef | grep ksoftirqd"，看是不是有幾個名字叫作 "ksoftirqd/*" 的核心執行緒。我把我手頭虛擬機器上的結果展示一下：

```
root          3     2   0 Jan04 ?        00:00:19 [ksoftirqd/0]
root         13     2   0 Jan04 ?        00:00:47 [ksoftirqd/1]
root         18     2   0 Jan04 ?        00:00:10 [ksoftirqd/2]
root         23     2   0 Jan04 ?        00:00:51 [ksoftirqd/3]
```

你知道這幾個核心執行緒是做什麼用的嗎？ 你的機器上有幾個？為什麼有這麼多？它們和軟體中斷又是什麼關係？

4）為什麼網路卡開啟多佇列能提升網路性能？

相信不少讀者在關注網路性能最佳化時聽過用多佇列網路卡來提升網路性能，但你是否清楚這一性能最佳化方案的基本原理是什麼？理解了原理你也就能知道什麼時候該動用這個方法，用的話開到幾個佇列合適。

5）tcpdump 是執行原理的？

我們平時工作中經常會用到 tcpdump，但你知道它是執行原理，如何和核心進行配合的嗎？

6) iptable/netfilter 是在哪一層實現的？

在網路封包的收發過程中，我們可以透過 iptable/netfilter 設定一些規則來進行封包的過濾。那麼你知道它工作在核心中的哪一層嗎？

7）tcpdump 能否抓到被 iptable 封禁的封包？

如果某些資料封包被 iptable 封禁，是否可以透過 tcpdump 抓到？

8）網路接收過程中的 CPU 消耗如何查看？

在網路接收過程中，CPU 是如何被消耗的？ CPU 中的 si、sy 消耗究竟是什麼含義？

9）DPDK 是什麼神器？

老的還沒學完，又有很多新技術出來了，比如 DPDK 是什麼，是否需要學習和使用它。其實，你理解不了這個新技術的根本原因可能是你對 Linux 核心的工作原理不清楚。當你掌握 Linux 核心的網路處理過程後，回頭再看 DPDK 這類 Kernel-ByPass 的技術，直接就有四五成的把握了。

可以看到，上面幾個問題整體來說都和底層相關。我們為什麼要了解這麼底層呢？如果你負責的應用不是高併發的，流量也不大，確實沒必要往下看。但是對於今天的網際網路公司，幾乎隨便一個二線 App 都需要為百萬、千萬甚至上億數量級的使用者提供穩定的服務。深入理解 Linux 系統內部是如何實現的，以及各個部分之間是如何互動的，對你進行線上問題的處理、性能分析和最佳化將有非常大的幫助。

帶著這些疑問，讓我們開始進入網路封包接收過程的探尋之旅吧！

2.2 資料是如何從網路卡到協定層的

我們在應用層執行 read 呼叫後就能很方便地接收到來自網路的另一端發送過來的資料，其實在這一行程式下隱藏著非常多的核心元件細節工作。在本節中，將詳細講解壓縮是如何從網路卡跑到協定層的。另外說明一下，本節提及的網路卡驅動以 Intel 的 igb 網路卡為例，其他類型的網路卡工作過程類似。

2.2.1 Linux 網路收封包總覽

在 TCP/IP 網路分層模型裡，整個協定層被分成了物理層、鏈路層、網路層、傳輸層和應用層。應用層對應的是我們常見的 Nginx、FTP 等各種應用，也包括我們寫的各種服務端程式式。Linux 核心以及網路卡驅動主要實現鏈路層、網路層和傳輸層這三層上的功能，核心為更上面的應用層提供 socket 介面來支援使用者處理程序存取。以 Linux 的角度看到的 TCP/IP 網路分層模型應該是圖 2.1 這樣的。

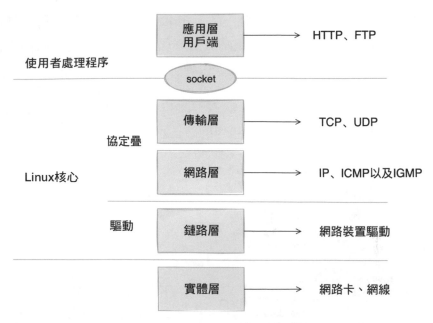

▲ 圖 2.1 TCP/IP 網路分層模型

在 Linux 的 原 始 程 式 中，網 路 裝 置 驅 動 對 應 的 邏 輯 位 於 driver/net/ethernet，其中 Intel 系列網路卡的驅動在 driver/net/ethernet/intel 目錄下，協定層模組程式位於 kernel 和 net 目錄下。

核心和網路裝置驅動是透過中斷的方式來處理的。當裝置上有資料到達時，會給 CPU 的相關接腳觸發一個電壓變化，以通知 CPU 來處理資料。對網路模組來說，由於處理過程比較複雜和耗時，如果在中斷函數中完成所有的處理，將導致中斷處理函數（優先順序過高）過度占用 CPU，使得 CPU 無法回應其他裝置，例如滑鼠和鍵盤的消息。因此 Linux 中斷處理函數是分上半部和下半部的。上半部只進行最簡單的工作，快速處理然後釋放 CPU，接著 CPU 就可以允許其他中斷進來，將剩下的絕大部分的工作都放到下半部，可以慢慢、從容處理。2.4 以後的 Linux 核心版本採用的下半部實現方式是軟體中斷,由 ksoftirqd 核心執行緒全權處理。硬體中斷是透過給 CPU 物理接腳施加電壓變化實現的,而軟體中斷是透過給記憶體中的變數指定二進位值以標記有軟體中斷發生。

大概了解網路卡驅動、硬體中斷、軟體中斷和 ksoftirqd 執行緒之後,在這幾個概念的基礎上舉個核心接收封包的路徑示意圖,如圖 2.2 所示。

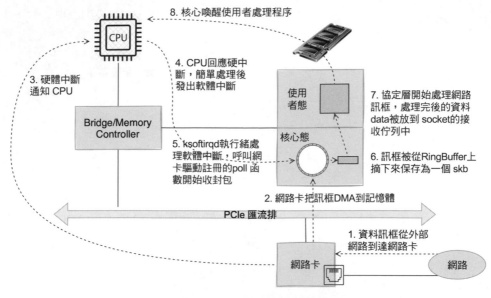

▲ 圖 2.2 核心接收封包路徑

當網路卡收到資料以後,以 DMA 的方式把網路卡收到的訊框寫到記憶體裡,再向 CPU 發起一個中斷,以通知 CPU 有資料到達。當 CPU 收到中斷要求後,會去呼叫網路裝置驅動註冊的中斷處理函數。網路卡的中斷處理函數並不做過多工作,發出軟體中斷請求,然後儘快釋放 CPU 資源。ksoftirqd 核心執行緒檢測到有軟體中斷請求到達,呼叫 poll 開始輪詢接收封包,收到後交由各級協定層處理。對 TCP 封包來說,會被放到使用者 socket 的接收佇列中。

相信讀者透過圖 2.2 已經能夠從整體上把握 Linux 對資料封包的處理過程，但是要想了解更多網路模組工作的細節，還得往下看。

2.2.2 Linux 啟動

Linux 驅動、核心協定層等模組在能夠接收網路卡資料封包之前，要做很多的準備工作才行。比如要提前建立好 ksoftirqd 核心執行緒，要註冊好各個協定對應的處理函數，網路卡裝置子系統要提前初始化好，網路卡要啟動好。只有這些都準備好後，我們才能真正開始接收資料封包。那麼我們現在來看看這些準備工作都是怎麼做的。

建立 ksoftirqd 核心執行緒

Linux 的軟體中斷都是在專門的核心執行緒（ksoftirqd）中進行的，因此我們非常有必要看一下這些執行緒是怎麼初始化的，這樣才能在後面更準確地了解接收封包過程。該執行緒數量不是 1 個，而是 N 個，其中 N 等於你的機器的核心數。

系統初始化的時候會執行到 spawn_ksoftirqd（位於 kernel/softirq.c）來建立出 softirqd 執行緒，執行過程如圖 2.3。

▲ 圖 2.3　建立 ksoftirqd

相關程式如下：

```
//file: kernel/softirq.c
static struct smp_hotplug_thread softirq_threads = {
```

```
    .store              = &ksoftirqd,
    .thread_should_run  = ksoftirqd_should_run,
    .thread_fn          = run_ksoftirqd,
    .thread_comm        = "ksoftirqd/%u",
};

static __init int spawn_ksoftirqd(void)
{
    register_cpu_notifier(&cpu_nfb);

    BUG_ON(smpboot_register_percpu_thread(&softirq_threads));

    return 0;
}
early_initcall(spawn_ksoftirqd);
```

當 ksoftirqd 被建立出來以後，它就會進入自己的執行緒循環函數
ksoftirqd_should_run 和 run_ksoftirqd 了。接下來判斷有沒有軟體中斷需
要處理。這裡需要注意的一點是，軟體中斷不僅有網路軟體中斷，還有
其他類型。Linux 核心在 interrupt.h 中定義了所有的軟體中斷類型，如下
所示：

```
//file: include/linux/interrupt.h
enum
{
    HI_SOFTIRQ=0,
    TIMER_SOFTIRQ,
    NET_TX_SOFTIRQ,
    NET_RX_SOFTIRQ,
    BLOCK_SOFTIRQ,
    BLOCK_IOPOLL_SOFTIRQ,
    TASKLET_SOFTIRQ,
    SCHED_SOFTIRQ,
    HRTIMER_SOFTIRQ,
```

```
    RCU_SOFTIRQ,
    NR_SOFTIRQS
};
```

網路子系統初始化

在網路子系統的初始化過程中，會為每個 CPU 初始化 softnet_data，也
會為 RX_SOFTIRQ 和 TX_SOFTIRQ 註冊處理函數，流程如圖 2.4 所示。

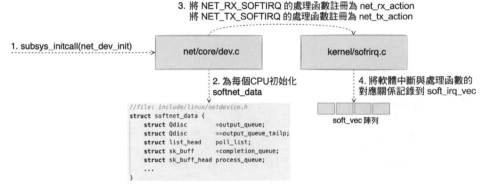

▲ 圖 2.4　網路子系統初始化

Linux 核心透過呼叫 subsys_initcall 來初始化各個子系統，在原始程式碼
目錄裡你可以用 grep 命令搜索出許多對這個函數的呼叫。這裡要説的是
網路子系統的初始化，會執行 net_dev_init 函數。

//file: net/core/dev.c
```
static int __init net_dev_init(void)
{
    ......

    for_each_possible_cpu(i) {
        struct softnet_data *sd = &per_cpu(softnet_data, i);

        memset(sd, 0, sizeof(*sd));
```

```
        skb_queue_head_init(&sd->input_pkt_queue);
        skb_queue_head_init(&sd->process_queue);
        sd->completion_queue = NULL;
        INIT_LIST_HEAD(&sd->poll_list);

        ......
    }

    ......

    open_softirq(NET_TX_SOFTIRQ, net_tx_action);
    open_softirq(NET_RX_SOFTIRQ, net_rx_action);
}
subsys_initcall(net_dev_init);
```

在這個函數裡，會為每個 CPU 都申請一個 softnet_data 資料結構，這個
資料結構裡的 poll_list 用於等待驅動程式將其 poll 函數註冊進來，稍後
網路卡驅動程式初始化的時候可以看到這一過程。

另外，open_softirq 為每一種軟體中斷都註冊一個處理函數。NET_TX_
SOFTIRQ 的處理函數為 net_tx_action，NET_RX_SOFTIRQ 的處理函數
為 net_rx_action。繼續追蹤 open_softirq 後發現這個註冊的方式是記錄
在 softirq_vec 變數裡的。後面 ksoftirqd 執行緒收到軟體中斷的時候，也
會使用這個變數來找到每一種軟體中斷對應的處理函數。

```
//file: kernel/softirq.c
void open_softirq(int nr, void (*action)(struct softirq_action *))
{
    softirq_vec[nr].action = action;
}
```

協定層註冊

核心實現了網路層的 IP 協定，也實現了傳輸層的 TCP 協定和 UDP 協定。這些協定對應的實現函數分別是 ip_rcv()、tcp_v4_rcv() 和 udp_rcv()。和平時寫程式的方式不一樣的是，核心是透過註冊的方式來實現的。Linux 核心中的 fs_initcall 和 subsys_initcall 類似，也是初始化模組的入口。fs_initcall 呼叫 inet_init 後開始網路通訊協定層註冊，透過 inet_init，將這些函數註冊到 inet_protos 和 ptype_base 資料結構中，如圖 2.5 所示。

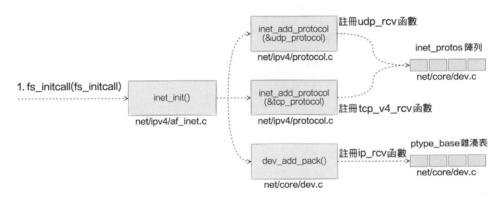

▲ 圖 2.5 協定層註冊

相關程式如下。

```
//file: net/ipv4/af_inet.c
static struct packet_type ip_packet_type __read_mostly = {
    .type = cpu_to_be16(ETH_P_IP),
    .func = ip_rcv,
};

static const struct net_protocol udp_protocol = {
    .handler =  udp_rcv,
    .err_handler =  udp_err,
    .no_policy =    1,
```

```
        .netns_ok = 1,
};

static const struct net_protocol tcp_protocol = {
    .early_demux    =   tcp_v4_early_demux,
    .handler        =   tcp_v4_rcv,
    .err_handler    =   tcp_v4_err,
    .no_policy      =   1,
    .netns_ok       =   1,
};

static int __init inet_init(void)
{
    ......

    if (inet_add_protocol(&icmp_protocol, IPPROTO_ICMP) < 0)
        pr_crit("%s: Cannot add ICMP protocol\n", __func__);
    if (inet_add_protocol(&udp_protocol, IPPROTO_UDP) < 0)
        pr_crit("%s: Cannot add UDP protocol\n", __func__);
    if (inet_add_protocol(&tcp_protocol, IPPROTO_TCP) < 0)
        pr_crit("%s: Cannot add TCP protocol\n", __func__);

    ......

    dev_add_pack(&ip_packet_type);
}
```

從上面的程式中可以看到，udp_protocol 結構中的 handler 是 udp_
rcv，tcp_protocol 結構中的 handler 是 tcp_v4_rcv，它們透過 inet_add_
protocol 函數被初始化進來。

//file: net/ipv4/protocol.c
```
int inet_add_protocol(const struct net_protocol *prot, unsigned char
protocol)
{
```

```
    if (!prot->netns_ok) {
        pr_err("Protocol %u is not namespace aware, cannot register.\n",
            protocol);
        return -EINVAL;
    }

    return !cmpxchg((const struct net_protocol **)&inet_protos[protocol],
        NULL, prot) ? 0 : -1;
}
```

inet_add_protocol 函數將 TCP 和 UDP 對應的處理函數都註冊到 inet_
protos 陣列中了。再看 "dev_add_pack(&ip_packet_type);" 這一行，ip_
packet_type 結構中的 type 是協定名，func 是 ip_rcv 函數，它們在 dev_
add_pack 中會被註冊到 ptype_base 雜湊表中。

//file: net/core/dev.c
```
void dev_add_pack(struct packet_type *pt)
{
    struct list_head *head = ptype_head(pt);
    ......
}

static inline struct list_head *ptype_head(const struct packet_type *pt)
{
    if (pt->type == htons(ETH_P_ALL))
        return &ptype_all;
    else
        return &ptype_base[ntohs(pt->type) & PTYPE_HASH_MASK];
}
```

這裡需要記住 inet_protos 記錄著 UDP、TCP 的處理函數位址，ptype_
base 儲存著 ip_rcv() 函數的處理位址。後面將講到軟體中斷中會透過
ptype_base 找到 ip_rcv 函數位址，進而將 IP 封包正確地送到 ip_rcv() 中
執行。在 ip_rcv 中將透過 inet_protos 找到 TCP 或 UDP 的處理函數，再

把封包轉發給 udp_rcv() 或 tcp_v4_rcv() 函數。建議大家好好讀一讀 inet_init 這個函數的程式。

擴充一下,如果看一下 ip_rcv 和 udp_rcv 等函數的程式,能看到很多協定的處理過程。舉例來說,ip_rcv 中會處理 iptable netfilter 過濾,udp_rcv 中會判斷 socket 接收佇列是否滿了,對應的相關核心參數是 net.core.rmem_max 和 net.core.rmem_default。

網路卡驅動初始化

每一個驅動程式(不僅包括網路卡驅動程式)會使用 module_init 向核心註冊一個初始化函數,當驅動程式被載入時,核心會呼叫這個函數。比如 igb 網路卡驅動程式的程式位於 drivers/net/ethernet/intel/igb/igb_main.c 中。

```
//file: drivers/net/ethernet/intel/igb/igb_main.c
static struct pci_driver igb_driver = {
    .name     = igb_driver_name,
    .id_table = igb_pci_tbl,
    .probe    = igb_probe,
    .remove   = igb_remove,
    ......
};

static int __init igb_init_module(void)
{
    ......
    ret = pci_register_driver(&igb_driver);
    return ret;
}
```

驅動的 pci_register_driver 呼叫完成後,Linux 核心就知道了該驅動的相關資訊,比如 igb 網路卡驅動的 igb_driver_name 和 igb_probe 函數位址等等。當網路卡裝置被辨識以後，核心會呼叫其驅動的 probe 方法（igb_driver 的 probe 方法是 igb_probe）。驅動的 probe 方法執行的目的就是讓裝置處於 ready 狀態。對於 igb 網路卡，其 igb_probe 位於 drivers/net/ethernet/intel/igb/igb_main.c 下。函數 igb_probe 主要執行的操作如圖 2.6 所示。

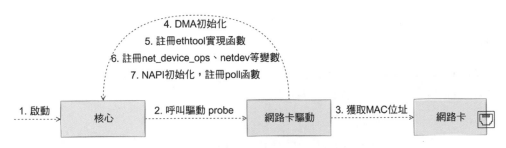

▲ 圖 2.6 網路卡驅動初始化

可以看到在第 5 步中，網路卡驅動實現了 ethtool 所需要的介面，也在這裡完成函數位址的註冊。當 ethtool 發起一個系統呼叫之後，核心會找到對應操作的回呼函數。對 igb 網路卡來說，其實現函數都在 drivers/net/ethernet/intel/igb/igb_ethtool.c 下。你這次能徹底理解 ethtool 的工作原理了吧？ 這個命令之所以能查看網路卡收發送封包統計、能修改網路卡自我調整模式、能調整 RX 佇列的數量和大小，是因為 ethtool 命令最終呼叫到了網路卡驅動的對應方法，而非 ethtool 本身有這個超能力。

第 6 步註冊 net_device_ops 用的是 igb_netdev_ops 變數，其中包含了 igb_open，該函數在網路卡被啟動的時候會被呼叫。

```
//file: drivers/net/ethernet/intel/igb/igb_main.c
static const struct net_device_ops igb_netdev_ops = {
  .ndo_open            = igb_open,
  .ndo_stop            = igb_close,
  .ndo_start_xmit      = igb_xmit_frame,
```

```
.ndo_get_stats64        = igb_get_stats64,
.ndo_set_rx_mode        = igb_set_rx_mode,
.ndo_set_mac_address    = igb_set_mac,
.ndo_change_mtu         = igb_change_mtu,
.ndo_do_ioctl           = igb_ioctl,......
```

第 7 步在 igb_probe 初始化過程中，還呼叫到了 igb_alloc_q_vector。它註冊了一個 NAPI 機制必需的 poll 函數，對 igb 網路卡驅動來説，這個函數就是 igb_poll，程式如下所示。

//file: drivers/net/ethernet/intel/igb/igb_main.c
```
static int igb_alloc_q_vector(...)
{
    ......
    /* initialize NAPI */
    netif_napi_add(adapter->netdev, &q_vector->napi,
            igb_poll, 64);
}
```

啟動網路卡

當上面的初始化都完成以後，就可以啟動網路卡了。回憶前面網路卡驅動初始化時，曾提到了驅動向核心註冊了 struct net_device_ops 變數，它包含著網路卡啟用、發送封包、設定 MAC 位址等回呼函數（函數指標）。當啟用一個網路卡時（舉例來説，透過 ifconfig eth0 up），net_device_ops 變數中定義的 ndo_open 方法會被呼叫。這是一個函數指標，對 igb 網路卡來説，該指標指向的是 igb_open 方法。它通常會做如圖 2.7 所示的事情。

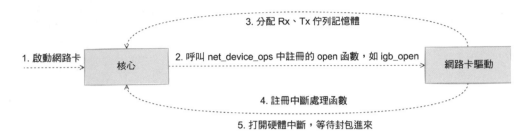

▲ 圖 2.7 啟動網路卡的過程

下面來看看原始程式。

//file: drivers/net/ethernet/intel/igb/igb_main.c
```
static int __igb_open(struct net_device *netdev, bool resuming)
{
    // 分配傳輸描述符號陣列
    err = igb_setup_all_tx_resources(adapter);

    // 分配接收描述符號陣列
    err = igb_setup_all_rx_resources(adapter);

    // 註冊中斷處理函數
    err = igb_request_irq(adapter);
    if (err)
        goto err_req_irq;

    // 啟用NAPI
    for (i = 0; i < adapter->num_q_vectors; i++)
        napi_enable(&(adapter->q_vector[i]->napi));
    ......
}
```

以上程式中，_igb_open 函數呼叫了 igb_setup_all_tx_resources 和 igb_
setup_all_rx_resources。在呼叫 igb_setup_all_rx_resources 這一步操作
中，分配了 RingBuffer，並建立記憶體和 Rx 佇列的映射關係。(Rx 和 Tx
佇列的數量和大小可以透過 ethtool 進行設定。)

2-17

```
//file: drivers/net/ethernet/intel/igb/igb_main.c
static int igb_setup_all_rx_resources(struct igb_adapter *adapter)
{
    ...
    for (i = 0; i < adapter->num_rx_queues; i++) {
        err = igb_setup_rx_resources(adapter->rx_ring[i]);
        ...
    }
    return err;
}
```

在上面的原始程式中，透過迴圈建立了若干個接收佇列，如圖 2.8 所示。

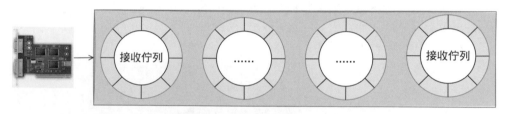

▲ 圖 2.8 接收佇列

再來看看每一個佇列是如何建立出來的。

```
//file: drivers/net/ethernet/intel/igb/igb_main.c
int igb_setup_rx_resources(struct igb_ring *tx_ring)
{
    //1. 申請 igb_rx_buffer 陣列記憶體
    size = sizeof(struct igb_rx_buffer) * rx_ring->count;
    rx_ring->rx_buffer_info = vzalloc(size);

    //2. 申請 e1000_adv_rx_desc DMA 陣列記憶體
    rx_ring->size = rx_ring->count * sizeof(union e1000_adv_rx_desc);
    rx_ring->size = ALIGN(rx_ring->size, 4096);
    rx_ring->desc = dma_alloc_coherent(dev, rx_ring->size,
                        &rx_ring->dma, GFP_KERNEL);
```

```
//3.初始化佇列成員
rx_ring->next_to_alloc = 0;
rx_ring->next_to_clean = 0;
rx_ring->next_to_use = 0;
return 0;
}
```

從上述原始程式可以看到，實際上一個 RingBuffer 的內部不是僅有一個環狀佇列陣列，而是有兩個，如圖 2.9 所示。

1）igb_rx_buffer 陣列：這個陣列是核心使用的，透過 vzalloc 申請的。

2）e1000_adv_rx_desc 陣列：這個陣列是網路卡硬體使用的，透過 dma_alloc_coherent 分配。

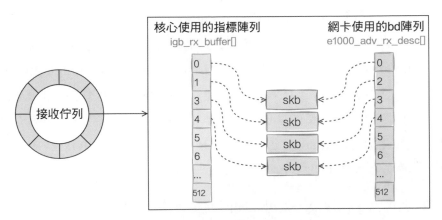

▲ 圖 2.9 接收佇列內部

再接著看中斷函數是如何註冊的，註冊過程見 igb_request_irq。

```
//file: drivers/net/ethernet/intel/igb/igb_main.c
static int igb_request_irq(struct igb_adapter *adapter)
{
    if (adapter->msix_entries) {
        err = igb_request_msix(adapter);
        if (!err)
```

```
        goto request_done;
    ......
    }
}

static int igb_request_msix(struct igb_adapter *adapter)
{
    ......
    for (i = 0; i < adapter->num_q_vectors; i++) {
        ......
        err = request_irq(adapter->msix_entries[vector].vector,
                igb_msix_ring, 0, q_vector->name,
    }
```

在上面的程式中追蹤函數呼叫，呼叫順序為 __igb_open => igb_
request_irq => igb_request_msix。在 igb_request_msix 中可以看到，
對於多佇列的網路卡，為每一個佇列都註冊了中斷，其對應的中斷處理
函數是 igb_msix_ring（該函數也在 drivers/net/ethernet/intel/igb/igb_
main.c 下）。還可以看到，在 msix 方式下，每個 RX 佇列有獨立的 MSI-X
中斷，從網路卡硬體中斷的層面就可以設定讓收到的封包被不同的 CPU
處理。（可以透過 irqbalance ，或修改 /proc/irq/IRQ_NUMBER/smp_
affinity，從而修改和 CPU 的綁定行為。）

當做好以上準備工作以後，就可以開門迎客（接收資料封包）了！

2.2.3 迎接資料的到來

硬體中斷處理

首先，當資料訊框從網線到達網路卡上的時候，第一站是網路卡的接收
佇列。網路卡在分配給自己的 RingBuffer 中尋找可用的記憶體位置，找
到後 DMA 引擎會把資料 DMA 到網路卡之前連結的記憶體裡，到這個時

候 CPU 都是無感的。當 DMA 操作完成以後，網路卡會向 CPU 發起一個
硬體中斷，通知 CPU 有資料到達。硬體中斷的處理過程如圖 2.10 所示。

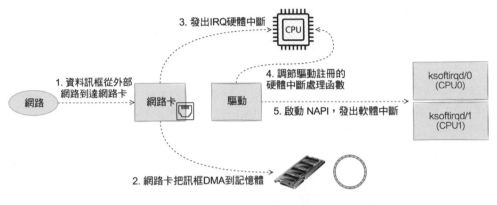

▲ 圖 2.10 硬體中斷處理

> **✎注意**
>
> 當 RingBuffer 滿的時候，新來的資料封包將被捨棄。使用 ifconfig 命令查看網
> 路卡的時候，可以看到裡面有個 overruns，表示因為環狀佇列滿被捨棄的封包
> 數。如果發現有封包遺失，可能需要透過 ethtool 命令來加大環狀佇列的長度。

在前面的「啟動網路卡」部分，講到了網路卡的硬體中斷註冊的處理函
數是 igb_msix_ring。

//file: drivers/net/ethernet/intel/igb/igb_main.c
```
static irqreturn_t igb_msix_ring(int irq, void *data)
{
    struct igb_q_vector *q_vector = data;

    /* Write the ITR value calculated from the previous interrupt. */
    igb_write_itr(q_vector);

    napi_schedule(&q_vector->napi);
```

```
    return IRQ_HANDLED;
}
```

其中的 igb_write_itr 只記錄硬體中斷頻率（據說是在減少對 CPU 的中斷頻率時用到）。順著 napi_schedule 呼叫一路追蹤下去，呼叫順序為 __napi_schedule => ____napi_schedule。

```
//file: net/core/dev.c
static inline void ____napi_schedule(struct softnet_data *sd,
                      struct napi_struct *napi)
{
    list_add_tail(&napi->poll_list, &sd->poll_list);
    __raise_softirq_irqoff(NET_RX_SOFTIRQ);
}
```

這裡可以看到，list_add_tail 修改了 Per-CPU 變數 softnet_data 裡的 poll_list，將驅動 napi_struct 傳過來的 poll_list 增加了進來。softnet_data 中的 poll_list 是一個雙向串列，其中的裝置都帶有輸入訊框等著被處理。緊接著 __raise_softirq_irqoff 觸發了一個軟體中斷 NET_RX_SOFTIRQ，這個所謂的觸發過程只是對一個變數進行了一次或運算而已。

```
//file:kernel/softirq.c
void __raise_softirq_irqoff(unsigned int nr)
{
    trace_softirq_raise(nr);
    or_softirq_pending(1UL << nr);
}
```

```
//file: include/linux/interrupt.h
#define or_softirq_pending(x)  (local_softirq_pending() |= (x))
```

```
//file: include/linux/irq_cpustat.h
#define local_softirq_pending() \
    __IRQ_STAT(smp_processor_id(), __softirq_pending)
```

之前講過，Linux 在硬體中斷裡只完成簡單必要的工作，剩下的大部分處
理都是轉交給軟體中斷的。透過以上程式可以看到，硬體中斷處理過程
真的非常短，只是記錄了一個暫存器，修改了一下 CPU 的 poll_list，然
後發出一個軟體中斷。就這麼簡單，硬體中斷的工作就算是完成了。

ksoftirqd 核心執行緒軟體中斷

網路封包的接收處理過程主要都在 ksoftirqd 核心執行緒中完成，軟體中
斷都是在這裡處理的，流程如圖 2.11 所示。

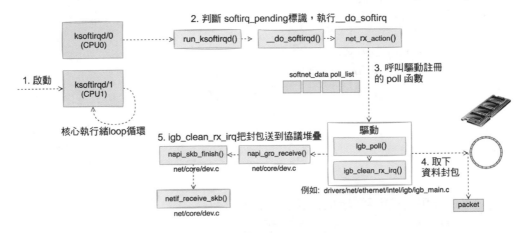

▲ 圖 2.11 軟體中斷處理

前文介紹核心執行緒初始化的時候，曾介紹了 ksoftirqd 中兩個執行緒函
數 ksoftirqd_should_run 和 run_ksoftirqd。其中 ksoftirqd_should_run 函
數的程式如下：

```
//file: kernel/softirq.c
static int ksoftirqd_should_run(unsigned int cpu)
{
    return local_softirq_pending();
}
```

```
#define local_softirq_pending() \
    __IRQ_STAT(smp_processor_id(), __softirq_pending)
```

從以上程式可以看到，此函數和硬體中斷中呼叫了同一個函數 local_softirq_pending。使用方式的不同之處在於，在硬體中斷處理中是為了寫入標記，這裡只是讀取。如果硬體中斷中設定了 NET_RX_SOFTIRQ，這裡自然能讀取到。接下來會真正進入核心執行緒函數 run_ksoftirqd 進行處理：

```
//file: kernel/softirq.c
static void run_ksoftirqd(unsigned int cpu)
{
    local_irq_disable();
    if (local_softirq_pending()) {
        __do_softirq();
        ...
    }
    local_irq_enable();
}
```

在 __do_softirq 中，判斷根據當前 CPU 的軟體中斷類型，呼叫其註冊的 action 方法。

```
asmlinkage void __do_softirq(void)
{
    do {
        if (pending & 1) {
            unsigned int vec_nr = h - softirq_vec;
            int prev_count = preempt_count();

            ...
            trace_softirq_entry(vec_nr);
            h->action(h);
            trace_softirq_exit(vec_nr);
            ...
```

```
        }
        h++;
        pending >>= 1;
    } while (pending);
}
```

這裡需要注意一個細節，硬體中斷中的設定軟體中斷標記，和 ksoftirqd 中的判斷是否有軟體中斷到達，都是基於 smp_processor_id() 的。這表示只要硬體中斷在哪個 CPU 上被回應，那麼軟體中斷也是在這個 CPU 上處理的。所以説，如果你發現 Linux 軟體中斷的 CPU 消耗都集中在一個核心上，正確的做法應該是調整硬體中斷的 CPU 親和性，將硬體中斷打散到不同的 CPU 核心上去。看到這裡大家也就弄清楚了本章開篇處提到的第二個疑惑。

我們再來把精力集中到這個核心函數 net_rx_action 上來。

//file:net/core/dev.c
```
static void net_rx_action(struct softirq_action *h)
{
    struct softnet_data *sd = &__get_cpu_var(softnet_data);
    unsigned long time_limit = jiffies + 2;
    int budget = netdev_budget;
    void *have;

    local_irq_disable();

    while (!list_empty(&sd->poll_list)) {
        ......
        n = list_first_entry(&sd->poll_list, struct napi_struct, poll_list);

        work = 0;
        if (test_bit(NAPI_STATE_SCHED, &n->state)) {
            work = n->poll(n, weight);
            trace_napi_poll(n);
```

```
        }

        budget -= work;
        ...
    }
}
```

有人問在硬體中斷中將裝置增加到 poll_list，會不會重複增加呢？答案是不會的，在軟體中斷處理函數 net_rx_action 這裡，一進來就呼叫 local_irq_disable 把當前 CPU 的硬體中斷關了，不會給硬體中斷重複增加 poll_list 的機會。硬體中斷的處理函數本身也有類似的判斷機制，打磨了幾十年的核心在細節考慮上還是很完整的。

函數開頭的 time_limit 和 budget 是用來控制 net_rx_action 函數主動退出的，目的是保證網路封包的接收不霸占 CPU 不放，等下次網路卡再有硬體中斷過來的時候再處理剩下的接收資料封包。其中 budget 可以透過核心參數調整。這個函數中剩下的核心邏輯是獲取當前 CPU 變數 softnet_data，對其 poll_list 進行遍歷，然後執行到網路卡驅動註冊到的 poll 函數。對 igb 網路卡來説，就是 igb 驅動裡的 igb_poll 函數。

```
//file: drivers/net/ethernet/intel/igb/igb_main.c
static int igb_poll(struct napi_struct *napi, int budget)
{
    ...
    if (q_vector->tx.ring)
        clean_complete = igb_clean_tx_irq(q_vector);

    if (q_vector->rx.ring)
        clean_complete &= igb_clean_rx_irq(q_vector, budget);
    ...
}
```

在讀取操作中，igb_poll 的重點工作是對 igb_clean_rx_irq 的呼叫。

```
//file: drivers/net/ethernet/intel/igb/igb_main.c
static bool igb_clean_rx_irq(struct igb_q_vector *q_vector, const int
budget){
    ...
    do {
        /* retrieve a buffer from the ring */
        skb = igb_fetch_rx_buffer(rx_ring, rx_desc, skb);

        /* fetch next buffer in frame if non-eop */
        if (igb_is_non_eop(rx_ring, rx_desc))
            continue;
        }

        /* verify the packet layout is correct */
        if (igb_cleanup_headers(rx_ring, rx_desc, skb)) {
            skb = NULL;
            continue;
        }

        /* populate checksum, timestamp, VLAN, and protocol */
        igb_process_skb_fields(rx_ring, rx_desc, skb);
        napi_gro_receive(&q_vector->napi, skb);
        ...
    } while (likely(total_packets < budget));
}
```

igb_fetch_rx_buffer 和 igb_is_non_eop 的 作 用 就 是 把 資 料 訊 框 從
RingBuffer 取下來。

skb 被從 RingBuffer 取下來以後，會透過 igb_alloc_rx_buffers 申請新的
skb 再重新掛上去。所以不要擔心後面新封包到來的時候沒有 skb 可用。

為什麼需要兩個函數呢？因為有可能資料訊框要占多個 RingBuffer，所以
是在一個迴圈中獲取的，直到訊框尾部。獲取的資料訊框用一個 sk_buff
來表示。收取完資料後，對其進行一些驗證，然後開始設定 skb 變數的

timestamp、VLAN id、protocol 等欄位。接下來進入 napi_gro_receive 函數。

```
//file: net/core/dev.c
gro_result_t napi_gro_receive(struct napi_struct *napi, struct sk_buff *skb)
{
    skb_gro_reset_offset(skb);
    return napi_skb_finish(dev_gro_receive(napi, skb), skb);
}
```

dev_gro_receive 這個函數代表的是網路卡 GRO 特性，可以簡單理解成把相關的小封包合併成一個大封包，目的是減少傳送給網路堆疊的封包數，這有助減少對 CPU 的使用量。暫且忽略這些，直接看 napi_skb_finish，這個函數主要就是呼叫了 netif_receive_skb。

```
//file: net/core/dev.c
static gro_result_t napi_skb_finish(gro_result_t ret, struct sk_buff *skb)
{
    switch (ret) {
    case GRO_NORMAL:
        if (netif_receive_skb(skb))
            ret = GRO_DROP;
        break;
    ......
}
```

在 netif_receive_skb 中，資料封包將被送到協定層中。

網路通訊協定層處理

netif_receive_skb 函數會根據封包的協定進行處理，假如是 UDP 封包，將封包依次送到 ip_rcv、udp_rcv 等協定處理函數中進行處理，如圖 2.12 所示。

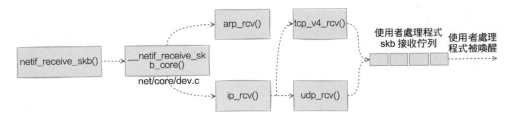

▲ 圖 2.12 網路通訊協定層處理

//file: net/core/dev.c
```
int netif_receive_skb(struct sk_buff *skb)
{
    // RPS處理邏輯，先忽略
    ......

    return __netif_receive_skb(skb);
}

static int __netif_receive_skb(struct sk_buff *skb)
{
    ......
    ret = __netif_receive_skb_core(skb, false);
}

static int __netif_receive_skb_core(struct sk_buff *skb, bool pfmemalloc)
{
    ......
    // pcap邏輯，這裡會將資料送入抓取封包點。tcpdump就是從這個入口獲取封包的
    list_for_each_entry_rcu(ptype, &ptype_all, list) {
        if (!ptype->dev || ptype->dev == skb->dev) {
            if (pt_prev)
                ret = deliver_skb(skb, pt_prev, orig_dev);
            pt_prev = ptype;
        }
    }
```

```
......
list_for_each_entry_rcu(ptype,
        &ptype_base[ntohs(type) & PTYPE_HASH_MASK], list) {
    if (ptype->type == type &&
        (ptype->dev == null_or_dev || ptype->dev == skb->dev ||
         ptype->dev == orig_dev)) {
        if (pt_prev)
            ret = deliver_skb(skb, pt_prev, orig_dev);
        pt_prev = ptype;
    }
  }
}
```

在 __netif_receive_skb_core 中，我看到了原來經常使用的 tcpdump 命令
的抓取封包點。tcpdump 是透過虛擬協定的方式工作的，它會將抓取封
包函數以協定的形式掛到 ptype_all 上。裝置層遍歷所有的「協定」，這
樣就能抓到資料封包來供我們查看了。tcpdump 會執行到 packet_create。

//file: net/packet/af_packet.c
```
static int packet_create(struct net *net, struct socket *sock, ...)
{
  ...
  po->prot_hook.func = packet_rcv;

    if (sock->type == SOCK_PACKET)
        po->prot_hook.func = packet_rcv_spkt;

    po->prot_hook.af_packet_priv = sk;
  register_prot_hook(sk);
}
```

register_prot_hook 函數會把 tcpdump 用到的「協定」掛到 ptype_all
上。我看到這裡很是激動，看來讀一遍原始程式的時間真的沒白費。

接著 __netif_receive_skb_core 函數取出 protocol，它會從資料封包中取出協定資訊，然後遍歷註冊在這個協定上的回呼函數列表。ptype_base 是一個雜湊表，在前面的「協定層註冊」部分提到過。ip_rcv 函數位址就是存在這個雜湊表中的。

```
//file: net/core/dev.c
static inline int deliver_skb(struct sk_buff *skb,
                struct packet_type *pt_prev,
                struct net_device *orig_dev)
{
    ......
    return pt_prev->func(skb, skb->dev, pt_prev, orig_dev);
}
```

pt_prev->func 這一行就呼叫到了協定層註冊的處理函數。對於 IP 封包來講，就會進入 ip_rcv（如果是 ARP 封包，會進入 arp_rcv）。

IP 層處理

再來看看 Linux 在 IP 層都做了什麼，封包又是怎樣進一步被送到 UDP 或 TCP 處理函數中的。下面是 IP 層接收網路封包的主入口 ip_rcv。

```
//file: net/ipv4/ip_input.c
int ip_rcv(struct sk_buff *skb, ...)
{
    ......
    return NF_HOOK(NFPROTO_IPV4, NF_INET_PRE_ROUTING, skb, dev, NULL,
            ip_rcv_finish);
}
```

這裡的 NF_HOOK 是一個鉤子函數，它就是我們日常工作中經常用到的 iptables netfilter 過濾。如果你有很多或很複雜的 netfilter 規則，會在這裡消耗過多的 CPU 資源，加大網路延遲。另外，使用 NF_HOOK 在原始程式中搜索可以搜到很多 filter 的過濾點，想深入研究 netfilter 可以從搜索 NF_HOOK 的這些引用處入手。透過搜索結果可以看到，主要是在 IP、ARP 等層實現的。

```
# grep -r "NF_HOOK" *
net/ipv4/arp.c: NF_HOOK(NFPROTO_ARP, NF_ARP_OUT, skb, NULL, skb->dev, dev_
queue_xmit);
net/ipv4/arp.c: return NF_HOOK(NFPROTO_ARP, NF_ARP_IN, skb, dev, NULL, arp_
process);
net/ipv4/ip_input.c: return NF_HOOK(NFPROTO_IPV4, NF_INET_LOCAL_IN, skb,
skb->dev, NULL,
net/ipv4/ip_input.c: return NF_HOOK(NFPROTO_IPV4, NF_INET_PRE_ROUTING, skb,
dev, NULL,
net/ipv4/ip_forward.c: return NF_HOOK(NFPROTO_IPV4, NF_INET_FORWARD, skb,
skb->dev,
net/ipv4/xfrm4_output.c: return NF_HOOK_COND(NFPROTO_IPV4, NF_INET_POST_
ROUTING, skb,
net/ipv4/ip_output.c: NF_HOOK(NFPROTO_IPV4, NF_INET_POST_ROUTING,
net/ipv4/ip_output.c: NF_HOOK(NFPROTO_IPV4, NF_INET_POST_ROUTING, newskb,
net/ipv4/ip_output.c: return NF_HOOK_COND(NFPROTO_IPV4, NF_INET_POST_
ROUTING, skb, NULL,
net/ipv4/ip_output.c: return NF_HOOK_COND(NFPROTO_IPV4, NF_INET_POST_
ROUTING, skb, NULL,
......
```

當執行完註冊的鉤子後就會執行到最後一個參數指向的函數 ip_rcv_finish。

```
static int ip_rcv_finish(struct sk_buff *skb)
{
    ......

    if (!skb_dst(skb)) {
        int err = ip_route_input_noref(skb, iph->daddr, iph->saddr,
                        iph->tos, skb->dev);
```

```
        ...
    }

    ......

    return dst_input(skb);
}
```

追蹤 ip_route_input_noref 後看到它又呼叫了 ip_route_input_mc。在 ip_
route_input_mc 中，函數 ip_local_deliver 被給予值給了 dst.input。

```
//file: net/ipv4/route.c
static int ip_route_input_mc(struct sk_buff *skb, __be32 daddr,
        __be32 saddr, u8 tos, struct net_device *dev, int our)
{
    if (our) {
        rth->dst.input= ip_local_deliver;
        rth->rt_flags |= RTCF_LOCAL;
    }
}
```

所以回到 ip_rcv_finish 中的 return dst_input(skb)。

```
//file: include/net/dst.h
static inline int dst_input(struct sk_buff *skb)
{
    return skb_dst(skb)->input(skb);
}
```

skb_dst(skb)->input 呼叫的 input 方法就是路由子系統賦的 ip_local_
deliver。

```
//file: net/ipv4/ip_input.c
int ip_local_deliver(struct sk_buff *skb)
{
    if (ip_is_fragment(ip_hdr(skb))) {
```

```
        if (ip_defrag(skb, IP_DEFRAG_LOCAL_DELIVER))
            return 0;
    }

    return NF_HOOK(NFPROTO_IPV4, NF_INET_LOCAL_IN, skb, skb->dev, NULL,
            ip_local_deliver_finish);
}
//file: net/ipv4/ip_input.c
static int ip_local_deliver_finish(struct sk_buff *skb)
{
    ......

    int protocol = ip_hdr(skb)->protocol;
    const struct net_protocol *ipprot;

    ipprot = rcu_dereference(inet_protos[protocol]);
    if (ipprot != NULL) {
        ret = ipprot->handler(skb);
    }
}
```

如「協定層註冊」部分所講，inet_protos 中保存著 tcp_v4_rcv 和 udp_rcv 的函數位址。這裡將根據包中的協定類型選擇分發，在這裡 skb 封包將進一步被派送到更上層的協定中，UDP 和 TCP。

2.2.4 接收封包小結

網路模組是 Linux 核心中最複雜的模組了，看起來一個簡簡單單的接收封包過程就涉及許多核心元件之間的互動，如網路卡驅動、協定層、核心 ksoftirqd 執行緒等。看起來很複雜，本節想透過原始程式 + 圖示的方式，儘量以容易理解的方式來將核心接收封包過程講清楚。現在讓我們再串一串整個接收封包過程。

當使用者執行完 recvfrom 呼叫後，使用者處理程序就透過系統呼叫進行到核心態工作了。如果接收佇列沒有資料，處理程序就進入睡眠狀態被作業系統暫停。這塊相對比較簡單，剩下大部分的「戲份」都是由 Linux 核心其他模組來「表演」了。

首先在開始接收封包之前，Linux 要做許多的準備工作：

- 建立 ksoftirqd 執行緒，為它設定好它自己的執行緒函數，後面指望著它來處理軟體中斷呢。
- 協定層註冊，Linux 要實現許多協定，比如 ARP、ICMP、IP、UDP 和 TCP，每一個協定都會將自己的處理函數註冊一下，方便封包來了迅速找到對應的處理函數。
- 網路卡驅動初始化，每個驅動都有一個初始化函數，核心會讓驅動也初始化一下。在這個初始化過程中，把自己的 DMA 準備好，把 NAPI 的 poll 函數位址告訴核心。
- 啟動網路卡，分配 RX、TX 佇列，註冊中斷對應的處理函數。

以上是核心準備接收封包之前的重要工作，當上面這些都準備好之後，就可以打開硬體中斷，等待資料封包的到來了。

當資料到來以後，第一個迎接它的是網路卡，然後是硬體中斷、軟體中斷、協定層等環節的處理，參考圖 5.5 的流程圖。

- 網路卡將資料訊框 DMA 到記憶體的 RingBuffer 中，然後向 CPU 發起中斷通知。
- CPU 回應中斷要求，呼叫網路卡啟動時註冊的中斷處理函數。
- 中斷處理函數幾乎沒幹什麼，只發起了軟體中斷請求。
- 核心執行緒 ksoftirqd 發現有軟體中斷請求到來，先關閉硬體中斷。
- ksoftirqd 執行緒開始呼叫驅動的 poll 函數接收封包。

- poll 函數將收到的封包送到協定層註冊的 ip_rcv 函數中。
- ip_rcv 函數將封包送到 udp_rcv 函數中（對於 TCP 封包是送到 tcp_rcv_v4）。

2.3 本章複習

本章說明了網路封包是如何一步一步地從網路卡、RingBuffer 最後到接收快取區中的，然後核心又是如何進一步處理把它送到協定層的。理解了之後，我們回顧一下本章開篇提到的幾個問題。

1）RingBuffer 到底是什麼，RingBuffer 為什麼會封包遺失？

RingBuffer 是記憶體中的一塊特殊區域，平時所說的環狀佇列其實是籠統的說法。事實上這個資料結構包括 igb_rx_buffer 環狀佇列陣列、e1000_adv_rx_desc 環狀佇列陣列及許多的 skb，參見圖 2.9。

網路卡在收到資料的時候以 DMA 的方式將封包寫到 RingBuffer 中。軟體中斷接收封包的時候來這裡把 skb 取走，並申請新的 skb 重新掛上去。有些網上的技術文章講到 RingBuffer 記憶體是預先分配好的，有的文章則認為 RingBuffer 裡使用的記憶體是隨著網路封包的收發而動態分配的。這兩個說法之所以看起來有點混亂，是因為沒有說清楚是指標陣列還是 skb。指標陣列是預先分配好的，而 skb 雖然也會預分配好，但是在後面接收封包過程中會不斷動態地分配申請。

這個 RingBuffer 是有大小和長度限制的，長度可以透過 ethtool 工具查看。

```
# ethtool -g eth0
Ring parameters for eth0:
Pre-set maximums:
```

```
RX:      4096
RX Mini:    0
RX Jumbo:   0
TX:      4096
Current hardware settings:
RX:      512
RX Mini:    0
RX Jumbo:   0
TX:      512
```

Pre-set maximums 指的是 RingBuffer 的最大值，Current hardware settings 指的是當前的設定。從上面程式中可以看到我的網路卡設定 RingBuffer 最大允許值為 4096，目前的實際設定是 512。

如果核心處理得不及時導致 RingBuffer 滿了，那後面新來的資料封包就會被捨棄，透過 ethtool 或 ifconfig 工具可以查看是否有 RingBuffer 溢位發生。

```
# ethtool -S eth0
......
rx_fifo_errors: 0
tx_fifo_errors: 0
```

rx_fifo_errors 如果不為 0 的話（在 ifconfig 中表現為 overruns 指標增長），就表示有封包因為 RingBuffer 裝不下而被捨棄了。那麼怎麼解決這個問題呢？很自然，首先我們想到的是加大 RingBuffer 這個「中轉倉庫」的大小。透過 ethtool 就可以修改。

```
# ethtool -G eth1 rx 4096 tx 4096
```

這樣網路卡會被分配更大一點的「中轉站」，可以解決偶發的暫態的封包遺失。不過這種方法有個小副作用，那就是排隊的封包過多會增加處理網路封包的延遲時間。所以另外一種解決想法更好，那就是讓核心處理網路封包的速度更快一些，而非讓網路封包傻傻地在 RingBuffer 中排隊。怎麼加快核心消費 RingBuffer 中任務的速度呢，接下來的內容會提到。

2）網路相關的硬體中斷、軟體中斷都是什麼？

在網路卡將資料放到 RingBuffer 中後，接著就發起硬體中斷，通知 CPU 進行處理。不過在硬體中斷的上下文裡做的工作很少，將傳過來的 poll_list 增加到了 Per-CPU 變數 softnet_data 的 poll_list 裡（softnet_data 中的 poll_list 是一個雙向串列，其中的裝置都帶有輸入訊框等著被處理），接著觸發軟體中斷 NET_RX_SOFTIRQ。

在軟體中斷中對 softnet_data 的裝置列表 poll_list 進行遍歷，執行網路卡驅動提供的 poll 來收取網路封包。處理完後會送到協定層的 ip_rcv、udp_rcv、tcp_rcv_v4 等函數中。

3）Linux 裡的 ksoftirqd 核心執行緒是做什麼的？

在筆者手頭的一台四核心的虛擬機器上有四個 ksoftirqd 核心執行緒。是的沒錯，機器上有幾個核心，核心就會建立幾個 ksoftirqd 執行緒出來。

```
root         3     2   0 Jan04 ?         00:00:19 [ksoftirqd/0]
root        13     2   0 Jan04 ?         00:00:47 [ksoftirqd/1]
root        18     2   0 Jan04 ?         00:00:10 [ksoftirqd/2]
root        23     2   0 Jan04 ?         00:00:51 [ksoftirqd/3]
```

核心執行緒 ksoftirqd 包含了所有的軟體中斷處理邏輯，當然也包括這裡提到的 NET_RX_SOFTIRQ。在 __do_softirq 中根據軟體中斷的類型，執行不同的處理函數。對軟體中斷 NET_RX_SOFTIRQ 來説是 net_rx_action 函數。

```
//file: kernel/softirq.c
asmlinkage void __do_softirq(void){
    do {
```

```
        if (pending & 1) {
            unsigned int vec_nr = h - softirq_vec;
            int prev_count = preempt_count();
            ...
            trace_softirq_entry(vec_nr);
            h->action(h);
            trace_softirq_exit(vec_nr);
            ...
        }
        h++;
        pending >>= 1;
    } while (pending);
}
```

可見，軟體中斷是在 ksoftirqd 核心執行緒中執行的。軟體中斷的資訊可
以從 /proc/softirqs 讀取。

```
$ cat /proc/softirqs
                  CPU0          CPU1          CPU2          CPU3
        HI:          0             2             2             0
     TIMER:  704301348    1013086839     831487473    2202821058
    NET_TX:      33628         31329         32891        105243
    NET_RX:  418082154    2418421545     429443219    1504510793
     BLOCK:         37             0             0      25728280
BLOCK_IOPOLL:        0             0             0             0
   TASKLET:     271783        273780        276790        341003
     SCHED: 1544746947    1374552718    1287098690    2221303707
   HRTIMER:          0             0             0             0
       RCU: 3200539884    3336543147    3228730912    3584743459
```

這裡顯示了每一個 CPU 上執行的各種類型的軟體中斷的次數。拿 CPU0
來舉例，執行了 418 082 154 次 NET_RX、33 628 次 NET_TX。至於為
什麼 NET_RX 比 NET_TX 高這麼多，將在第 4 章講解。

4）為什麼網路卡開啟多佇列能提升網路性能？

在講這個之前，先講一下多佇列網路卡。現在的主流網路卡基本上都是支援多佇列的，透過 ethtool 可以查看當前網路卡的多佇列情況。拿我手頭的一台物理實機來舉例。

```
# ethtool -l eth0
Channel parameters for eth0:
Pre-set maximums:
RX:       0
TX:       0
Other:        1
Combined:   63
Current hardware settings:
RX:       0
TX:       0
Other:        1
Combined:   8
```

上述結果表示當前網路卡支援的最大佇列數是 63，當前開啟的佇列數是 8。透過 sysfs 偽檔案系統也可以看到真正生效的佇列數。

```
# ls /sys/class/net/eth0/queues
rx-0  rx-1  rx-2  rx-3  rx-4  rx-5  rx-6  rx-7
tx-0  tx-1  tx-2  tx-3  tx-4  tx-5  tx-6  tx-7
```

如果想加大佇列數，ethtool 工具可以搞定。

```
#ethtool -L eth0 combined 32
```

透過 /proc/interrupts 可以看到該佇列對應的硬體中斷號（由於 32 核心的實機展示起來太多了，所以下面的結果中刪掉了不少 CPU 列的資料）。

```
# cat /proc/interrupts
          CPU0    CPU1    CPU...    CPU31
   52:    3172     0       0        0  IR-PCI-MSI-edge      eth0-TxRx-0
```

```
53:        527        0        0        0    IR-PCI-MSI-edge      eth0-TxRx-1
54:        577        0        0        0    IR-PCI-MSI-edge      eth0-TxRx-2
55:         31        0        0        0    IR-PCI-MSI-edge      eth0-TxRx-3
56:         33        0        0        0    IR-PCI-MSI-edge      eth0-TxRx-4
57:         21        0        0        0    IR-PCI-MSI-edge      eth0-TxRx-5
58:         21        0        0        0    IR-PCI-MSI-edge      eth0-TxRx-6
59:         23        0        0        0    IR-PCI-MSI-edge      eth0-TxRx-7
```

以上內容顯示網路卡輸入佇列 eth0-TxRx-0 的中斷號是 52，eth0-TxRx-1 的中斷號是 53，總共開啟了 8 個接收佇列。

透過該中斷號對應的 smp_affinity 可以查看到親和的 CPU 核心是哪一個。

```
#cat /proc/irq/53/smp_affinity
8
```

這個親和性是透過二進位中的位元來標記的。例如 8 是二進位的 1000，第 4 位為 1，代表的就是第 4 個 CPU 核心——CPU3。

從以上內容可知，每個佇列都會有獨立的、不同的中斷號。所以不同的佇列在將資料收取到自己的 RingBuffer 後，可以分別向不同的 CPU 發起硬體中斷通知。而在硬體中斷的處理中，有一個不起眼但是特別重要的小細節，呼叫 __raise_softirq_irqoff 發起軟體中斷的時候，是基於當前 CPU 核心 smp_processor_id（local_softirq_pending）的。

```
//__raise_softirq_irqoff => or_softirq_pending => local_softirq_pending
//file: include/linux/irq_cpustat.h
#define local_softirq_pending() \
    __IRQ_STAT(smp_processor_id(), __softirq_pending)
```

這表示哪個核心回應的硬體中斷，那麼該硬體中斷發起的軟體中斷任務就必然由這個核心來處理。

所以在工作實踐中，如果網路封包的接收頻率高而導致個別核心 si 偏高，那麼透過加大網路卡佇列數，並設定每個佇列中斷號上的 smp_affinity，將各個佇列的硬體中斷打散到不同的 CPU 上就行了。這樣硬體中斷後面的軟體中斷 CPU 消耗也將由多個核心來分擔。

5）tcpdump 是執行原理的？

tcpdump 工作在裝置層，是透過虛擬協定的方式工作的。它透過呼叫 packet_create 將抓取封包函數以協定的形式掛到 ptype_all 上。

當接收封包的時候，驅動中實現的 igb_poll 函數最終會呼叫到 __netif_receive_skb_core，這個函數會在將封包送到協定層函數（ip_rcv、arp_rcv 等）之前，將封包先送到 ptype_all 抓取封包點。我們平時工作中經常會用到的 tcpdump 就是基於這些抓取封包點來工作的。

這次你知道 tcpdump 是如何和核心進行配合的了吧！

6) iptable/netfilter 是在哪一層實現的？

netfilter 主要是在 IP、ARP 等層實現的。可以透過搜索對 NF_HOOK 函數的引用來深入了解 netfilter 的實現。如果設定過於複雜的規則，則會消耗過多的 CPU，加大網路延遲。

7）tcpdump 能否抓到被 iptable 封禁的封包？

透過本章的深入分析可以得知，tcpdump 工作在裝置層，將封包送到 IP 層以前就能處理。而 netfilter 工作在 IP、ARP 等層。從圖 2.13 接收封包流程處理順序上來看，netfilter 是在 tcpdump 後面工作的，所以 iptable 封禁規則影響不到 tcpdump 的抓取封包。

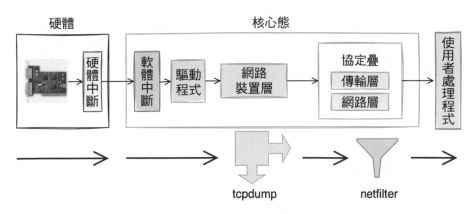

▲ 圖 2.13 接收封包工作過程

不過發送封包過程恰恰相反,發送封包的時候,netfilter 在協定層就被過濾掉了,所以 tcpdump 什麼也看不到,如圖 2.14 所示。

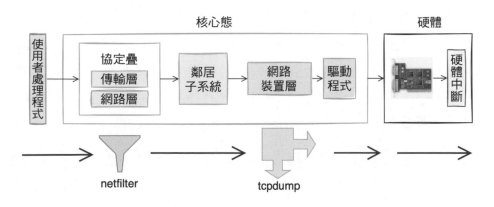

▲ 圖 2.14 發送封包工作過程

8)網路接收過程中的 CPU 消耗如何查看?

在網路封包的接收處理過程中,主要工作集中在硬體中斷和軟體中斷上,二者的消耗都可以透過 top 命令來查看。

```
# top
top - 13:22:55 up 403 days, 19:31,  4 users,  load average: 0.00, 0.01, 0.05
Tasks  : 435 total,   1 running, 434 sleeping,   0 stopped,   0 zombie
%Cpu0  : 0.0 us, 0.3 sy, 0.3 ni,  99.3 id, 0.0 wa, 0.0 hi, 0.0 si, 0.0 st
%Cpu1  : 0.0 us, 0.0 sy, 0.3 ni,  99.7 id, 0.0 wa, 0.0 hi, 0.0 si, 0.0 st
...
%Cpu31 : 0.0 us, 0.0 sy, 0.0 ni, 100.0 id, 0.0 wa, 0.0 hi, 0.0 si, 0.0 st
```

其中 hi 是 CPU 處理硬體中斷的消耗，si 是處理軟體中斷的消耗，都是以百分比的形式來展示的。

另外這裡多説一下，如果發現某個核心的 si 過高，那麼很有可能你的業務上當前資料封包的接收已經非常頻繁了，需要透過上面説的多佇列網路卡設定來讓其他核心參與進來，分擔這個核心接接收封包的核心工作量。

9）DPDK 是什麼神器？

透過前面的內容可以看到，對於資料封包的接收，核心需要進行非常複雜的工作。而且在資料接收完之後，還需要將資料複製到使用者空間的記憶體中。如果使用者處理程序當前是阻塞的，還需要喚醒它，又是一次上下文切換的消耗。

那麼有沒有辦法讓使用者處理程序能繞開核心協定層，自己直接從網路卡接收資料呢？如果這樣可行，那繁雜的核心協定層處理、核心態到使用者態記憶體拷貝消耗、喚醒使用者處理程序消耗等就可以省掉了。確實有，DPDK 就是其中的一種。很多時候對新技術不夠了解，原因是對老技術沒有真正理解透徹。

在本章中，詳細分析了網路封包是如何從網路卡中一步一步地達到核心協定層的。透過對原始程式的詳細了解，我們也徹底弄清楚了多工佇列網路卡、RingBuffer、硬體中斷、軟體中斷等概念，也明白該如何查看核心在接收網路封包時的 CPU 消耗。

理解這些以後，你將能得到一幅「地圖」。在這張「地圖」上你能找到之前聽説過的各個技術點的正確位置，例如 tcpdump、netfilter 等。有了它，你再看各個技術點的前後依賴關係就能理解得更清晰，相當於你以前只看到了單一點，只能見樹，這次終於可以看見林了。

不過在本章資料只到了協定層，還沒有達到使用者處理程序，下一章我們繼續深入分析！

2.3 本章複習

核心是如何與使用者處理程序協作的

3.1 相關實際問題

在上一章中說明了網路封包是如何被從網路卡送到協定層的,接下來核心還有一項重要的工作,就是在協定層接收處理完輸入封包以後,要能通知到使用者處理程序,讓使用者處理程序能夠收到並處理這些資料。處理程序和核心配合有很多種方案,本章只深入分析兩種典型的。

第一種是同步阻塞的方案(在 Java 中習慣叫 BIO),一般都是在用戶端使用。它的優點是使用起來非常方便,非常符合人的思維方式,但缺點就是性能較差。典型的使用者處理程序程式如下。

```
int main()
{
    int sk = socket(AF_INET, SOCK_STREAM, 0);
    connect(sk, ...)
```

```
    recv(sk, ...)
}
```

第二種是多路 IO 重複使用的方案，這種方案在服務端用得比較多。
Linux 上多工方案有 select、poll、epoll，它們三個中 epoll 的性能表現
是最優秀的。在本章中只分析 epoll（Java 中對應的是 NIO）。一段典型
使用 epoll 的 C 程式如下。

```
int main(){
    listen(lfd, ...);

    cfd1 = accept(...);
    cfd2 = accept(...);
    efd = epoll_create(...);

    epoll_ctl(efd, EPOLL_CTL_ADD, cfd1, ...);
    epoll_ctl(efd, EPOLL_CTL_ADD, cfd2, ...);
    epoll_wait(efd, ...)
}
```

無論是這兩種方案中的哪一種，核心都能在接收到資料的時候和使用者
處理程序協作，通知使用者處理程序進行下一步處理。但是在高併發情
況下，同步阻塞的 IO 方案的性能比較差，epoll 的表現較好。具體原因
是什麼，在本章中將進行深入的分析。學習完本章以後，你將深刻地理
解以下幾個工作實踐中的問題。

1）阻塞到底是怎麼一回事？

在網路開發模型中，經常會遇到阻塞和非阻塞的概念。更要命的是還有
人經常把這兩個概念和同步、非同步放到一起，讓本來就理解得不是很
清楚的概念更是變成一團漿糊。透過本章對原始程式的分析，你將深刻
理解阻塞到底是怎麼一回事。

2）同步阻塞 IO 都需要哪些消耗？

都説同步阻塞 IO 性能差，我覺得這個説法太籠統。我們應該更深入了解這種方式下都需要哪些 CPU 消耗，而非只簡單地説。

3）多工 epoll 為什麼就能提高網路性能？

多工的概念在網路程式設計裡非常重要，但可惜很多人對它理解不夠徹底。比如為什麼 epoll 就比同步阻塞的 IO 模型性能好？可能有的人隱約知道內部的紅黑樹，但其實這仍然不是 epoll 性能優越的根本原因。

4）epoll 也是阻塞的？

很多人以為只要一提到阻塞，就是性能差。當聽説 epoll 也是可能會阻塞處理程序的以後，感覺詫異，阻塞怎麼還能性能高？這都是對 epoll 理解不深造成的，本章將深度拆解 epoll 的工作原理。epoll 的阻塞並不影響它高性能。

5）為什麼 Redis 的網路性能很突出？

大家平時除了寫程式，也會用到很多開放原始碼元件。在這些開放原始碼元件中，Redis 的性能表現非常搶眼。那麼它性能優異的秘訣究竟在哪裡？我們在開發自己的介面的時候是否有可以學習它的地方？

3.2 socket 的直接建立

在開始介紹網路 IO 模型之前，需要先介紹一個前序知識，那就是 socket 是如何在核心中表示的。在後面分析阻塞或 epoll 的時候，我們需要不定時來回顧 socket 的核心結構。

從開發者的角度來看，呼叫 socket 函數可以建立一個 socket。

```
int main()
{
    int sk = socket(AF_INET, SOCK_STREAM, 0);
    ...
}
```

等這個 socket 函數呼叫執行完以後，使用者層面看到傳回的是一個整數型的控制碼，但其實核心在內部建立了一系列的 socket 相關的核心物件（是的，不是只有一個）。它們互相之間的關係如圖 3.1 所示。當然了，這個物件比圖示的更複雜，圖中只展示關鍵內容。

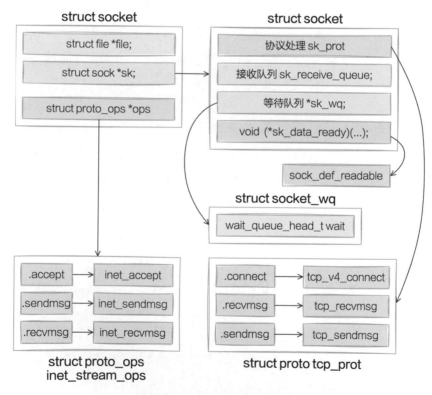

▲ 圖 3.1　socket 核心結構

我們來翻翻原始程式，看看圖 3.1 中所示的結構是如何被創造出來的。

```
//file:net/socket.c
SYSCALL_DEFINE3(socket, int, family, int, type, int, protocol)
{
    ......
    retval = sock_create(family, type, protocol, &sock);
}
```

sock_create 是建立 socket 的主要位置，其中 sock_create 又呼叫了 __ sock_create。

```
//file:net/socket.c
int __sock_create(struct net *net, int family, ...)
{
    struct socket *sock;
    const struct net_proto_family *pf;
    ......

    //分配socket物件
    sock = sock_alloc();

    //獲得每個協定族的動作表
    pf = rcu_dereference(net_families[family]);

    //呼叫指定協定族的建立函數，對於AF_INET對應的是inet_create
    err = pf->create(net, sock, protocol, kern);
}
```

在 __sock_create 裡，首先呼叫 socket_alloc 來分配一個 struct socket 核心物件，接著獲取協定族的操作函數表，並呼叫其 create 方法。對 AF_INET 協定族來說，執行到的是 inet_create 方法。

```
//file:net/ipv4/af_inet.c
static int inet_create(struct net *net, struct socket *sock, int
protocol,int kern)
```

```
{
    struct sock *sk;

    //static struct inet_protosw inetsw_array[] =
    //{
    //    {
    //       .type =        SOCK_STREAM,
    //       .protocol =    IPPROTO_TCP,
    //       .prot =        &tcp_prot,
    //       .ops =         &inet_stream_ops,
    //       .no_check =    0,
    //       .flags =       INET_PROTOSW_PERMANENT |
    //               INET_PROTOSW_ICSK,
    //    },
    //}
    list_for_each_entry_rcu(answer, &inetsw[sock->type], list) {

    //將 inet_stream_ops 賦到socket->ops 上
    sock->ops = answer->ops;

    //獲得 tcp_prot
    answer_prot = answer->prot;

    //分配 sock物件, 並把 tcp_prot 賦到sock->sk_prot 上
    sk = sk_alloc(net, PF_INET, GFP_KERNEL, answer_prot);

    //對 sock物件進行初始化
    sock_init_data(sock, sk);
}
```

在 inet_create 中，根據類型 SOCK_STREAM 查詢到對於 TCP 定義的操作方法實現集合 inet_stream_ops 和 tcp_prot，並把它們分別設定到 socket->ops 和 sock->sk_prot 上，如圖 3.2 所示。

再往下看到了 sock_init_data。在這個方法中將 sock 中的 sk_data_ready 函數指標進行了初始化，設定為預設 sock_def_readable，如圖 3.3 所示。

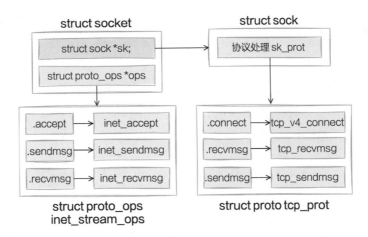

▲ 圖 3.2　socket ops 方法

▲ 圖 3.3　sk_data_ready 初始化

```
//file: net/core/sock.c
void sock_init_data(struct socket *sock, struct sock *sk)
{
    sk->sk_data_ready   =   sock_def_readable;
    sk->sk_write_space  =   sock_def_write_space;
    sk->sk_error_report =   sock_def_error_report;
}
```

當軟體中斷上收到資料封包時會透過呼叫 sk_data_ready 函數指標（實際被設定成了 sock_def_readable()）來喚醒在 sock 上等待的處理程序。這個將在後面介紹軟體中斷的時候再說，目前記住這個就行了。

至此，一個 tcp 物件，確切地説是 AF_INET 協定族下的 SOCK_STREAM 物件就算建立完成了。這裡花費了一次 socket 系統呼叫的消耗。

3.3 核心和使用者處理程序協作之阻塞方式

本章開頭說過同步阻塞的網路 IO（在 Java 中習慣叫 BIO）的優點是使用起來非常方便，但缺點就是性能非常差。俗話說得好，「知己知彼，方能百戰百勝」。下面來深入分析同步阻塞網路 IO 的內部實現。

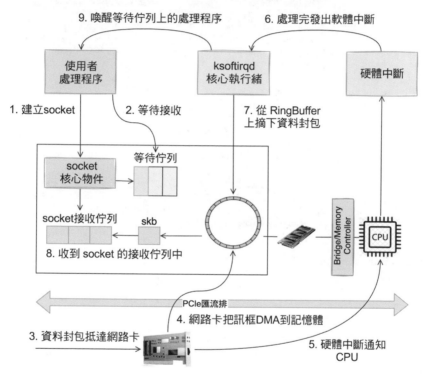

▲ 圖 3.4　同步阻塞工作流程

在同步阻塞 IO 模型中，雖然使用者處理程序裡在最簡單的情況下只有兩三行程式，但實際上使用者處理程序和核心配合做了非常多的工作。先是使用者處理程序發起建立 socket 的指令，然後切換到核心態完成了核心物件的初始化。接下來，Linux 在資料封包的接收上，是硬體中斷和

ksoftirqd 執行緒在進行處理。當 ksoftirqd 執行緒完以後，再通知相關的使用者處理程序。

從使用者處理程序建立 socket，到一個網路封包抵達網路卡被使用者處理程序接收，同步阻塞 IO 整體上的流程如圖 3.4 所示。

下面用圖解加原始程式分析的方式來詳細拆解上面的每一個步驟，來看一下在核心裡它們是怎麼實現的。閱讀完本章，你將深刻理解同步阻塞的網路 IO 性能低下的原因！

3.3.1 等待接收消息

接下來看 recv 函數依賴的底層實現。首先透過 strace 命令追蹤，可以看到 clib 函數庫函數 recv 會執行 recvfrom 系統呼叫。

進入系統呼叫後，使用者處理程序就進入了核心態，執行一系列的核心協定層函數，然後到 socket 物件的接收佇列中查看是否有資料，沒有的話就把自己增加到 socket 對應的等待佇列裡。最後讓出 CPU，作業系統會選擇下一個就緒狀態的處理程序來執行。整個流程如下頁圖 3.5 所示。

看完整個流程圖，接下來根據原始程式來看更具體的細節。其中要關注的重點是 recvfrom 最後是怎麼把自己的處理程序阻塞掉的（假如沒有使用 O_NONBLOCK 標記）。

```
//file: net/socket.c
SYSCALL_DEFINE6(recvfrom, int, fd, void __user *, ubuf, size_t, size,
        unsigned int, flags, struct sockaddr __user *, addr,
        int __user *, addr_len)
{
    struct socket *sock;
```

```
//根據使用者傳入的fd找到socket物件
sock = sockfd_lookup_light(fd, &err, &fput_needed);
......
err = sock_recvmsg(sock, &msg, size, flags);
......
}
```

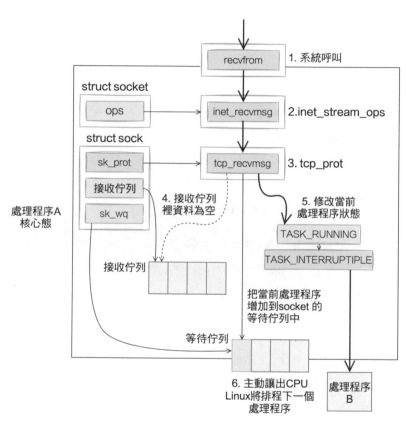

▲ 圖 3.5　recvfrom 系統呼叫

接下來的呼叫順序為：

sock_recvmsg ==> __sock_recvmsg => __sock_recvmsg_nosec

```
static inline int __sock_recvmsg_nosec(struct kiocb *iocb, struct socket
*sock, struct msghdr *msg, size_t size, int flags)
{
```

```
    ......
    return sock->ops->recvmsg(iocb, sock, msg, size, flags);
}
```

呼叫 socket 物件 ops 裡的 recvmsg，從圖 3.6 可以看到 recvmsg 指向的
是 inet_recvmsg 方法。

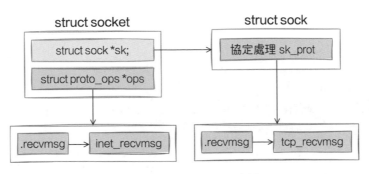

▲ 圖 3.6　recvmsg 方法

```
//file: net/ipv4/af_inet.c
int inet_recvmsg(struct kiocb *iocb, struct socket *sock, struct msghdr
*msg,
        size_t size, int flags)
{
    ......
    err = sk->sk_prot->recvmsg(iocb, sk, msg, size, flags & MSG_DONTWAIT,
flags & ~MSG_DONTWAIT, &addr_len);
```

這裡又遇到一個函數指標，這次呼叫的是 socket 物件裡的 sk_prot 下
的 recvmsg 方法。同樣從圖 3.6 中得出這個 recvmsg 方法對應的是 tcp_
recvmsg 方法。

```
//file: net/ipv4/tcp.c
int tcp_recvmsg(struct kiocb *iocb, struct sock *sk, struct msghdr *msg,
size_t len, int nonblock, int flags, int *addr_len)
{
    int copied = 0;
```

```
......
do {
    //遍歷接收佇列接收資料
    skb_queue_walk(&sk->sk_receive_queue, skb) {
        ......
    }
    ......
}

if (copied >= target) {
    release_sock(sk);
    lock_sock(sk);
} else //沒有收到足夠資料，啟用sk_wait_data 阻塞當前處理程序
    sk_wait_data(sk, &timeo);
}
```

終於看到我們想要看的內容，skb_queue_walk 在存取 sock 物件下的接收佇列了，如圖 3.7 所示。

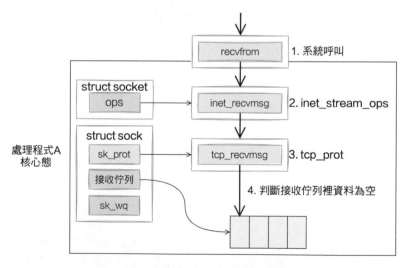

▲ 圖 3.7　接收佇列讀取

如果沒有收到資料，或收到的不夠多，則呼叫 sk_wait_data 把當前處理
程序阻塞掉。

```
//file: net/core/sock.c
int sk_wait_data(struct sock *sk, long *timeo)
{
    //當前處理程序(current)連結到所定義的等待佇列項上
    DEFINE_WAIT(wait);

    // 呼叫sk_sleep獲取sock物件下的wait
    // 並準備暫停，將處理程序狀態設定為可打斷（INTERRUPTIBLE）
    prepare_to_wait(sk_sleep(sk), &wait, TASK_INTERRUPTIBLE);
    set_bit(SOCK_ASYNC_WAITDATA, &sk->sk_socket->flags);

    // 透過呼叫schedule_timeout讓出CPU，然後進行睡眠
    rc = sk_wait_event(sk, timeo, !skb_queue_empty(&sk->sk_receive_
queue));
    ......
```

下面再來詳細看看 sk_wait_data 是怎樣把當前處理程序給阻塞掉的，如
圖 3.8 所示。

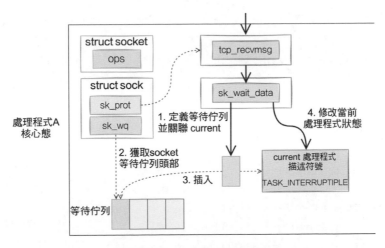

▲ 圖 3.8 　處理程序阻塞

首先在 DEFINE_WAIT 巨集下，定義了一個等待佇列項 wait。在這個新
的等待佇列項上，註冊了回呼函數 autoremove_wake_function，並把當
前處理程序描述符號 current 連結到其 .private 成員上。

```
//file: include/linux/wait.h
#define DEFINE_WAIT(name) DEFINE_WAIT_FUNC(name, autoremove_wake_function)

#define DEFINE_WAIT_FUNC(name, function)                         \
    wait_queue_t name = {                                        \
                .private      = current,                         \
                .func         = function,                        \
                .task_list = LIST_HEAD_INIT((name).task_list),   \
    }
```

緊接著在 sk_wait_data 中呼叫 sk_sleep 獲取 sock 物件下的等待佇列串列
頭部 wait_queue_head_t。sk_sleep 原始程式如下。

```
//file: include/net/sock.h
static inline wait_queue_head_t *sk_sleep(struct sock *sk)
{
    BUILD_BUG_ON(offsetof(struct socket_wq, wait) != 0);
    return &rcu_dereference_raw(sk->sk_wq)->wait;
}
```

接著呼叫 prepare_to_wait 來把新定義的等待佇列項 wait 插入 sock 物件
的等待佇列。

```
//file: kernel/wait.c
void prepare_to_wait(wait_queue_head_t *q, wait_queue_t *wait, int state)
{
    unsigned long flags;

    wait->flags &= ~WQ_FLAG_EXCLUSIVE;
    spin_lock_irqsave(&q->lock, flags);
    if (list_empty(&wait->task_list))
```

```
        __add_wait_queue(q, wait);
    set_current_state(state);
    spin_unlock_irqrestore(&q->lock, flags);
}
```

這樣後面當核心收完資料產生就緒事件的時候，就可以查詢 socket 等待
佇列上的等待項，進而可以找到回呼函數和在等待該 socket 就緒事件的
處理程序了。

最後呼叫 sk_wait_event 讓出 CPU，處理程序將進入睡眠狀態，這會導致
一次處理程序上下文的消耗，而這個消耗是昂貴的，大約需要消耗幾個
微秒的 CPU 時間。

在接下來的內容裡將能看到處理程序是如何被喚醒的。

3.3.2 軟體中斷模組

接著我們再轉換一下角度，來看負責接收和處理資料封包的軟體中斷這
邊。第 2 章講到了網路封包到網路卡後是怎麼被網路卡接收，最後再交
由軟體中斷處理的，這裡直接從 TCP 協定的接收函數 tcp_v4_rcv 看起，
整體接收流程見下頁圖 3.9。

軟體中斷（也就是 Linux 裡的 ksoftirqd 執行緒）裡收到資料封包以
後，發現是 TCP 封包就會執行 tcp_v4_rcv 函數。接著往下，如果是
ESTABLISH 狀態下的資料封包，則最終會把資料拆出來放到對應 socket
的接收佇列中，然後呼叫 sk_data_ready 來喚醒使用者處理程序。

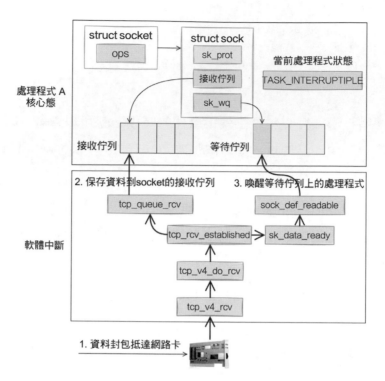

▲ 圖 3.9　軟體中斷接收資料過程

我們看更詳細一些的程式。

```
// file: net/ipv4/tcp_ipv4.c
int tcp_v4_rcv(struct sk_buff *skb)
{
    ......
    th = tcp_hdr(skb); //獲取tcp header
    iph = ip_hdr(skb); //獲取ip header

    //根據資料封包 header中的IP、通訊埠資訊查詢到對應的socket
    sk = __inet_lookup_skb(&tcp_hashinfo, skb, th->source, th->dest);
    ......

    //socket未被使用者鎖定
    if (!sock_owned_by_user(sk)) {
```

```
        {
            if (!tcp_prequeue(sk, skb))
                ret = tcp_v4_do_rcv(sk, skb);
        }
    }
}
```

在 tcp_v4_rcv 中，首先根據收到的網路封包的 header 裡的 source 和 dest 資訊在本機上查詢對應的 socket。找到以後，直接進入接收的主體函數 tcp_v4_do_rcv 來一探究竟。

//file: net/ipv4/tcp_ipv4.c
```
int tcp_v4_do_rcv(struct sock *sk, struct sk_buff *skb)
{
    if (sk->sk_state == TCP_ESTABLISHED) {
        //執行連接狀態下的資料處理
        if (tcp_rcv_established(sk, skb, tcp_hdr(skb), skb->len)) {
            rsk = sk;
            goto reset;
        }
        return 0;
    }
    //其他非ESTABLISH狀態的資料封包處理
    ......
}
```

假設處理的是 ESTABLISH 狀態下的封包，這樣就又進入 tcp_rcv_established 函數進行處理。

//file: net/ipv4/tcp_input.c
```
int tcp_rcv_established(struct sock *sk, struct sk_buff *skb,
        const struct tcphdr *th, unsigned int len)
{
    ......

    //接收資料放到佇列中
```

```
eaten = tcp_queue_rcv(sk, skb, tcp_header_len, &fragstolen);

//資料準備好，喚醒socket上阻塞掉的處理程序
sk->sk_data_ready(sk, 0);
```

在 tcp_rcv_established 中透過呼叫 tcp_queue_rcv 函數，完成了將接收到的資料放到 socket 的接收佇列上，如圖 3.10 所示。

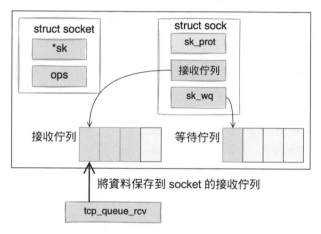

▲ 圖 3.10 增加到接收佇列

函數 tcp_queue_rcv 的原始程式如下。

//file: net/ipv4/tcp_input.c
```
static int __must_check tcp_queue_rcv(struct sock *sk, struct sk_buff *skb,
int hdrlen,
        bool *fragstolen)
{
    //把接收到的資料放到socket的接收佇列的尾部
    if (!eaten) {
        __skb_queue_tail(&sk->sk_receive_queue, skb);
        skb_set_owner_r(skb, sk);
    }
    return eaten;
}
```

呼叫 tcp_queue_rcv 接收完成之後，接著呼叫 sk_data_ready 來喚醒在 socket 上等待的使用者處理程序。這又是一個函數指標。回想在 3.2 節曾介紹過，在建立 socket 的流程裡執行到的 sock_init_data 函數已經把 sk_data_ready 指標設定成 sock_def_readable 函數了。它是預設的資料就緒處理函數。

```
//file: net/core/sock.c
static void sock_def_readable(struct sock *sk, int len)
{
    struct socket_wq *wq;

    rcu_read_lock();
    wq = rcu_dereference(sk->sk_wq);

    //有處理程序在此socket的等待佇列
    if (wq_has_sleeper(wq))
        //喚醒等待佇列上的處理程序
        wake_up_interruptible_sync_poll(&wq->wait, POLLIN | POLLPRI |
                        POLLRDNORM | POLLRDBAND);
    sk_wake_async(sk, SOCK_WAKE_WAITD, POLL_IN);
    rcu_read_unlock();
}
```

在 sock_def_readable 中再一次存取到了 sock->sk_wq 下的 wait。回憶一下前面呼叫 recvfrom 時，在執行過程的最後，透過 DEFINE_WAIT(wait) 將當前處理程序連結的等待佇列增加到 sock->sk_wq 下的 wait 裡了。

那接下來就是呼叫 wake_up_interruptible_sync_poll 來喚醒在 socket 上因為等待資料而被阻塞掉的處理程序了，如下頁圖 3.11 所示。

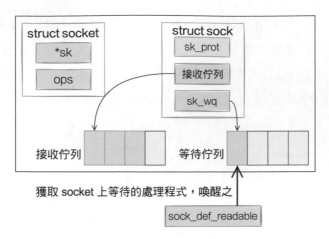

▲ 圖 3.11　喚醒等待處理程序

```
//file: include/linux/wait.h
#define wake_up_interruptible_sync_poll(x, m)               \
    __wake_up_sync_key((x), TASK_INTERRUPTIBLE, 1, (void *) (m))
//file: kernel/sched/core.c
void __wake_up_sync_key(wait_queue_head_t *q, unsigned int mode,
            int nr_exclusive, void *key)
{
    unsigned long flags;
    int wake_flags = WF_SYNC;

    if (unlikely(!q))
        return;

    if (unlikely(!nr_exclusive))
        wake_flags = 0;

    spin_lock_irqsave(&q->lock, flags);
    __wake_up_common(q, mode, nr_exclusive, wake_flags, key);
    spin_unlock_irqrestore(&q->lock, flags);
}
```

__wake_up_common 實現喚醒。這裡注意一下，該函數呼叫的參數 nr_
exclusive 傳入的是 1，這裡指的是即使有多個處理程序都阻塞在同一個
socket 上，也只喚醒一個處理程序。其作用是為了避免「驚群」，而非把
所有的處理程序都喚醒。

```c
//file: kernel/sched/core.c
static void __wake_up_common(wait_queue_head_t *q, unsigned int mode,
            int nr_exclusive, int wake_flags, void *key)
{
    wait_queue_t *curr, *next;

    list_for_each_entry_safe(curr, next, &q->task_list, task_list) {
        unsigned flags = curr->flags;

        if (curr->func(curr, mode, wake_flags, key) &&
                (flags & WQ_FLAG_EXCLUSIVE) && !--nr_exclusive)
            break;
    }
}
```

在 __wake_up_common 中找出一個等待佇列項 curr，然後呼叫其 curr-
>func。回憶前面在 recv 函數執行的時候，使用 DEFINE_WAIT() 定義
等待佇列項的細節，核心把 curr->func 設定成了 autoremove_wake_
function。

```c
//file: include/linux/wait.h
#define DEFINE_WAIT(name) DEFINE_WAIT_FUNC(name, autoremove_wake_function)
#define DEFINE_WAIT_FUNC(name, function)                 \
    wait_queue_t name = {                                \
            .private  = current,                         \
            .func     = function,                        \
            .task_list = LIST_HEAD_INIT((name).task_list), \
    }
```

在 autoremove_wake_function 中，呼叫了 default_wake_function。

```
//file: kernel/sched/core.c
int default_wake_function(wait_queue_t *curr, unsigned mode, int wake_flags,
            void *key)
{
    return try_to_wake_up(curr->private, mode, wake_flags);
}
```

呼叫 try_to_wake_up 時傳入的 task_struct 是 curr->private，這個就是當時因為等待而被阻塞的處理程序項。當這個函數執行完的時候，在 socket 上等待而被阻塞的處理程序就被推入可執行佇列裡了，這又將產生一次處理程序上下文切換的消耗。

3.3.3 同步阻塞複習

我們把上面的流程複習一下。同步阻塞方式接收網路封包的整個過程分為兩部分：

- 第一部分是我們自己的程式所在的處理程序，我們呼叫的 socket() 函數會進入核心態建立必要核心物件。recv() 函數在進入核心態以後負責查看接收佇列，以及在沒有資料可處理的時候把當前處理程序阻塞掉，讓出 CPU。
- 第二部分是硬體中斷、軟體中斷上下文（系統執行緒 ksoftirqd）。在這些元件中，將封包處理完後會放到 socket 的接收佇列中。然後根據 socket 核心物件找到其等待佇列中正在因為等待而被阻塞掉的處理程序，把它喚醒。

同步阻塞整體流程如圖 3.12 所示。每次一個處理程序專門為了等一個 socket 上的資料就被從 CPU 上拿下來，然後換上另一個處理程序，如圖 3.13 所示。等到資料準備好，睡眠的處理程序又會被喚醒，總共產生兩次處理程序上下文切換消耗。根據業界的測試，每一次切換大約花費

3～5 微秒，在不同的伺服器上會有一點出入，但上下浮動不會太大。

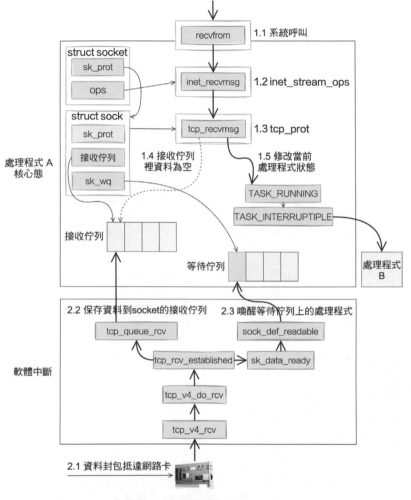

▲ 圖 3.12 同步阻塞流程整理

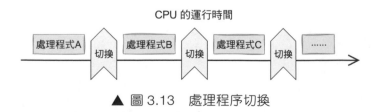

▲ 圖 3.13 處理程序切換

要知道從開發者角度來看，處理程序上下文切換其實沒有做有意義的工作。如果是網路 IO 密集型的應用，CPU 就會被迫不停地做處理程序切換這種無用功。

這種模式在用戶端角色上，現在還會有使用的情形。因為你的處理程序可能確實要等 MySQL 的資料傳回成功之後，才能繪製頁面傳回給使用者，否則什麼也做不了。

✎ 注意

注意一下，這裡説的是角色，不是具體的機器。例如對於你的 PHP/Java/Golang 介面機，接收使用者請求的時候，是服務端角色，但在請求 Redis 的時候，就變為用戶端角色了。

不過現在有一些封裝得很好的網路框架，例如 Sogou Workflow、Golang 的 net 套件等，在網路用戶端端角色上也早已摒棄了這種低效的模式！

在服務端角色上，這種模式完全沒辦法使用。因為這種簡單模型裡的 socket 和處理程序是一對一的。現在要在單台機器上承載成千上萬，甚至十幾萬、上百萬的使用者連接請求。如果用上面的方式，就得為每個使用者請求都建立一個處理程序。相信你在無論多原始的服務端網路程式設計裡，都沒見過有人這麼做吧。

如果讓我給它取一個名字的話，就叫單路不重複使用（筆者自創名詞）。那麼有沒有更高效的網路 IO 模型呢？當然有，那就是你所熟知的 select、poll 和 epoll 了。下一節再開始拆解 epoll 的實現！

3.4 核心和使用者處理程序協作之 epoll

在上一節的 recvfrom 中，我們看到使用者處理程序為了等待一個 socket 就得被阻塞掉。處理程序在 Linux 上是一個消耗不小的傢伙，先不說建立，僅是上下文切換一次就得幾微秒。所以為了高效率地對巨量使用者提供服務，必須要讓一個處理程序能同時處理很多 TCP 連接才行。現在假設一個處理程序保持了 1 萬筆連接，那麼如何發現哪筆連接上有資料讀取了、哪筆連接寫入了？

一種方法是我們可以採用迴圈遍歷的方式來發現 IO 事件，以非阻塞的方式 for 迴圈遍歷查看所有的 socket。但這種方式太低級了，我們希望有一種更高效的機制，在很多連接中的某筆上有 IO 事件發生時直接快速把它找出來。其實這個事情 Linux 作業系統已經替我們都做它就是我們所熟知的 IO 多工機制。這裡的重複使用指的就是對處理程序的重複使用。

在 Linux 上多工方案有 select、poll、epoll。它們三個中的 epoll 的性能表現是最優秀的，能支持的併發量也最大。所以下面把 epoll 作為要拆解的物件，深入揭秘核心是如何實現多路的 IO 管理的。

為了方便討論，還是把 epoll 的簡單範例搬出來（只是個例子，實踐中不這麼寫）。

```
int main(){
    listen(lfd, ...);

    cfd1 = accept(...);
    cfd2 = accept(...);
    efd = epoll_create(...);

    epoll_ctl(efd, EPOLL_CTL_ADD, cfd1, ...);
```

```
    epoll_ctl(efd, EPOLL_CTL_ADD, cfd2, ...);
    epoll_wait(efd, ...)
}
```

其中和 epoll 相關的函數是以下三個：

- epoll_create：建立一個 epoll 物件。
- epoll_ctl：向 epoll 物件增加要管理的連接。
- epoll_wait：等待其管理的連接上的 IO 事件。

借助這個 demo 來說明對 epoll 原理的深度拆解。相信等你理解了本節內容以後，對 epoll 的駕馭能力將變得爐火純青！

3.4.1 epoll 核心物件的建立

在使用者處理程序呼叫 epoll_create 時，核心會建立一個 struct eventpoll 的核心物件，並把它連結到當前處理程序的已打開檔案列表中，如圖 3.14 所示。

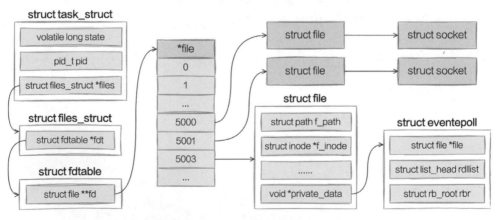

▲ 圖 3.14　處理程序與 epoll 的關係

對於 struct eventpoll 物件，更詳細的結構如圖 3.15 所示（同樣只列出和本章主題相關的成員）。

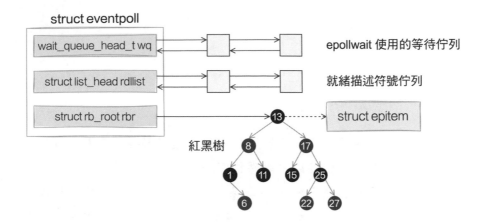

▲ 圖 3.15　eventpoll 物件

epoll_create 的原始程式碼相對比較簡單，在 fs/eventpoll.c 中。

```
// file：fs/eventpoll.c
SYSCALL_DEFINE1(epoll_create1, int, flags)
{
    struct eventpoll *ep = NULL;

    //建立一個eventpoll物件
    error = ep_alloc(&ep);
}
```

struct eventpoll 的定義也在這個原始檔案中。

```
// file：fs/eventpoll.c
struct eventpoll {

    //sys_epoll_wait用到的等待佇列
    wait_queue_head_t wq;
```

```
    //接收就緒的描述符號都會放到這裡
    struct list_head rdllist;

    //每個epoll物件中都有一棵紅黑樹
    struct rb_root rbr;
    ......
}
```

eventpoll 這個結構中的幾個成員的含義如下：

- wq：等待佇列鏈結串列。軟體中斷資料就緒的時候會透過 wq 來找到阻塞在 epoll 物件上的使用者處理程序。
- rbr：一棵紅黑樹。為了支持對巨量連接的高效查詢、插入和刪除，eventpoll 內部使用了一棵紅黑樹。透過這棵樹來管理使用者處理程序下增加進來的所有 socket 連接。
- rdllist：就緒的描述符號的鏈結串列。當有連接就緒的時候，核心會把就緒的連接放到 rdllist 鏈結串列裡。這樣應用處理程序只需要判斷鏈結串列就能找出就緒連接，而不用去遍歷整棵樹。

當然這個結構被申請完之後，需要做一點點的初始化工作，這都在 ep_alloc 中完成。

```
//file:fs/eventpoll.c
static int ep_alloc(struct eventpoll **pep)
{
    struct eventpoll *ep;

    //申請eventpoll記憶體
    ep = kzalloc(sizeof(*ep), GFP_KERNEL);

    //初始化等待佇列頭
    init_waitqueue_head(&ep->wq);
```

```
//初始化就緒列表
INIT_LIST_HEAD(&ep->rdllist);

//初始化紅黑樹指標
ep->rbr = RB_ROOT;
......
}
```

說到這裡，這些成員其實只是剛被定義或初始化了，還都沒有被使用。
它們會在下面被用到。

3.4.2 為 epoll 增加 socket

理解這一步是理解整個 epoll 的關鍵。

為了簡單起見，我們只考慮使用 EPOLL_CTL_ADD 增加 socket，先忽略
刪除和更新。

假設現在和用戶端多個連接的 socket 都建立也建好 epoll 核心物件。在
使用 epoll_ctl 註冊每一個 socket 的時候，核心會做以下三件事情：

1. 分配一個紅黑樹節點物件 epitem。
2. 將等待事件增加到 socket 的等待佇列中，其回呼函數是 ep_poll_
   callback。
3. 將 epitem 插入 epoll 物件的紅黑樹。

透過 epoll_ctl 增加兩個 socket 以後，這些核心資料結構最終在處理程序
中的關係大致如下頁圖 3.16 所示。

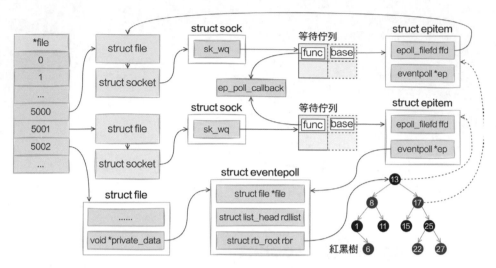

▲ 圖 3.16　為 epoll 增加兩個 socket 的處理程序

我們來詳細看看 socket 是如何增加到 epoll 物件裡的，找到 epoll_ctl 的原始程式。

```
// file：fs/eventpoll.c
SYSCALL_DEFINE4(epoll_ctl, int, epfd, int, op, int, fd,
        struct epoll_event __user *, event)
{
    struct eventpoll *ep;
    struct file *file, *tfile;

    //根據epfd找到eventpoll核心物件
    file = fget(epfd);
    ep = file->private_data;

    //根據socket控制碼號，找到其file核心物件
    tfile = fget(fd);

    switch (op) {
    case EPOLL_CTL_ADD:
        if (!epi) {
```

```
        epds.events |= POLLERR | POLLHUP;
        error = ep_insert(ep, &epds, tfile, fd);
    } else
        error = -EEXIST;
    clear_tfile_check_list();
    break;
}
```

在 epoll_ctl 中首先根據傳入 fd 找到 eventpoll、socket 相關的核心物
件。對 EPOLL_CTL_ADD 操作來說，然後會執行到 ep_insert 函數。所有
的註冊都是在這個函數中完成的。

```
//file: fs/eventpoll.c
static int ep_insert(struct eventpoll *ep,
            struct epoll_event *event,
            struct file *tfile, int fd)
{
    //1 分配並初始化epitem
    //分配一個epi物件
    struct epitem *epi;
    if (!(epi = kmem_cache_alloc(epi_cache, GFP_KERNEL)))
        return -ENOMEM;

    //對分配的epi物件進行初始化
    //epi->ffd中存了控制碼號和struct file物件位址
    INIT_LIST_HEAD(&epi->pwqlist);
    epi->ep = ep;
    ep_set_ffd(&epi->ffd, tfile, fd);

    //2 設定socket等待佇列
    //定義並初始化ep_pqueue物件
    struct ep_pqueue epq;
    epq.epi = epi;
    init_poll_funcptr(&epq.pt, ep_ptable_queue_proc);
```

```
//呼叫ep_ptable_queue_proc註冊回呼函數
//實際注入的函數為ep_poll_callback
revents = ep_item_poll(epi, &epq.pt);

......
//3 將epi插入eventpoll物件的紅黑樹中
ep_rbtree_insert(ep, epi);
......
}
```

分配並初始化 epitem

對於每一個 socket，呼叫 epoll_ctl 的時候，都會為之分配一個 epitem。
該結構的主要資料結構如下：

```
//file: fs/eventpoll.c
struct epitem {
    //紅黑樹節點
    struct rb_node rbn;

    //socket檔案描述符號資訊
    struct epoll_filefd ffd;

    //所歸屬的eventpoll物件
    struct eventpoll *ep;

    //等待佇列
    struct list_head pwqlist;
}
```

對 epitem 進行一些初始化，首先在 epi->ep = ep 這行程式中將其 ep
指標指向 eventpoll 物件。另外用要增加的 socket 的 file、fd 來填充
epitem->ffd。epitem 初始化後的連結關係如圖 3.17 所示。

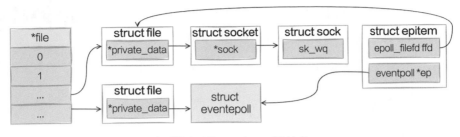

▲ 圖 3.17　epitem 初始化

其中使用到的 ep_set_ffd 函數如下。

```
static inline void ep_set_ffd(struct epoll_filefd *ffd,
                    struct file *file, int fd)
{
    ffd->file = file;
    ffd->fd = fd;
}
```

設定 socket 等待佇列

在建立 epitem 並初始化之後，ep_insert 中第二件事情就是設定 socket 物件上的等待任務佇列，並把函數 fs/eventpoll.c 檔案下的 ep_poll_callback 設定為資料就緒時候的回呼函數，如圖 3.18 所示。

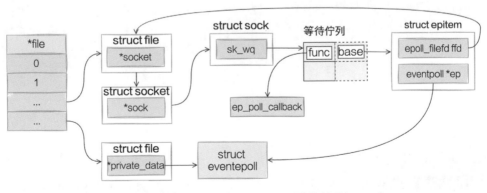

▲ 圖 3.18　設定 socket 等待佇列

這一塊的原始程式碼稍微有點繞，讀者如果沒有耐心的話直接跳到下面的粗體字部分來看。首先來看 ep_item_poll。

```
static inline unsigned int ep_item_poll(struct epitem *epi, poll_table *pt)
{
    pt->_key = epi->event.events;

    return epi->ffd.file->f_op->poll(epi->ffd.file, pt) & epi->event.events;
}
```

看，這裡呼叫到了 socket 下的 file->f_op->poll。透過前面 3.1 節的 socket 的結構圖，我們知道這個函數實際上是 sock_poll。

```
/* No kernel lock held - perfect */
static unsigned int sock_poll(struct file *file, poll_table *wait)
{
    ...
    return sock->ops->poll(file, sock, wait);
}
```

同樣回看 3.1 節裡的 socket 的結構圖，sock->ops->poll 其實指向的是 tcp_poll。

```
//file: net/ipv4/tcp.c
unsigned int tcp_poll(struct file *file, struct socket *sock, poll_table *wait)
{
    struct sock *sk = sock->sk;

    sock_poll_wait(file, sk_sleep(sk), wait);
}
```

在 sock_poll_wait 的第二個參數傳參前，先呼叫了 sk_sleep 函數。在這個函數裡它獲取了 sock 物件下的等待佇列串列頭部 wait_queue_head_t，稍後等待佇列項就插到這裡。這裡稍微注意下，是 socket 的等待佇列，不是 epoll 物件的。下面來看 sk_sleep 原始程式。

```
//file: include/net/sock.h
static inline wait_queue_head_t *sk_sleep(struct sock *sk)
{
    BUILD_BUG_ON(offsetof(struct socket_wq, wait) != 0);
    return &rcu_dereference_raw(sk->sk_wq)->wait;
}
```

接著真正進入 sock_poll_wait。

```
static inline void sock_poll_wait(struct file *filp,
        wait_queue_head_t *wait_address, poll_table *p)
{
    poll_wait(filp, wait_address, p);
}
static inline void poll_wait(struct file * filp, wait_queue_head_t * wait_
address, poll_table *p)
{
    if (p && p->_qproc && wait_address)
        p->_qproc(filp, wait_address, p);
}
```

這裡的 qproc 是個函數指標，它在前面的 init_poll_funcptr 呼叫時被設定成了 ep_ptable_queue_proc 函數。

```
static int ep_insert(...)
{
    ...
    init_poll_funcptr(&epq.pt, ep_ptable_queue_proc);
    ...
}

//file: include/linux/poll.h
static inline void init_poll_funcptr(poll_table *pt,
    poll_queue_proc qproc)
```

```
{
    pt->_qproc = qproc;
    pt->_key   = ~0UL; /* all events enabled */
}
```

在 ep_ptable_queue_proc 函數中，新建了一個等待佇列項，並註冊其回
呼函數為 ep_poll_callback 函數，然後再將這個等待項增加到 socket 的
等待佇列中。

//file: fs/eventpoll.c
```
static void ep_ptable_queue_proc(struct file *file, wait_queue_head_t
*whead,
                poll_table *pt)
{
    struct eppoll_entry *pwq;
    f (epi->nwait >= 0 && (pwq = kmem_cache_alloc(pwq_cache, GFP_KERNEL)))
{
        //初始化回呼方法
        init_waitqueue_func_entry(&pwq->wait, ep_poll_callback);

        //將ep_poll_callback放入socket的等待佇列whead（注意不是epoll的等待佇
列）
        add_wait_queue(whead, &pwq->wait);
    }
```

在前面介紹阻塞式的系統呼叫 recvfrom 時，由於需要在資料就緒的時
候喚醒使用者處理程序，所以等待物件項的 private（這個變數名稱起得
令人無語）會設定成當前使用者處理程序描述符號 current。而這裡的
socket 是交給 epoll 來管理的，不需要在一個 socket 就緒的時候就喚醒
處理程序，所以這裡的 q->private 沒有什麼用就設定成了 NULL。

//file:include/linux/wait.h
```
static inline void init_waitqueue_func_entry(
    wait_queue_t *q, wait_queue_func_t func)
```

```
{
    q->flags = 0;
    q->private = NULL;
    //將ep_poll_callback註冊到wait_queue_t物件上
    //有資料到達的時候呼叫q->func
    q->func = func;
}
```

如上,等待佇列項中僅將回呼函數 q->func 設定為 ep_poll_callback。在 3.4.4 節中將看到,軟體中斷將資料收到 socket 的接收佇列後,會透過註冊的這個 ep_poll_callback 函數來回呼,進而通知 epoll 物件。

插入紅黑樹

分配完 epitem 物件後,緊接著把它插入紅黑樹。一個插入了一些 socket 描述符號的 epoll 裡的紅黑樹的示意圖如圖 3.19 所示。

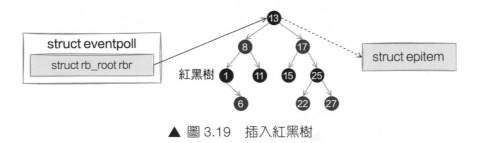

▲ 圖 3.19　插入紅黑樹

這裡再聊聊為什麼要用紅黑樹,很多人說是因為效率高。其實我覺得這個解釋不夠全面,要說查詢效率,樹哪能比得上雜湊表。我個人認為更為合理的解釋是為了讓 epoll 在查詢效率、插入效率、記憶體消耗等多個方面比較均衡,最後發現最適合這個需求的資料結構是紅黑樹。

3.4.3 epoll_wait 之等待接收

epoll_wait 做的事情不複雜,當它被呼叫時,它觀察 eventpoll->rdllist 鏈結串列裡有沒有資料。有資料就傳回,沒有資料就建立一個等待佇列項,將其增加到 eventpoll 的等待佇列上,然後把自己阻塞掉結束,如圖 3.20 所示。

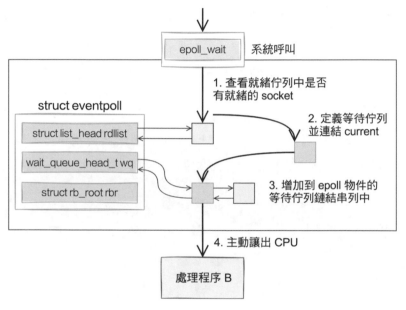

▲ 圖 3.20　epoll_wait 原理

> ✎注意
>
> epoll_ctl 增加 socket 時也建立了等待佇列項。不同的是這裡的等待佇列項是掛在 epoll 物件上的,而前者是掛在 socket 物件上的。

其原始程式碼如下:

```
//file: fs/eventpoll.c
SYSCALL_DEFINE4(epoll_wait, int, epfd, ...)
```

```
{
    ......
    error = ep_poll(ep, events, maxevents, timeout);
}


static int ep_poll(struct eventpoll *ep, ...)
{
    wait_queue_t wait;
    ......


fetch_events:
    //1 判斷就緒佇列上有沒有事件就緒
    if (!ep_events_available(ep)) {

        //2 定義等待事件並連結當前處理程序
        init_waitqueue_entry(&wait, current);

        //3 把新waitqueue增加到epoll->wq鏈結串列
        __add_wait_queue_exclusive(&ep->wq, &wait);

        for (;;) {
            ......
            //4 讓出CPU，主動進入睡眠狀態
            set_current_state(TASK_INTERRUPTIBLE);
            if (!schedule_hrtimeout_range(to, slack, HRTIMER_MODE_ABS))
                timed_out = 1;
            ......
}
```

判斷就緒佇列上有沒有事件就緒

首先呼叫ep_events_available判斷就緒鏈結串列中是否有可處理的事件。

//file: fs/eventpoll.c
```
static inline int ep_events_available(struct eventpoll *ep)
{
```

```
    return !list_empty(&ep->rdllist) || ep->ovflist != EP_UNACTIVE_PTR;
}
```

定義等待事件並連結當前處理程序

假設確實沒有就緒的連接，那接著會進入 init_waitqueue_entry 中定義等待任務，並把 current（當前處理程序）增加到 waitqueue 上。

> **✎ 注意**
>
> 是的，當沒有 IO 事件的時候，epoll 也會阻塞掉當前處理程序。這個是合理的，因為沒有事情可做了占著 CPU 也沒什麼意義。網上的一些文章有個很不好的習慣，討論阻塞、非阻塞等概念的時候都不說主語，這會導致你看得霧裡看花。拿 epoll 來說，epoll 本身是阻塞的，但一般會把 socket 設定成非阻塞。只有說了主語，這些概念才有意義。

```
//file: include/linux/wait.h
static inline void init_waitqueue_entry(wait_queue_t *q, struct task_struct *p)
{
    q->flags = 0;
    q->private = p;
    q->func = default_wake_function;
}
```

注意這裡的回呼函數名稱是 default_wake_function。後續在 3.4.4 節中將呼叫該函數。

增加到等待佇列

```
static inline void __add_wait_queue_exclusive(wait_queue_head_t *q,
                                wait_queue_t *wait)
{
    wait->flags |= WQ_FLAG_EXCLUSIVE;
```

```
        __add_wait_queue(q, wait);
}
```

在這裡，把上一小節定義的等待事件增加到了 epoll 物件的等待佇列中。

讓出 CPU 主動進入睡眠狀態

透過 set_current_state 把當前處理程序設定為可打斷。呼叫 schedule_
hrtimeout_range 讓出 CPU，主動進入睡眠狀態。

```
//file: kernel/hrtimer.c
int __sched schedule_hrtimeout_range(ktime_t *expires,
    unsigned long delta, const enum hrtimer_mode mode)
{
    return schedule_hrtimeout_range_clock(
            expires, delta, mode, CLOCK_MONOTONIC);
}

int __sched schedule_hrtimeout_range_clock(...)
{
    schedule();
    ......
}
```

在 schedule 中選擇下一個處理程序排程。

```
//file: kernel/sched/core.c
static void __sched __schedule(void)
{
    next = pick_next_task(rq);
    ......
    context_switch(rq, prev, next);
}
```

3.4.4 資料來了

在前面 epoll_ctl 執行的時候,核心為每一個 socket 都增加了一個等待佇列項。在 epoll_wait 執行完的時候,又在 event poll 物件上增加了等待佇列元素。在討論資料開始接收之前,我們把這些佇列項的內容再複習到圖 3.21 中。

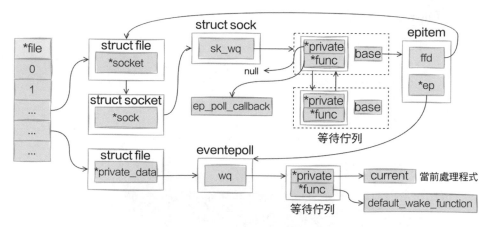

▲ 圖 3.21   各種 epoll 相關佇列

- socket->sock->sk_data_ready 設定的就緒處理函數是 sock_def_readable。
- 在 socket 的等待佇列項中,其回呼函數是 ep_poll_callback。另外其 private 沒用了,指向的是空指標 null。
- 在 eventpoll 的等待佇列項中,其回呼函數是 default_wake_function。其 private 指向的是等待該事件的使用者處理程序。

在這一小節裡,將看到軟體中斷是怎樣在資料處理完之後依次進入各個回呼函數,最後通知到使用者處理程序的。

將資料接收到任務佇列

關於軟體中斷是怎麼處理網路訊框的，這裡不再過多介紹，回頭看第 2 章即可。我們直接從 TCP 協定層的處理入口函數 tcp_v4_rcv 開始說起。

```
// file: net/ipv4/tcp_ipv4.c
int tcp_v4_rcv(struct sk_buff *skb)
{
    ......
    th = tcp_hdr(skb); //獲取TCP表頭
    iph = ip_hdr(skb); //獲取IP表頭

    //根據資料封包表頭中的IP、通訊埠資訊查詢到對應的socket
    sk = __inet_lookup_skb(&tcp_hashinfo, skb, th->source, th->dest);
    ......

    //socket未被使用者鎖定
    if (!sock_owned_by_user(sk)) {
        {
            if (!tcp_prequeue(sk, skb))
                ret = tcp_v4_do_rcv(sk, skb);
        }
    }
}
```

在 tcp_v4_rcv 中首先根據收到的網路封包的 header 裡的 source 和 dest 資訊在本機上查詢對應的 socket。找到以後，我們直接進入接收的主體函數 tcp_v4_do_rcv 來看。

```
//file: net/ipv4/tcp_ipv4.c
int tcp_v4_do_rcv(struct sock *sk, struct sk_buff *skb)
{
    if (sk->sk_state == TCP_ESTABLISHED) {

        //執行連接狀態下的資料處理
```

```
        if (tcp_rcv_established(sk, skb, tcp_hdr(skb), skb->len)) {
            rsk = sk;
            goto reset;
        }
        return 0;
    }


    //其他非ESTABLISH狀態的資料封包處理
    ......
}
```

我們假設處理的是 ESTABLISH 狀態下的封包，這樣就又進入 tcp_rcv_established 函數中進行處理了。

//file: net/ipv4/tcp_input.c
```
int tcp_rcv_established(struct sock *sk, struct sk_buff *skb,
            const struct tcphdr *th, unsigned int len)
{
    ......

    //將資料接收到佇列中
    eaten = tcp_queue_rcv(sk, skb, tcp_header_len,
                                    &fragstolen);

    //資料準備好，喚醒socket上阻塞掉的處理程序
    sk->sk_data_ready(sk, 0);
```

在 tcp_rcv_established 中透過呼叫 tcp_queue_rcv 函數完成了將接收資料放到 socket 的接收佇列上，如圖 3.22 所示。

原始程式如下所示。

//file: net/ipv4/tcp_input.c
```
static int __must_check tcp_queue_rcv(struct sock *sk, struct sk_buff *skb,
      int hdrlen, bool *fragstolen)
{
```

```
//把接收到的資料放到socket的接收佇列的尾部
if (!eaten) {
    __skb_queue_tail(&sk->sk_receive_queue, skb);
    skb_set_owner_r(skb, sk);
}
return eaten;
}
```

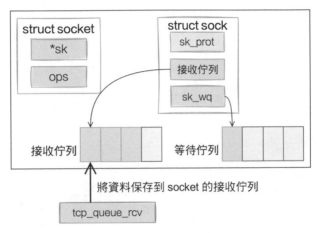

▲ 圖 3.22　將資料保存到 socket 接收佇列

查詢就緒回呼函數

呼叫 tcp_queue_rcv 完成接收之後，接著再呼叫 sk_data_ready 來喚醒在 socket 上等待的使用者處理程序。這又是一個函數指標。回想 3.1 節在 accept 函數建立 socket 流程裡提到的 sock_init_data 函數，其中已經把 sk_data_ready 設定成 sock_def_readable 函數了。它是預設的資料就緒處理函數。

當 socket 上資料就緒時，核心將以 sock_def_readable 這個函數為入口，找到 epoll_ctl 增加 socket 時在其上設定的回呼函數 ep_poll_callback，如下頁圖 3.23 所示。

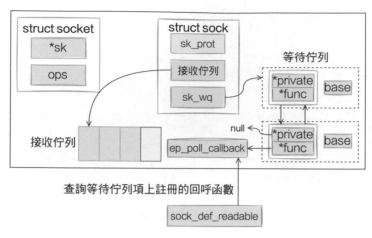

▲ 圖 3.23　就緒回呼

接下來詳細看看細節。

```
//file: net/core/sock.c
static void sock_def_readable(struct sock *sk, int len)
{
    struct socket_wq *wq;

    rcu_read_lock();
    wq = rcu_dereference(sk->sk_wq);

    //這個名字取得不好，並不是有阻塞的處理程序，
    //而是判斷等待佇列不為空
    if (wq_has_sleeper(wq))
        //執行等待佇列項上的回呼函數
        wake_up_interruptible_sync_poll(&wq->wait, POLLIN | POLLPRI |
                        POLLRDNORM | POLLRDBAND);
    sk_wake_async(sk, SOCK_WAKE_WAITD, POLL_IN);
    rcu_read_unlock();
}
```

這裡的函數名稱其實都有迷惑人的地方：

- wq_has_sleeper，對簡單的 recvfrom 系統呼叫來說，確實是判斷是否有處理程序阻塞。但是對於 epoll 下的 socket 只是判斷等待佇列是否不為空，不一定有處理程序阻塞。
- wake_up_interruptible_sync_poll，只是會進入 socket 等待佇列項上設定的回呼函數，並不一定有喚醒處理程序的操作。

接下來重點看 wake_up_interruptible_sync_poll。我們看一下核心是怎麼找到等待佇列項裡註冊的回呼函數的。

```
//file: include/linux/wait.h
#define wake_up_interruptible_sync_poll(x, m)        \
    __wake_up_sync_key((x), TASK_INTERRUPTIBLE, 1, (void *) (m))
```

```
//file: kernel/sched/core.c
void __wake_up_sync_key(wait_queue_head_t *q, unsigned int mode,
          int nr_exclusive, void *key)
{
    ......
    __wake_up_common(q, mode, nr_exclusive, wake_flags, key);
}
```

接著進入 __wake_up_common。

```
static void __wake_up_common(wait_queue_head_t *q, unsigned int mode,
          int nr_exclusive, int wake_flags, void *key)
{
    wait_queue_t *curr, *next;

    list_for_each_entry_safe(curr, next, &q->task_list, task_list) {
        unsigned flags = curr->flags;

        if (curr->func(curr, mode, wake_flags, key) &&
                (flags & WQ_FLAG_EXCLUSIVE) && !--nr_exclusive)
            break;
    }
}
```

在 __wake_up_common 中，選出等待佇列裡註冊的某個元素 curr，回呼其 curr->func。之前呼叫 ep_insert 的時候，把這個 func 設定成 ep_poll_callback 了。

執行 socket 就緒回呼函數

由前面的內容可知，已經找到了 socket 等待佇列項裡註冊的函數 ep_poll_callback，接著軟體中斷就會呼叫它。

```c
//file: fs/eventpoll.c
static int ep_poll_callback(wait_queue_t *wait, unsigned mode, int sync,
void *key)
{
    //獲取wait對應的epitem
    struct epitem *epi = ep_item_from_wait(wait);

    //獲取epitem對應的eventpoll結構
    struct eventpoll *ep = epi->ep;

    //1  將當前epitem增加到eventpoll的就緒佇列中
    list_add_tail(&epi->rdllink, &ep->rdllist);

    //2  查看eventpoll的等待佇列上是否有等待
    if (waitqueue_active(&ep->wq))
        wake_up_locked(&ep->wq);
```

在 ep_poll_callback 中根據等待任務佇列項上額外的 base 指標可以找到 epitem，進而也可以找到 eventpoll 物件。

它做的第一件事就是把自己的 epitem 增加到 epoll 的就緒佇列中。接著它又會查看 eventpoll 物件上的等待佇列裡是否有等待項（epoll_wait 執行的時候會設定）。如果沒有等待項，軟體中斷的事情就做完了。如果有等待項，那就找到等待項裡設定的回呼函數，如圖 3.24 所示。

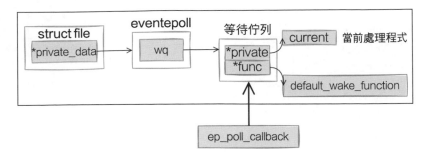

▲ 圖 3.24　回呼 eventpoll 等待項

依次呼叫 wake_up_locked() = > __wake_up_locked() = > __wake_up_common。

```
static void __wake_up_common(wait_queue_head_t *q, unsigned int mode,
          int nr_exclusive, int wake_flags, void *key)
{
    wait_queue_t *curr, *next;

    list_for_each_entry_safe(curr, next, &q->task_list, task_list) {
        unsigned flags = curr->flags;

        if (curr->func(curr, mode, wake_flags, key) &&
                (flags & WQ_FLAG_EXCLUSIVE) && !--nr_exclusive)
            break;
    }
}
```

在 __wake_up_common 裡，呼叫 curr->func。這裡的 func 是在 epoll_wait 時傳入的 default_wake_function 函數。

執行 epoll 就緒通知

在 default_wake_function 中找到等待佇列項裡的處理程序描述符號，然後喚醒它，如下頁圖 3.25 所示。

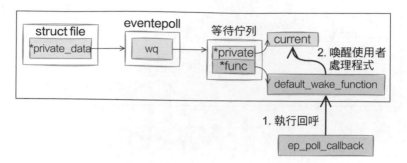

▲ 圖 3.25　喚醒使用者處理程序

原始程式碼如下：

```
//file:kernel/sched/core.c
int default_wake_function(wait_queue_t *curr, unsigned mode, int wake_flags,
            void *key)
{
    return try_to_wake_up(curr->private, mode, wake_flags);
}
```

等待佇列項 curr->private 指標是在 epoll 物件上等待而被阻塞掉的處理程序。

將 epoll_wait 處理程序推入可執行佇列，等待核心重新排程處理程序。當這個處理程序重新執行後，從 epoll_wait 阻塞時暫停的程式處繼續執行。把 rdlist 中就緒的事件傳回給使用者處理程序。

```
//file: fs/eventpoll.c
static int ep_poll(struct eventpoll *ep, struct epoll_event __user *events,
            int maxevents, long timeout)
{

    ......
    __remove_wait_queue(&ep->wq, &wait);

    set_current_state(TASK_RUNNING);
```

```
    }
check_events:
    //給使用者處理程序傳回就緒事件
    ep_send_events(ep, events, maxevents))
}
```

從使用者角度來看，epoll_wait 只是多等了一會兒而已，但執行流程還是
順序的。

3.4.5 小結

我們來用圖 3.26 複習 epoll 的整個工作流程。

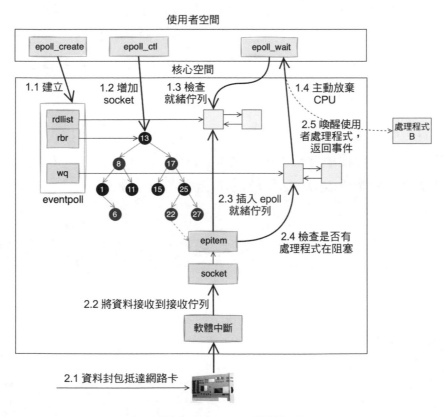

▲ 圖 3.26　epoll 原理整理

其中軟體中斷回呼時的回呼函數呼叫關係整理如下：

sock_def_readable：sock 物件初始化時設定的。

    = > ep_poll_callback：呼叫 epoll_ctl 時增加到 socket 上的。

    = > default_wake_function：呼叫 epoll_wait 時設定到 epoll 上的。

複習一下，epoll 相關的函數裡核心執行環境分兩部分：

- 使用者處理程序核心態。呼叫 epoll_wait 等函數時會將處理程序陷入核心態來執行。這部分程式負責查看接收佇列，以及負責把當前處理程序阻塞掉，讓出 CPU。

- 硬、軟體中斷上下文。在這些元件中，將封包從網路卡接收過來進行處理，然後放到 socket 的接收佇列。對 epoll 來說，再找到 socket 連結的 epitem，並把它增加到 epoll 物件的就緒鏈結串列中。這個時候再檢查一下 epoll 上是否有被阻塞的處理程序，如果有喚醒它。

為了介紹到每個細節，本章涉及的流程比較多，把阻塞都介紹進來了。

但其實在實踐中，只要功夫足夠多，epoll_wait 根本不會讓處理程序阻塞。使用者處理程序會一直做一直做，直到 epoll_wait 裡實在沒事可做的時候才主動讓出 CPU。這就是 epoll 高效的核心原因所在！

3.5 本章複習

同步阻塞的 recvfrom 和多工的 epoll 都深度拆解完了，現在回過頭再看本章開篇提出的問題。

1）阻塞到底是怎麼一回事？

網路開發模型中，經常會遇到阻塞和非阻塞的概念。透過本章對原始程式的分析，我們理解了阻塞其實說的是處理程序因為等待某個事件而主動讓出 CPU 暫停的操作。在網路 IO 中，當處理程序等待 socket 上的資料時，如果資料還沒有到來，那就把當前處理程序狀態從 TASK_RUNNING 修改為 TASK_INTERRUPTIPLE，然後主動讓出 CPU。由排程器來排程下一個就緒狀態的處理程序來執行。

所以，以後你在分析某個技術方案是不是阻塞的時候，關鍵要看處理程序有沒有放棄 CPU。如果放棄了，那就是阻塞，如果沒放棄，那就是非阻塞。事實上，recvfrom 也可以設定成非阻塞。在這種情況下，如果 socket 上沒有資料到達，呼叫直接傳回空，而非暫停等待。

2）同步阻塞 IO 都需要哪些消耗？

透過本章的介紹可以了解到同步阻塞 IO 的消耗主要有以下這些：

- 處理程序透過 recv 系統呼叫接收一個 socket 上的資料時，如果資料沒有達到，處理程序就被從 CPU 上拿下來，然後再換上另一個處理程序。這導致一次處理程序上下文切換的消耗。
- 當連接上的資料就緒的時候，睡眠的處理程序又會被喚醒，又是一次處理程序切換的消耗。
- 一個處理程序同時只能等待一筆連接，如果有很多併發，則需要很多處理程序。每個處理程序都將占用大約幾 MB 的記憶體。

從 CPU 消耗角度來看，一次同步阻塞網路 IO 將導致兩次處理程序上下文切換消耗。每一次切換大約花費 3～5 微秒。從開發者角度來看，處理程序上下文切換其實沒在做有意義的工作。如果是網路 IO 密集型的應用，CPU 就不停地做處理程序切換，CPU 累得要死，還被程式設計師吐槽性能差。

另外就是一個處理程序同一時間只能處理一個 socket，我們現在要在單台機器上承載成千上萬，甚至十幾萬、上百萬的使用者連接請求。如果用上面的方式，那就得為每個使用者請求都建立一個處理程序，記憶體可能都不夠用。

如果用一句話來概括，那就是：同步阻塞網路 IO 是高性能網路開發路上的絆腳石！所以在服務端的網路 IO 模型裡，沒有人用同步阻塞網路 IO。

3）多工 epoll 為什麼就能提高網路性能？

其實 epoll 高性能最根本的原因是大幅地減少了無用的處理程序上下文切換，讓處理程序更專注地處理網路請求。

在核心的硬、軟體中斷上下文中，封包從網路卡接收過來進行處理，然後放到 socket 的接收佇列。再找到 socket 連結的 epitem，並把它增加到 epoll 物件的就緒鏈結串列中。

在使用者處理程序中，透過呼叫 epoll_wait 來查看就緒鏈結串列中是否有事件到達，如果有，直接取走進行處理。處理完畢再次呼叫 epoll_wait。在高併發的實踐中，只要功夫足夠多，epoll_wait 根本不會讓處理程序阻塞。使用者處理程序會一直工作一直工作，直到 epoll_wait 裡實在沒事可做的時候才主動讓出 CPU。這就是 epoll 高效的核心原因所在！

至於紅黑樹，僅是提高了 epoll 查詢、增加、刪除 socket 時的效率而已，不算 epoll 在高併發場景高性能的根本原因。

4）epoll 也是阻塞的？

很多人以為只要一提到阻塞，就是性能差，其實這就冤枉了阻塞。本章多次講過，阻塞說的是處理程序因為等待某個事件而主動讓出 CPU 暫停的操作。

舉例來說，一個 epoll 物件下增加了一萬個用戶端連接的 socket。假設所有這些 socket 上都還沒有資料達到，這個時候處理程序呼叫 epoll_wait 發現沒有任何事情可做。該情況下使用者處理程序就會被阻塞掉，而這情況是完全正常的，沒有工作需要處理，那還占著 CPU 是沒有道理的。

阻塞不會導致低性能，過多過頻繁的阻塞才會。epoll 的阻塞和它的高性能並不衝突。

5）為什麼 Redis 的網路性能都很突出？

Redis 在網路 IO 性能上表現非常突出，單處理程序的伺服器在極限情況下可以達到 10 萬的 QPS。

我們來看下它某個版本的原始程式，其實非常簡潔。

```
void aeMain(aeEventLoop *eventLoop) {
    while (!eventLoop->stop) {
        ......

        // 開始處理事件
        aeProcessEvents(eventLoop, AE_ALL_EVENTS);
    }
}
```

aeMain 是 Redis 事件迴圈，在這個迴圈裡進入 aeProcessEvents。

```
//file:src/ae.c
int aeProcessEvents(aeEventLoop *eventLoop, int flags)
```

```
{
    //等待事件
    numevents = aeApiPoll(eventLoop, tvp);
    for (j = 0; j < numevents; j++) {
        // 處理
        aeFileEvent *fe = &eventLoop->events[eventLoop->fired[j].fd];
        fe->rfileProc()
        fe->wfileProc()
    }
}
```

aeProcessEvents 中透過呼叫 aeApiPoll 來等待事件，其實 aeApiPoll 只是一個對 epoll_wait 的封裝而已。

//file: src/ae_epoll.c
```
static int aeApiPoll(aeEventLoop *eventLoop, struct timeval *tvp) {
    ......
    retval = epoll_wait(state->epfd,state->events,eventLoop->setsize,
            tvp ? (tvp->tv_sec*1000 + tvp->tv_usec/1000) : -1);

}
```

Redis 的這個事件迴圈，可以簡化到用以下虛擬碼來表示。

```
void aeMain(aeEventLoop *eventLoop) {
    job = epoll_wait(...)
    do_job();
}
```

Redis 的主要業務邏輯就是在本機記憶體上的資料結構的讀寫，幾乎沒有網路 IO 和磁碟 IO，單一請求處理起來很快。所以它把主服務端程式乾脆就做成單處理程序的，這樣省去了多處理程序之間協作的負擔，也更大程度減少了處理程序切換。處理程序主要的工作過程就是呼叫 epoll_wait 等待事件，有了事件以後處理，處理完之後再呼叫 epoll_wait。一直工作，一直工作，直到實在沒有請求需要處理，或處理程序時間切片到的時候才讓出 CPU，工作效率發揮到了極致！

> ✎ **注意**
>
> 其他一些服務或網路 IO 框架一般是多處理程序的配合，誰來等待事件，誰來處理事件，誰來發送結果，就是大家經常聽到的各種 Reactor、Proactor 模型。這就會有處理程序通訊消耗，以及可能會帶來的處理程序上下文切換 CPU 消耗。

在行業裡和工作中，你一定也見過這樣的大神程式設計師，一個人就能寫出非常優秀的專案。對大神來說，省去了和他人的溝通和交流成本，反而工作效率能發揮到極致，這感覺和 Redis 有點像。

> ✎ **注意**
>
> 雖然單處理程序的 Redis 性能很高，單實例可以支援最高 10 萬 QPS，但仍然有公司有更高的性能要求。所以在 Redis 6.0 版本中也開始支持多執行緒了，不過預設情況下仍然是關閉的。

3.5 本章複習

核心是如何發送網路封包的

4.1 相關實際問題

前面的章節中，我們討論了 Linux 接收網路封包的過程，以及核心如何和使用者處理程序進行協作。在本章中，將深度討論核心發送網路封包的過程。

我們先來思考以下幾個問題。

1）在查看核心發送資料消耗的 CPU 時，應該看 sy 還是 si？

核心在發送網路封包的時候，是需要 CPU 進行很多的處理工作的。在 top 命令展示的結果裡，和核心相關的項目有這幾個：sy、hi 和 si 等。那麼發送網路封包的消耗主要是在哪個資料中表現呢？

2）在伺服器上查看 /proc/softirqs，為什麼 NET_RX 要比 NET_TX 大得多？

軟體中斷類型有好幾種，只拿網路 IO 相關的來說，NET_RX 是接收（R 表示 receive），NET_TX 是傳輸（T 表示 transmit）。對一個既收取使用者請求，又給使用者傳回資料的伺服器來說，這兩塊的數字應該差不多才對，至少不會有數量級的差異。但事實上，你拿手頭的任何一台伺服器來看，NET_RX 都要比 NET_TX 多得多。

拿我手頭的一台線上介面伺服器來看，NET_RX 要比 NET_TX 高了三個數量級：

```
$ cat /proc/softirqs
                CPU0          CPU1          CPU2          CPU3
     HI:           0             0             0             0
  TIMER: 1670794607   218940516  3765758957  3937988107
 NET_TX:      384508      285972      244566      258230
 NET_RX: 1591545176  1212716226  1017620906  1058380340
```

那你是否清楚產生這種情況的原因是什麼？

3）發送網路資料的時候都涉及哪些記憶體拷貝操作？

你可能在一些部落格裡見過一種說法是用「零拷貝」的技術來提高性能。但是我覺得在理解「零拷貝」之前，首先應該搞清楚發送網路資料涉及哪些記憶體拷貝。不理解這個基礎知識，對「零拷貝」很難理解到點上。

4）零拷貝到底是怎麼回事？

很多性能最佳化方案裡都會提到零拷貝。但是零拷貝到底是怎麼回事，是真的沒有資料的記憶體拷貝了嗎？究竟避免了哪步到哪步的拷貝操作？如果不了解資料在網路封包收發時在各個不同核心元件中的拷貝過程，對零拷貝很難理解到本質。

5）為什麼 Kafka 的網路性能很突出？

大家一定對 Kafka 出類拔萃的性能有所耳聞。那麼它性能優異的秘訣究竟在哪兒？如果能夠理解清楚，那對提高我們自己手中專案程式的性能一定會有很大的價值。

這些問題其實我們在線上經常會遇到、看到，但我們似乎很少去深究。如果能通盤理解這些問題，我們對性能的掌控能力將變得更強。

4.2 網路封包發送過程總覽

還是先從一段簡單的程式切入。以下程式是一個典型服務端程式的典型微縮程式：

```
int main(){
    fd = socket(AF_INET, SOCK_STREAM, 0);
    bind(fd, ...);
    listen(fd, ...);

    cfd = accept(fd, ...);

    // 接收使用者請求
    read(cfd, ...);

    // 使用者請求處理
    dosometing();

    // 給使用者傳回結果
    send(cfd, buf, sizeof(buf), 0);
}
```

接著討論上述程式中，呼叫 send 之後核心是怎樣把資料封包發送出去的。

我覺得看 Linux 原始程式最重要的是要有整體的把握，而非一開始就陷入各種細節。這裡先給大家準備一個總的流程圖，見圖 4.1。下面簡單闡述發送的資料是如何一步一步被發送到網路卡的。

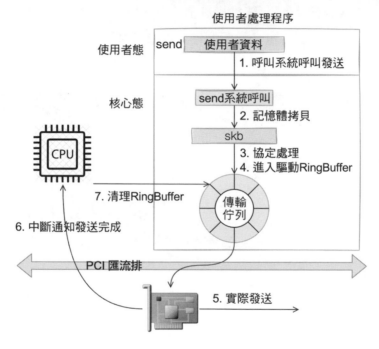

▲ 圖 4.1　網路發送過程概覽

在圖 4.1 中，可以看到使用者資料被拷貝到核心態，然後經過協定層處理後進入 RingBuffer。隨後網路卡驅動真正將資料發送了出去。當發送完成的時候，是通超強中斷來通知 CPU，然後清理 RingBuffer。

因為本章後面要進入原始程式分析，所以我們再從原始程式的角度舉出一個流程圖，如圖 4.2 所示。

應用層

```
int main(){
    // 给用户返回结果
    send(cfd, buf, sizeof(buf), 0);
}
```

系統呼叫

```
//file: net/socket.c
SYSCALL_DEFINE6(sendto, int, fd, ...)
{
    //构造 msghdr 并赋值
    struct msghdr msg;
    ......

    //发送数据
    sock_sendmsg(sock, &msg, len);
}
```

```
//file: net/socket.c
static inline int __sock_sendmsg_nosec(...)
{
    return sock->ops->sendmsg(iocb, sock, msg, size);
}
```

協定疊

```
//file: net/ipv4/af_inet.c
int inet_sendmsg(......)
{
    return sk->sk_prot->sendmsg(iocb, sk, msg, size);
}
```

```
//file: net/ipv4/tcp.c
int tcp_sendmsg(...)
{
    ...
}
```

傳輸層

```
//file: net/ipv4/tcp_output.c
static int tcp_transmit_skb(......)
{
    //封装TCP头
    th = tcp_hdr(skb);
    th->source      = inet->inet_sport;
    th->dest        = inet->inet_dport;

    //调用网络层发送接口
    err = icsk->icsk_af_ops->queue_xmit(skb);
}
```

▲ 圖 4.2　網路發送過程

網
路
層

```
//file: net/ipv4/ip_output.c
int ip_queue_xmit(struct sk_buff *skb, struct flowi *fl)
{
    res = ip_local_out(skb);
}


//file: net/ipv4/ip_output.c
static inline int ip_finish_output2(struct sk_buff *skb)
{
    //继续向下层传递
    int res = dst_neigh_output(dst, neigh, skb);
}
```

鄰居
子系統

```
//file: include/net/dst.h
static inline int dst_neigh_output(...)
{
    ......
    return neigh_hh_output(hh, skb);
}


//file: include/net/neighbour.h
static inline int neigh_hh_output(...)
{
    ......
    skb_push(skb, hh_len);
    return dev_queue_xmit(skb);
}
```

網路設備
子系統

```
//file: net/core/dev.c
int dev_queue_xmit(struct sk_buff *skb)
{
    //选择发送队列并获取 qdisc
    txq = netdev_pick_tx(dev, skb);
    q = rcu_dereference_bh(txq->qdisc);

    //则调用__dev_xmit_skb 继续发送
    rc = __dev_xmit_skb(skb, q, dev, txq);
}
```

```
//file: net/core/dev.c
int dev_hard_start_xmit(...)
{
    //获取设备的回调函数集合 ops
    const struct net_device_ops *ops = dev->netdev_ops;

    //调用驱动里的发送回调函数 ndo_start_xmit 将数据包传给网卡设备
    skb_len = skb->len;
    rc = ops->ndo_start_xmit(skb, dev);
}
```

▲ 圖 4.2　網路發送過程（續）

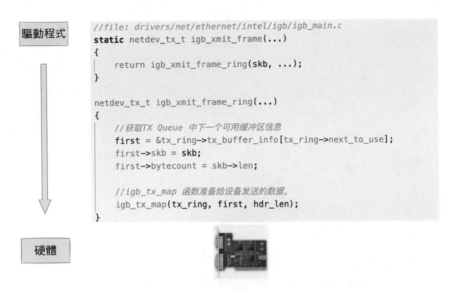

▲ 圖 4.2　網路發送過程（續）

雖然這時資料已經發送完畢，但其實還有一件重要的事情沒做，那就是釋放快取佇列等記憶體。那核心是如何知道什麼時候才能釋放記憶體的呢？當然是等網路發送完畢之後。網路卡在發送完畢的時候，會給 CPU 發送一個硬體中斷來通知 CPU，見圖 4.3。

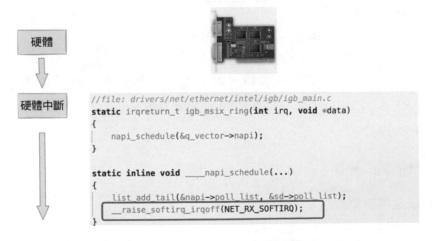

▲ 圖 4.3　發送完畢清理

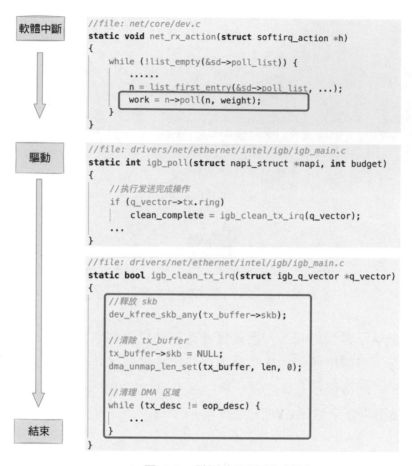

軟體中斷

```c
//file: net/core/dev.c
static void net_rx_action(struct softirq_action *h)
{
    while (!list_empty(&sd->poll_list)) {
        ......
        n = list_first_entry(&sd->poll_list, ...);
        work = n->poll(n, weight);
    }
}
```

驅動

```c
//file: drivers/net/ethernet/intel/igb/igb_main.c
static int igb_poll(struct napi_struct *napi, int budget)
{
    //执行发送完成操作
    if (q_vector->tx.ring)
        clean_complete = igb_clean_tx_irq(q_vector);
    ...
}
```

```c
//file: drivers/net/ethernet/intel/igb/igb_main.c
static bool igb_clean_tx_irq(struct igb_q_vector *q_vector)
{
    //释放 skb
    dev_kfree_skb_any(tx_buffer->skb);

    //清除 tx_buffer
    tx_buffer->skb = NULL;
    dma_unmap_len_set(tx_buffer, len, 0);

    //清理 DMA 区域
    while (tx_desc != eop_desc) {
        ...
    }
}
```

結束

▲ 圖 4.3　發送完畢清理（續）

注意，這裡的主題雖然是發送資料，但是硬體中斷最終觸發的軟體中斷卻是 NET_RX_SOFTIRQ，而不是 NET_TX_SOFTIRQ ！（T 表示 transmit，R 表示 receive）

意不意外，驚不驚喜？！

所以這就是開篇問題 2 的一部分的原因（注意，這只是一部分原因）。

問題 2：在伺服器上的 /proc/softirqs 裡 NET_RX 要比 NET_TX 大得多？

傳輸完成最終會觸發 NET_RX，而非 NET_TX。所以自然你觀測 /proc/softirqs 也就能看到 NET_RX 更多了。

好，現在你已經對核心是怎麼發送網路封包的有一個全域上的認識了。不要得意，我們需要了解的細節才是更有價值的地方，讓我們繼續！

4.3 網路卡啟動準備

在第 2 章介紹網路封包接收過程中，提及網路卡的啟動過程。當時深入地講解過接收佇列 RingBuffer。現在再來詳細地看一看傳輸佇列 RingBuffer。

現在的伺服器上的網路卡一般都是支援多佇列的。每一個佇列都是由一個 RingBuffer 表示的，開啟了多佇列以後的網路卡就會對應有多個 RingBuffer，如圖 4.4 所示。

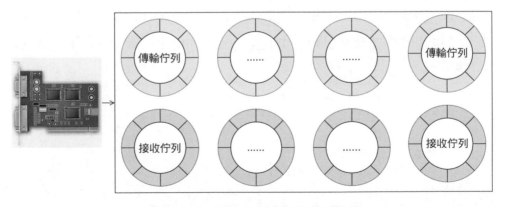

▲ 圖 4.4　網路卡的接收和發送佇列

網路卡在啟動時最重要的任務之一就是分配和初始化 RingBuffer，理解了 RingBuffer 將非常有助掌握發送。所以接下來看看網路卡啟動時分配傳輸佇列 RingBuffer 的實際過程。

在網路卡啟動的時候，會呼叫到 __igb_open 函數，RingBuffer 就是在這裡分配的。

//file: drivers/net/ethernet/intel/igb/igb_main.c
```
static int __igb_open(struct net_device *netdev, bool resuming)
{
    struct igb_adapter *adapter = netdev_priv(netdev);

    //分配傳輸描述符號陣列
    err = igb_setup_all_tx_resources(adapter);

    //分配接收描述符號陣列
    err = igb_setup_all_rx_resources(adapter);

    //開啟全部佇列
    netif_tx_start_all_queues(netdev);
}
```

上面的 __igb_open 函數呼叫 igb_setup_all_tx_resources 分配所有的傳輸 RingBuffer，呼叫 igb_setup_all_rx_resources 建立所有的接收 RingBuffer。

//file: drivers/net/ethernet/intel/igb/igb_main.c
```
static int igb_setup_all_tx_resources(struct igb_adapter *adapter)
{
    //有幾個佇列就建構幾個RingBuffer
    for (i = 0; i < adapter->num_tx_queues; i++) {
        igb_setup_tx_resources(adapter->tx_ring[i]);
    }
}
```

真正的 RingBuffer 建構過程是在 igb_setup_tx_resources 中完成的。

```c
//file: drivers/net/ethernet/intel/igb/igb_main.c
int igb_setup_tx_resources(struct igb_ring *tx_ring)
{
    //1.申請igb_tx_buffer陣列記憶體
    size = sizeof(struct igb_tx_buffer) * tx_ring->count;
    tx_ring->tx_buffer_info = vzalloc(size);

    //2.申請e1000_adv_tx_desc DMA陣列記憶體
    tx_ring->size = tx_ring->count * sizeof(union e1000_adv_tx_desc);
    tx_ring->size = ALIGN(tx_ring->size, 4096);
    tx_ring->desc = dma_alloc_coherent(dev, tx_ring->size,
                        &tx_ring->dma, GFP_KERNEL);
    //3.初始化佇列成員
    tx_ring->next_to_use = 0;
    tx_ring->next_to_clean = 0;
}
```

從上述原始程式可以看到，一個傳輸 RingBuffer 的內部也不僅是一個環狀佇列陣列：

- igb_tx_buffer 陣列：這個陣列是核心使用的，透過 vzalloc 申請。
- e1000_adv_tx_desc 陣列：這個陣列是網路卡硬體使用的，透過 dma_alloc_coherent 分配。

這個時候它們之間還沒有什麼聯繫。將來在發送的時候，這兩個環狀陣列中相同位置的指標都將指向同一個 skb，如下頁圖 4.5 所示。這樣，核心和硬體就能共同存取同樣的資料了，核心往 skb 寫入資料，網路卡硬體負責發送。

最後呼叫 netif_tx_start_all_queues 開啟佇列。另外，硬體中斷的處理函數 igb_msix_ring，其實也是在 __igb_open 中註冊的。

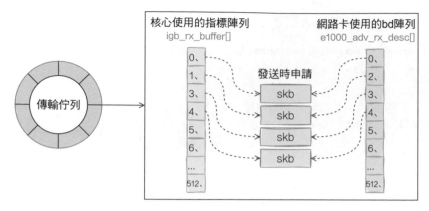

▲ 圖 4.5　發送佇列細節

4.4 資料從使用者處理程序到網路卡的詳細過程

4.4.1 send 系統呼叫實現

send 系統呼叫的原始程式位於檔案 net/socket.c 中。在這個系統呼叫裡，內部其實真正使用的是 sendto 系統呼叫。整個呼叫鏈條雖然不短，但其實主要只做了兩件簡單的事情：

- 第一是在核心中把真正的 socket 找出來，在這個物件裡記錄著各種協定層的函數位址。
- 第二是建構一個 struct msghdr 物件，把使用者傳入的資料，比如 buffer 位址、資料長度什麼的，都裝進去。

剩下的事情就交給下一層，協定層裡的函數 inet_sendmsg 了，其中 inet_sendmsg 函數的位址是透過 socket 核心物件裡的 ops 成員找到的。大致流程如圖 4.6 所示。

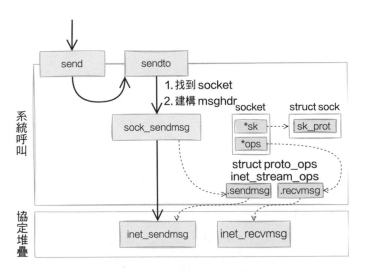

▲ 圖 4.6　send 系統呼叫

有了上面的圖解，再看原始程式就要容易多了，原始程式如下：

//file: net/socket.c
```
SYSCALL_DEFINE4(send, int, fd, void __user *, buff, size_t, len,
        unsigned int, flags)
{
    return sys_sendto(fd, buff, len, flags, NULL, 0);
}

SYSCALL_DEFINE6(......)
{
    //1.根據fd找到socket
    sock = sockfd_lookup_light(fd, &err, &fput_needed);

    //2.建構msghdr
    struct msghdr msg;
    struct iovec iov;

    iov.iov_base = buff;
    iov.iov_len = len;
```

```
    msg.msg_iovlen = 1;

    msg.msg_iov = &iov;
    msg.msg_flags = flags;
    ......

    //3.發送資料
    sock_sendmsg(sock, &msg, len);
}
```

從原始程式可以看到，在使用者態使用的 send 函數和 sendto 函數其實都是 sendto 系統呼叫實現的。send 只是為了方便，封裝出來的更易於呼叫的方式而已。

在 sendto 系統呼叫裡，首先根據使用者傳進來的 socket 控制碼號來查詢真正的 socket 核心物件。接著把使用者請求的 buff、len、flag 等參數都統統打包到一個 struct msghdr 物件中。

接著呼叫了 sock_sendmsg=>__sock_sendmsg==>__sock_sendmsg_nosec。在 __sock_sendmsg_nosec 中，函數呼叫將由系統呼叫進入協定層，我們來看它的原始程式。

```
//file: net/socket.c
static inline int __sock_sendmsg_nosec(...)
{
    ......
    return sock->ops->sendmsg(iocb, sock, msg, size);
}
```

透過 3.2 節的 socket 核心物件結構圖可以看到，這裡呼叫的是 sock->ops->sendmsg，實際執行的是 inet_sendmsg。這個函數是 AF_INET 協定族提供的通用發送函數。

4.4.2 傳輸層處理

傳輸層拷貝

在進入協定層 inet_sendmsg 以後，核心接著會找到 socket 上的具體協定發送函數。對 TCP 協定來說，那就是 tcp_sendmsg（同樣也是透過 socket 核心物件找到的）。

在這個函數中，核心會申請一個核心態的 skb 記憶體，將使用者待發送的資料拷貝進去。注意，這個時候不一定會真正開始發送，如果沒有達到發送條件，很可能這次呼叫就直接返回了，大概過程如圖 4.7 所示。

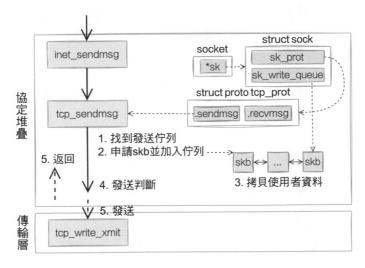

▲ 圖 4.7　傳輸層拷貝

我們來看 inet_sendmsg 函數的原始程式。

```
//file: net/ipv4/af_inet.c
int inet_sendmsg(......)
{
    ......
    return sk->sk_prot->sendmsg(iocb, sk, msg, size);
}
```

在這個函數中會呼叫到具體協定的發送函數。同樣參考 3.2 節裡的 socket 核心物件結構圖，可以看到對 TCP 下的 socket 來說，sk->sk_prot->sendmsg 指向的是 tcp_sendmsg（對 UDP 下的 socket 來說是 udp_sendmsg）。

tcp_sendmsg 這個函數比較長，分成多塊來看。先看以下這一段。

```
//file: net/ipv4/tcp.c
int tcp_sendmsg(...)
{
    while(...){
        while(...){
            //獲取發送佇列
            skb = tcp_write_queue_tail(sk);
            //申請skb並拷貝
            ......
        }
    }
}
//file: include/net/tcp.h
static inline struct sk_buff *tcp_write_queue_tail(const struct sock *sk)
{
    return skb_peek_tail(&sk->sk_write_queue);
}
```

理解對 socket 呼叫 tcp_write_queue_tail 是理解發送的前提。如上所示，這個函數是在獲取 socket 發送佇列中的最後一個 skb。skb 是 struct sk_buff 物件的簡稱，使用者的發送佇列就是該物件組成的鏈結串列，如圖 4.8 所示。

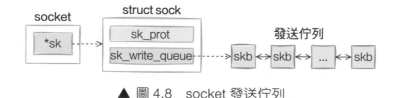

▲ 圖 4.8　socket 發送佇列

接著看 tcp_sendmsg 的其他部分。

```
//file: net/ipv4/tcp.c
int tcp_sendmsg(struct kiocb *iocb, struct sock *sk, struct msghdr *msg,
        size_t size)
{
    //獲取使用者傳遞過來的資料和標識
    iov = msg->msg_iov; //使用者資料位址
    iovlen = msg->msg_iovlen; //資料區塊數為1
    flags = msg->msg_flags; //各種標識

    //遍歷使用者層的資料區塊
    while (--iovlen >= 0) {

        //待發送資料區塊的位址
        unsigned char __user *from = iov->iov_base;

        while (seglen > 0) {

            //需要申請新的skb
            if (copy <= 0) {

                //申請skb，並增加到發送佇列的尾部
                skb = sk_stream_alloc_skb(sk,
                                    select_size(sk, sg),
                                    sk->sk_allocation);

                //把skb掛到socket的發送佇列上
                skb_entail(sk, skb);
            }

            // skb中有足夠的空間
            if (skb_availroom(skb) > 0) {
                //將使用者空間的資料拷貝到核心空間，同時計算校驗和
                //from是使用者空間的資料位址
                skb_add_data_nocache(sk, skb, from, copy);
            }
            ......
```

這個函數比較長，不過邏輯並不複雜。其中 msg->msg_iov 儲存的是使用者態記憶體要發送的資料的 buffer。接下來在核心態申請核心記憶體，比如 skb，並把使用者記憶體裡的資料拷貝到核心態記憶體中，如圖 4.9 所示。這就會涉及一次或幾次記憶體拷貝的消耗。

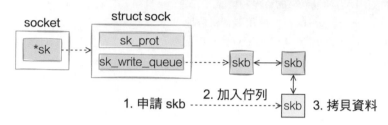

▲ 圖 4.9 發送佇列新 skb 申請

至於核心什麼時候真正把 skb 發送出去，在 tcp_sendmsg 中會進行一些判斷。

```
//file: net/ipv4/tcp.c
int tcp_sendmsg(...)
{
    while(...){
        while(...){
            //申請核心記憶體並進行拷貝

            //發送判斷
            if (forced_push(tp)) {
                tcp_mark_push(tp, skb);
                __tcp_push_pending_frames(sk, mss_now, TCP_NAGLE_PUSH);
            } else if (skb == tcp_send_head(sk))
                tcp_push_one(sk, mss_now);
            }
            continue;
        }
    }
}
```

只有滿足 forced_push(tp) 或 skb = = tcp_send_head(sk) 成立的時候，核心才會真正啟動發送資料封包。其中 forced_push(tp) 判斷的是未發送的資料是否已經超過最大視窗的一半了。

條件都不滿足的話，這次使用者要發送的資料只是拷貝到核心就算結束了！

傳輸層發送

假設現在核心發送條件已經滿足了，我們再來追蹤實際的發送過程。在上面的函數中，當滿足真正發送條件的時候，無論呼叫的是 __tcp_push_pending_frames 還是 tcp_push_one，最終都會實際執行到 tcp_write_xmit。

所以直接從 tcp_write_xmit 看起，這個函數處理了傳輸層的壅塞控制、滑動視窗相關的工作。滿足視窗要求的時候，設定 TCP 表頭然後將 skb 傳到更低的網路層進行處理。傳輸層發送流程總圖如圖 4.10 所示。

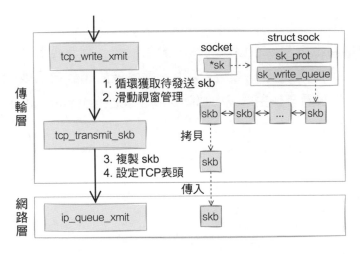

▲ 圖 4.10　傳輸層發送流程總圖

我們來看看 tcp_write_xmit 的原始程式。

```c
//file: net/ipv4/tcp_output.c
static bool tcp_write_xmit(struct sock *sk, unsigned int mss_now, int
nonagle,
              int push_one, gfp_t gfp)
{
    //迴圈獲取待發送skb
    while ((skb = tcp_send_head(sk)))
    {
        //滑動視窗相關
        cwnd_quota = tcp_cwnd_test(tp, skb);
        tcp_snd_wnd_test(tp, skb, mss_now);

        tcp_mss_split_point(...);
        tso_fragment(sk, skb, ...);
        ......

        //真正開啟發送
        tcp_transmit_skb(sk, skb, 1, gfp);
    }
}
```

可以看到之前在網路通訊協定裡學的滑動視窗、壅塞控制就是在這個函數中完成的，這部分就不過多説明了，感興趣的讀者自己找這段原始程式來讀。這裡只看發送主過程，那就走到了 tcp_transmit_skb。

```c
//file: net/ipv4/tcp_output.c
static int tcp_transmit_skb(struct sock *sk, struct sk_buff *skb, int clone_it,
              gfp_t gfp_mask)
{
    //1.複製新skb出來
    if (likely(clone_it)) {
        skb = skb_clone(skb, gfp_mask);
        ......
    }
```

```
//2.封裝TCP表頭
th = tcp_hdr(skb);
th->source    = inet->inet_sport;
th->dest      = inet->inet_dport;
th->window    = ...;
th->urg       = ...;
......

//3.呼叫網路層發送介面
err = icsk->icsk_af_ops->queue_xmit(skb, &inet->cork.fl);
}
```

第一件事是先複製一個新的 skb，這裡重點說說為何複製一個 skb 出來。

這是因為 skb 後續在呼叫網路層，最後到達網路卡發送完成的時候，這個 skb 會被釋放掉。而我們知道 TCP 協定是支持遺失重傳的，在收到對方的 ACK 之前，這個 skb 不能被刪除。所以核心的做法就是每次呼叫網路卡發送的時候，實際上傳遞出去的是 skb 的拷貝。等收到 ACK 再真正刪除。

第二件事是修改 skb 中的 TCP 表頭，根據實際情況把 TCP 表頭設定好。這裡要介紹一個小技巧，skb 內部其實包含了網路通訊協定中所有的表頭（header）。在設定 TCP 表頭的時候，只是把指標指向 skb 的合適位置。後面設定 IP 表頭的時候，再把指標挪一挪就行，如圖 4.11 所示。避免頻繁的記憶體申請和拷貝，效率很高。

▲ 圖 4.11　skb

tcp_transmit_skb 是發送資料位於傳輸層的最後一步，接下來就可以進入網路層進行下一層的操作了。呼叫了網路層提供的發送介面 icsk->icsk_af_ops->queue_xmit()。

在下面這個原始程式中，可以看出 queue_xmit 其實指向的是 ip_queue_xmit 函數。

```
//file: net/ipv4/tcp_ipv4.c
const struct inet_connection_sock_af_ops ipv4_specific = {
    .queue_xmit      = ip_queue_xmit,
    .send_check      = tcp_v4_send_check,
    ......
}
```

自此，傳輸層的工作也就都完成了。資料離開了傳輸層，接下來將進入核心在網路層的實現。

4.4.3 網路層發送處理

Linux 核心網路層的發送的實現位於 net/ipv4/ip_output.c 這個檔案。傳輸層呼叫到的 ip_queue_xmit 也在這裡。（從檔案名稱上也能看出來進入 IP 層了，原始檔案名稱已經從 tcp_xxx 變成了 ip_xxx。）

在網路層主要處理路由項查詢、IP 表頭設定、netfilter 過濾、skb 切分（大於 MTU 的話）等幾項工作，處理完這些工作後會交給更下一層的鄰居子系統來處理。網路層發送處理過程如圖 4.12 所示。

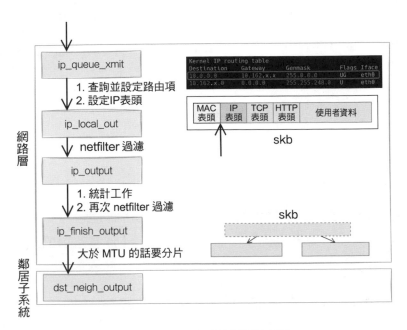

▲ 圖 4.12 網路層發送處理

我們來看網路層入口函數 ip_queue_xmit 的原始程式。

```
//file: net/ipv4/ip_output.c
int ip_queue_xmit(struct sk_buff *skb, struct flowi *fl)
{
    //檢查 socket中是否有快取的路由表
    rt = (struct rtable *)__sk_dst_check(sk, 0);
    if (rt == NULL) {
        //沒有快取則展開查詢
        //查詢路由項，並快取到socket中
        rt = ip_route_output_ports(...);
        sk_setup_caps(sk, &rt->dst);
    }

    //為skb設定路由表
    skb_dst_set_noref(skb, &rt->dst);
```

```
//設定IP表頭
iph = ip_hdr(skb);
iph->protocol = sk->sk_protocol;
iph->ttl      = ip_select_ttl(inet, &rt->dst);
iph->frag_off = ...;

//發送
ip_local_out(skb);
}
```

ip_queue_xmit 已經到了網路層,在這個函數裡我們看到了網路層相關的功能路由項查詢,如果找到了則設定到 skb 上(沒有路由的話就直接顯示出錯返回了)。

在 Linux 上透過 route 命令可以看到本機的路由設定,如圖 4.13 所示。

```
[            ~]# route -n
Kernel IP routing table
Destination     Gateway         Genmask         Flags Metric Ref    Use Iface
10.0.0.0        10.             255.0.0.0       UG    0      0        0 eth0
10.             0.0.0.0         255.255.248.0   U     0      0        0 eth0
169             0.0.0.0         255.255.0.0     U     1002   0        0 eth0
```

▲ 圖 4.13   本機路由設定

在路由表中,可以查到某個目的網路應該透過哪個 Iface(網路卡)、哪個 Gateway(閘道)發送出去。查詢出來以後快取到 socket 上,下次再發送資料就不用查了。

接著把路由表位址也放到 skb 裡。

```
//file: include/linux/skbuff.h
struct sk_buff {
    //保存了一些路由相關資訊
    unsigned long    _skb_refdst;
}
```

接下來就是定位到 skb 裡的 IP 表頭的位置，然後開始按照協定規範設定 IP 表頭，如圖 4.14 所示。

▲ 圖 4.14 skb

再透過 ip_local_out 進入下一步的處理。

```
//file: net/ipv4/ip_output.c
int ip_local_out(struct sk_buff *skb)
{
    //執行 netfilter 過濾
    err = __ip_local_out(skb);

    //開始發送資料
    if (likely(err == 1))
        err = dst_output(skb);
    ......
```

在呼叫 ip_local_out => __ip_local_out => nf_hook 的過程中會執行 netfilter 過濾。如果使用 iptables 設定了一些規則，那麼這裡將檢測是否命中規則。如果你設定了非常複雜的 netfilter 規則，在這裡這個函數將導致你的處理程序 CPU 消耗大增。

還是不多説明，繼續只探討和發送有關的過程 dst_output。

```
//file: include/net/dst.h
static inline int dst_output(struct sk_buff *skb)
{
    return skb_dst(skb)->output(skb);
}
```

此函數找到這個 skb 的路由表（dst 項目），然後呼叫路由表的 output 方法。這又是一個函數指標，指向的是 ip_output 方法。

```c
//file: net/ipv4/ip_output.c
int ip_output(struct sk_buff *skb)
{
    //統計
    .....

    //再次交給netfilter，完畢後回呼ip_finish_output
    return NF_HOOK_COND(NFPROTO_IPV4, NF_INET_POST_ROUTING, skb, NULL, dev,
            ip_finish_output,
            !(IPCB(skb)->flags & IPSKB_REROUTED));
}
```

在 ip_output 中進行一些簡單的統計工作，再次執行 netfilter 過濾。過濾透過之後回呼 ip_finish_output。

```c
//file: net/ipv4/ip_output.c
static int ip_finish_output(struct sk_buff *skb)
{
    //大於MTU就要進行分片了
    if (skb->len > ip_skb_dst_mtu(skb) && !skb_is_gso(skb))
        return ip_fragment(skb, ip_finish_output2);
    else
        return ip_finish_output2(skb);
}
```

在 ip_finish_output 中可以看到，如果資料大於 MTU，是會執行分片的。

實際 MTU 大小透過 MTU 發現機制確定，在乙太網中為 1500 位元組。QQ 研發團隊在早期，會儘量控制自己的資料封包尺寸小於 MTU，透過這種方式來最佳化網路性能。因為分片會帶來兩個問題：1. 需要進行額外的切分處理，有額外性能消耗；2. 只要一個分片遺失，整個封包都要重傳。所以避免分片既杜絕了分片消耗，也大大降低了重傳率。

在 ip_finish_output2 中，發送過程終於進入下一層，鄰居子系統。

```
//file: net/ipv4/ip_output.c
static inline int ip_finish_output2(struct sk_buff *skb)
{
    //根據下一次轉發的IP位址查詢鄰居項，找不到就建立一個
    nexthop = (__force u32) rt_nexthop(rt, ip_hdr(skb)->daddr);
    neigh = __ipv4_neigh_lookup_noref(dev, nexthop);
    if (unlikely(!neigh))
        neigh = __neigh_create(&arp_tbl, &nexthop, dev, false);

    //繼續向下層傳遞
    int res = dst_neigh_output(dst, neigh, skb);
}
```

4.4.4 鄰居子系統

鄰居子系統是位於網路層和資料連結層中間的系統，其作用是為網路層提供一個下層的封裝，讓網路層不必關心下層的位址資訊，讓下層來決定發送到哪個 MAC 位址。

而且這個鄰居子系統並不位於協定層 net/ipv4/ 目錄內，而是位於 net/core/neighbour.c。因為無論是對於 IPv4 還是 IPv6 ，都需要使用該模組，如圖 4.15 所示。

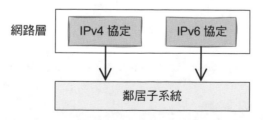

▲ 圖 4.15　鄰居子系統位置

在鄰居子系統裡主要查詢或建立鄰居項，在建立鄰居項的時候，有可能會發出實際的 arp 請求。然後封裝 MAC 表頭，將發送過程再傳遞到更下層的網路裝置子系統。大致流程如圖 4.16 所示。

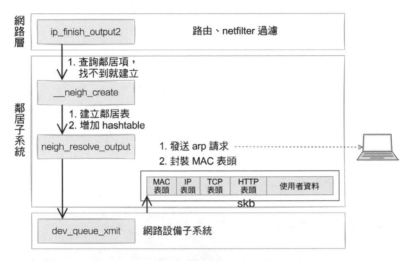

▲ 圖 4.16　鄰居子系統

理解了大致流程後，再回頭看原始程式。在上面的 ip_finish_output2 原始程式中呼叫了 __ipv4_neigh_lookup_noref。它在 arp 快取中進行查詢，其第二個參數傳入的是路由下一次轉發 IP 資訊。

```
//file: include/net/arp.h
extern struct neigh_table arp_tbl;
static inline struct neighbour *__ipv4_neigh_lookup_noref(
    struct net_device *dev, u32 key)
{
    struct neigh_hash_table *nht = rcu_dereference_bh(arp_tbl.nht);

    //計算雜湊值，加速查詢
    hash_val = arp_hashfn(......);
    for (n = rcu_dereference_bh(nht->hash_buckets[hash_val]);
        n != NULL;
```

```
    n = rcu_dereference_bh(n->next)) {
      if (n->dev == dev && *(u32 *)n->primary_key == key)
          return n;
    }
}
```

如果找不到，則呼叫 __neigh_create 建立一個鄰居。

```
//file: net/core/neighbour.c
struct neighbour *__neigh_create(......)
{
    //申請鄰居記錄
    struct neighbour *n1, *rc, *n = neigh_alloc(tbl, dev);

    //建構給予值
    memcpy(n->primary_key, pkey, key_len);
    n->dev = dev;
    n->parms->neigh_setup(n);

    //最後增加到鄰居雜湊表中
    rcu_assign_pointer(nht->hash_buckets[hash_val], n);
    ......
```

有了鄰居項以後，此時仍然不具備發送 IP 封包的能力，因為目的 MAC
位址還未獲取。呼叫 dst_neigh_output 繼續傳遞 skb。

```
//file: include/net/dst.h
static inline int dst_neigh_output(struct dst_entry *dst,
        struct neighbour *n, struct sk_buff *skb)
{
    ......
    return n->output(n, skb);
}
```

呼叫 output，實際指向的是 neigh_resolve_output。在這個函數內部有可
能發出 arp 網路請求。

```
//file: net/core/neighbour.c
int neigh_resolve_output(){

    //注意：這裡可能會觸發arp請求
    if (!neigh_event_send(neigh, skb)) {

        //neigh->ha是MAC位址
        dev_hard_header(skb, dev, ntohs(skb->protocol),
                        neigh->ha, NULL, skb->len);
        //發送
        dev_queue_xmit(skb);
    }
}
```

當獲取到硬體 MAC 位址以後，就可以封裝 skb 的 MAC 表頭了。最後呼叫 dev_queue_xmit 將 skb 傳遞給 Linux 網路裝置子系統。

4.4.5 網路裝置子系統

鄰居子系統透過 dev_queue_xmit 進入網路裝置子系統。網路裝置子系統的工作流程如圖 4.17 所示。

我們從 dev_queue_xmit 來看起。

```
//file: net/core/dev.c
int dev_queue_xmit(struct sk_buff *skb)
{
    //選擇發送佇列
    txq = netdev_pick_tx(dev, skb);

    //獲取與此佇列連結的排隊規則
    q = rcu_dereference_bh(txq->qdisc);

    //如果有佇列，則呼叫__dev_xmit_skb繼續處理資料
```

```
    if (q->enqueue) {
        rc = __dev_xmit_skb(skb, q, dev, txq);
        goto out;
    }

    //沒有佇列的是環回裝置和隧道裝置
    ......
}
```

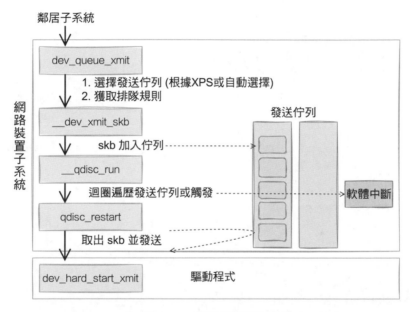

▲ 圖 4.17　網路裝置子系統

在 4.3 節裡講過，網路卡是有多個發送佇列的（尤其是現在的網路卡）。上面對 netdev_pick_tx 函數的呼叫就是選擇一個佇列進行發送。

netdev_pick_tx 發送佇列的選擇受 XPS 等設定的影響，而且還有快取，也是一小套複雜的邏輯。這裡我們只關注兩個邏輯，首先會獲取使用者的 XPS 設定，否則就自動計算了。程式見 netdev_pick_tx 下的 __netdev_pick_tx 函數。

```c
//file: net/core/flow_dissector.c
u16 __netdev_pick_tx(struct net_device *dev, struct sk_buff *skb)
{
    //獲取XPS設定
    int new_index = get_xps_queue(dev, skb);

    //自動計算佇列
    if (new_index < 0)
        new_index = skb_tx_hash(dev, skb);}
```

然後獲取與此佇列連結的 qdisc。在 Linux 上透過 tc 命令可以看到 qdisc 類型，例如對於我的某台多佇列網路卡機器是 mq disc。

```
#tc qdisc
qdisc mq 0: dev eth0 root
```

大部分的裝置都有佇列（環回裝置和隧道裝置除外），所以現在進入 __dev_xmit_skb。

```c
//file: net/core/dev.c
static inline int __dev_xmit_skb(struct sk_buff *skb, struct Qdisc *q,
            struct net_device *dev,
            struct netdev_queue *txq)
{
    //1.如果可以繞開排隊系統
    if ((q->flags & TCQ_F_CAN_BYPASS) && !qdisc_qlen(q) &&
        qdisc_run_begin(q)) {
        ......
    }

    //2.正常排隊
    else {

        //加入佇列
        q->enqueue(skb, q)
```

```
        //開始發送
        __qdisc_run(q);
    }
}
```

上述程式中分兩種情況，一種是可以 bypass（繞過）排隊系統，另外一種是正常排隊。我們只看第二種情況。

先呼叫 q->enqueue 把 skb 增加到佇列裡，然後呼叫 __qdisc_run 開始發送。

```
//file: net/sched/sch_generic.c
void __qdisc_run(struct Qdisc *q)
{
    int quota = weight_p;

    //迴圈從佇列取出一個skb並發送
    while (qdisc_restart(q)) {

        // 如果發生下面情況之一，則延後處理：
        // 1.quota用盡
        // 2.其他處理程序需要CPU
        if (--quota <= 0 || need_resched()) {
            //將觸發一次NET_TX_SOFTIRQ類型softirq
            __netif_schedule(q);
            break;
        }
    }
}
```

在上述程式中可以看到，while 迴圈不斷地從佇列中取出 skb 並進行發送。注意，這個時候其實都占用的是使用者處理程序的系統態時間 (sy)。只有當 quota 用盡或其他處理程序需要 CPU 的時候才觸發軟體中斷進行發送。

所以這就是為什麼在伺服器上查看 /proc/softirqs，一般 NET_RX 都要比

NET_TX 大得多的第二個原因。對接收來說，都要經過 NET_RX 軟體中斷，而對發送來說，只有系統態配額用盡才讓軟體中斷上。

我們來把注意力再放到 qdisc_restart 上，繼續看發送過程。

```
static inline int qdisc_restart(struct Qdisc *q)
{
    //從 qdisc中取出要發送的skb
    skb = dequeue_skb(q);
    ......

    return sch_direct_xmit(skb, q, dev, txq, root_lock);
}
```

qdisc_restart 從佇列中取出一個 skb，並呼叫 sch_direct_xmit 繼續發送。

```
//file: net/sched/sch_generic.c
int sch_direct_xmit(struct sk_buff *skb, struct Qdisc *q,
          struct net_device *dev, struct netdev_queue *txq,
          spinlock_t *root_lock)
{
    //呼叫驅動程式來發送資料
    ret = dev_hard_start_xmit(skb, dev, txq);
}
```

4.4.6 軟體中斷排程

在 4.4.5 節我們看到了如果發送網路封包的時候系統態 CPU 用盡了，會呼叫 __netif_schedule 觸發一個軟體中斷。該函數會進入 __netif_reschedule，由它來實際發出 NET_TX_SOFTIRQ 類型軟體中斷。

軟體中斷是由核心處理程序來執行的，該處理程序會進入 net_tx_action 函數，在該函數中能獲取發送佇列，並也最終呼叫到驅動程式裡的入口函數 dev_hard_start_xmit，如圖 4.18 所示。

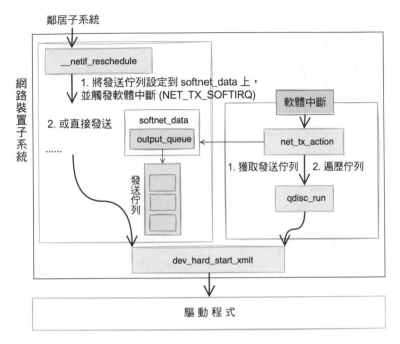

▲ 圖 4.18 網路發送軟體中斷排程

//file: net/core/dev.c
```
static inline void __netif_reschedule(struct Qdisc *q)
{
    sd = &__get_cpu_var(softnet_data);
    q->next_sched = NULL;
    *sd->output_queue_tailp = q;
    sd->output_queue_tailp = &q->next_sched;

    ......
    raise_softirq_irqoff(NET_TX_SOFTIRQ);
}
```

在該函數裡軟體中斷能存取到的 softnet_data 設定了要發送的資料佇列，
增加到 output_queue 裡了。緊接著觸發了 NET_TX_SOFTIRQ 類型的軟
體中斷。(T 代表 transmit，傳輸。)

軟體中斷的入口程式這裡也不詳細講了，2.2.3 節已經講過。這裡直接從 NET_TX_SOFTIRQ softirq 註冊的回呼函數 net_tx_action 講起。使用者態處理程序觸發完軟體中斷之後，會有一個軟體中斷核心執行緒執行到 net_tx_action。

牢記，這以後發送資料消耗的 CPU 就都顯示在 si 這裡，不會消耗使用者處理程序的系統時間。

```c
//file: net/core/dev.c
static void net_tx_action(struct softirq_action *h)
{
    //透過softnet_data獲取發送佇列
    struct softnet_data *sd = &__get_cpu_var(softnet_data);

    //如果output queue上有qdisc
    if (sd->output_queue) {

        //將head指向第一個qdisc
        head = sd->output_queue;

        //遍歷qdsics列表
        while (head) {
            struct Qdisc *q = head;
            head = head->next_sched;

            //發送資料
            qdisc_run(q);
        }
    }
}
```

軟體中斷這裡會獲取 softnet_data。前面我們看到處理程序核心態在呼叫 __netif_reschedule 的時候把發送佇列寫到 softnet_data 的 output_queue 裡了。軟體中斷迴圈遍歷 sd->output_queue 發送資料訊框。

下面來看 qdisc_run，它和處理程序使用者態一樣，也會呼叫 __qdisc_run。

```
//file: include/net/pkt_sched.h
static inline void qdisc_run(struct Qdisc *q)
{
    if (qdisc_run_begin(q))
        __qdisc_run(q);
}
```

然後也是進入 qdisc_restart => sch_direct_xmit，直到進入驅動程式函數 dev_hard_start_xmit。

4.4.7 igb 網路卡驅動發送

透過前面的介紹可知，無論對於使用者處理程序的核心態，還是對於軟體中斷上下文，都會呼叫網路裝置子系統中的 dev_hard_start_xmit 函數。在這個函數中，會呼叫到驅動裡的發送函數 igb_xmit_frame。

在驅動函數裡，會將 skb 掛到 RingBuffer 上，驅動呼叫完畢，資料封包將真正從網路卡發送出去。網路卡驅動工作流程如下頁圖 4.19 所示。

我們來看看實際的原始程式。

```
//file: net/core/dev.c
int dev_hard_start_xmit(struct sk_buff *skb, struct net_device *dev,
            struct netdev_queue *txq)
{
    //獲取裝置的回呼函數集合 ops
    const struct net_device_ops *ops = dev->netdev_ops;

    //獲取裝置支援的功能列表
    features = netif_skb_features(skb);

    //呼叫驅動的ops裡的發送回呼函數ndo_start_xmit將資料封包傳給網路卡裝置
```

```
    skb_len = skb->len;

    rc = ops->ndo_start_xmit(skb, dev);
}
```

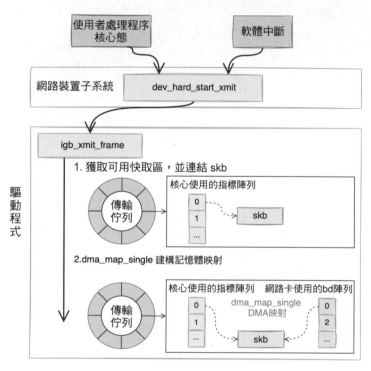

▲ 圖 4.19　網路卡驅動工作流程

其中 ndo_start_xmit 是網路卡驅動要實現的函數，是在 net_device_ops
中定義的。

```
//file: include/linux/netdevice.h
struct net_device_ops {
    netdev_tx_t      (*ndo_start_xmit) (struct sk_buff *skb,
                        struct net_device *dev);
}
```

在 igb 網路卡驅動原始程式中找到了 net_device_ops 函數。

```
//file: drivers/net/ethernet/intel/igb/igb_main.c
static const struct net_device_ops igb_netdev_ops = {
    .ndo_open      = igb_open,
    .ndo_stop      = igb_close,
    .ndo_start_xmit    = igb_xmit_frame,
    ......
};
```

也就是説,對於網路裝置層定義的 ndo_start_xmit,igb 的實現函數是 igb_xmit_frame。這個函數是在網路卡驅動初始化的時候被給予值的。具體初始化過程參見 2.2.2 節。所以在上面網路裝置層呼叫 ops->ndo_start_xmit 的時候,實際會進入 igb_xmit_frame 這個函數。我們進入這個函數來看看驅動程式是執行原理的。

```
//file: drivers/net/ethernet/intel/igb/igb_main.c
static netdev_tx_t igb_xmit_frame(struct sk_buff *skb,
                struct net_device *netdev)
{
    ......
    return igb_xmit_frame_ring(skb, igb_tx_queue_mapping(adapter, skb));
}

netdev_tx_t igb_xmit_frame_ring(struct sk_buff *skb,
            struct igb_ring *tx_ring)
{
    //獲取TX Queue中下一個可用緩衝區資訊
    first = &tx_ring->tx_buffer_info[tx_ring->next_to_use];
    first->skb = skb;
    first->bytecount = skb->len;
    first->gso_segs = 1;

    //igb_tx_map函數準備給裝置發送的資料
    igb_tx_map(tx_ring, first, hdr_len);
}
```

在這裡從網路卡的發送佇列的 RingBuffer 中取下來一個元素,並將 skb

掛到元素上,如圖 4.20 所示。

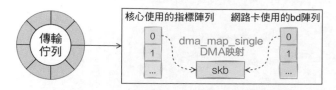

▲ 圖 4.20　傳輸佇列 RingBuffer 中的 skb

igb_tx_map 函數將 skb 資料映射到網路卡可存取的記憶體 DMA 區域。

```
//file: drivers/net/ethernet/intel/igb/igb_main.c
static void igb_tx_map(struct igb_ring *tx_ring,
            struct igb_tx_buffer *first,
            const u8 hdr_len)
{
    //獲取下一個可用描述符號指標
    tx_desc = IGB_TX_DESC(tx_ring, i);

    //為skb->data建構記憶體映射,以允許裝置透過DMA從RAM中讀取資料
    dma = dma_map_single(tx_ring->dev, skb->data, size, DMA_TO_DEVICE);

    //遍歷該資料封包的所有分片,為skb的每個分片生成有效映射
    for (frag = &skb_shinfo(skb)->frags[0];; frag++) {

        tx_desc->read.buffer_addr = cpu_to_le64(dma);
        tx_desc->read.cmd_type_len = ...;
        tx_desc->read.olinfo_status = 0;
    }

    //設定最後一個descriptor
    cmd_type |= size | IGB_TXD_DCMD;
    tx_desc->read.cmd_type_len = cpu_to_le32(cmd_type);
}
```

當所有需要的描述符號都已建好,且 skb 的所有資料都映射到 DMA 位址後,驅動就會進入到它的最後一步,觸發真實的發送。

4.5 RingBuffer 記憶體回收

當資料發送完以後，其實工作並沒有結束。因為記憶體還沒有清理。當發送完成的時候，網路卡裝置會觸發一個硬體中斷來釋放記憶體。在第 2 章中，詳細説明過硬體中斷和軟體中斷的處理過程。在發送硬體中斷的過程裡，會執行 RingBuffer 記憶體的清理工作，如圖 4.21 所示。

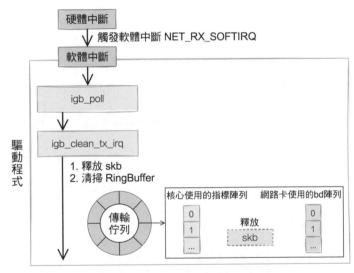

▲ 圖 4.21　RingBuffer 回收

再回頭看一下硬體中斷觸發軟體中斷的原始程式。

```
//file: drivers/net/ethernet/intel/igb/igb_main.c
static inline void ____napi_schedule(...){
    list_add_tail(&napi->poll_list, &sd->poll_list);
    __raise_softirq_irqoff(NET_RX_SOFTIRQ);
}
```

這裡有個很有意思的細節，無論硬體中斷是因為有資料要接收，還是發送完成通知，從硬體中斷觸發的軟體中斷都是 NET_RX_SOFTIRQ。這個在 4.1 節講過了，它是軟體中斷統計中 RX 要高於 TX 的原因。

好，我們接著進入軟體中斷的回呼函數 igb_poll。在這個函數裡，有一行 igb_clean_tx_irq，參見以下原始程式。

```
//file: drivers/net/ethernet/intel/igb/igb_main.c
static int igb_poll(struct napi_struct *napi, int budget)
{
    //performs the transmit completion operations
    if (q_vector->tx.ring)
        clean_complete = igb_clean_tx_irq(q_vector);
    ......
}
```

我們來看看當傳輸完成的時候，igb_clean_tx_irq 都做什麼了。

```
//file: drivers/net/ethernet/intel/igb/igb_main.c
static bool igb_clean_tx_irq(struct igb_q_vector *q_vector)
{
    //釋放skb
    dev_kfree_skb_any(tx_buffer->skb);

    //清除tx_buffer資料
    tx_buffer->skb = NULL;
    dma_unmap_len_set(tx_buffer, len, 0);

    // 清除最後的DMA位置，解除映射
    while (tx_desc != eop_desc) {
    }
}
```

無非就是清理了 skb、解除了 DMA 映射等等。到了這一步，傳輸才算是基本完成了。

為什麼說是基本完成，而非全部完成呢？因為傳輸層需要保證可靠性，所以 skb 其實還沒有刪除。它得等收到對方的 ACK 之後才會真正刪除，那個時候才算徹底發送完畢。

4.6 本章複習

下面用一張圖複習整個發送過程,見圖 4.22。

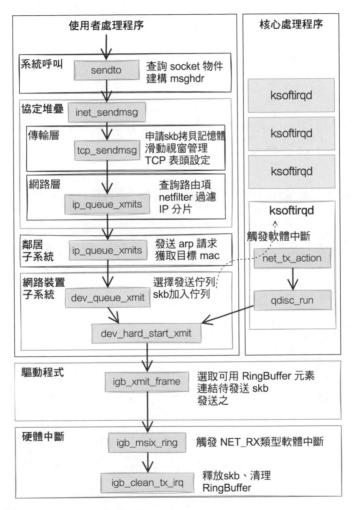

▲ 圖 4.22 網路發送過程整理

了解整個發送過程以後,我們再來回顧本章開篇提到的幾個問題。

1）我們在監控核心發送資料消耗的 CPU 時，應該看 sy 還是 si ？

在網路封包的發送過程中，使用者處理程序（在核心態）完成了絕大部分的工作，甚至連呼叫驅動的工作都做了。只當核心態處理程序被切走前才會發起軟體中斷。發送過程中，絕大部分（90%）以上的消耗都是在使用者處理程序核心態消耗掉的。

只有一少部分情況才會觸發軟體中斷（NET_TX 類型），由軟體中斷 ksoftirqd 核心執行緒來發送。

所以，在監控網路 IO 對伺服器造成的 CPU 消耗的時候，不能僅看 si，而是應該把 si、sy 都考慮進來。

2）在伺服器上查看 /proc/softirqs，為什麼 NET_RX 要比 NET_TX 大得多？

之前我認為 NET_RX 是接收，NET_TX 是傳輸。對一個既收取使用者請求，又給使用者傳回的伺服器來説，這兩塊的數字應該差不多才對，至少不會有數量級的差異。但事實上，我手頭的一台伺服器是圖 4.23 這樣的。

```
[          ]$ cat /proc/softirqs
                 CPU0          CPU1          CPU2          CPU3
          HI:       0             0             0             0
       TIMER: 4189404746  3011986206  2435264887  2544464569
      NET_TX:    343981        260256        224167        234717
      NET_RX: 1379163125  1065550662   901100884   926004272
       BLOCK:      1940             0             0             0
BLOCK_IOPOLL:         0             0             0             0
     TASKLET:         1             0             0             0
       SCHED: 3894836698  3286402891  2877234633  2777895189
     HRTIMER:  15575069     21099408     21018737     19124602
         RCU:  856741846  3915616388  3285649482  3389076096
```

▲ 圖 4.23　軟體中斷查看

經過本章的原始程式分析，發現造成這個問題的原因有兩個。

第一個原因是當資料發送完以後，通過超強中斷的方式來通知驅動發送完畢。但是硬體中斷無論是有資料接收，還是發送完畢，觸發的軟體中斷都是 NET_RX_SOFTIRQ，並不是 NET_TX_SOFTIRQ。

第二個原因是對讀取來說，都是要經過 NET_RX 軟體中斷的，都走 ksoftirqd 核心執行緒。而對發送來說，絕大部分工作都是在使用者處理程序核心態處理了，只有系統態配額用盡才會發出 NET_TX，讓軟體中斷。

綜合上述兩個原因，那麼在機器上查看 NET_RX 比 NET_TX 大得多就不難理解了。

3）發送網路資料的時候都涉及哪些記憶體拷貝操作？

這裡的記憶體拷貝，只特指待發送資料的記憶體拷貝。

第一次拷貝操作是在核心申請完 skb 之後，這時候會將使用者傳遞進來的 buffer 裡的資料內容都拷貝到 skb。如果要發送的資料量比較大，這個拷貝操作消耗還是不小的。

第二次拷貝操作是從傳輸層進入網路層的時候，每一個 skb 都會被複製出來一個新的副本。目的是保存原始的 skb，當網路對方沒有發回 ACK 的時候，還可以重新發送，以實現 TCP 中要求的可靠傳輸。不過這次只是淺拷貝，只拷貝 skb 描述符號本身，所指向的資料還是重複使用的。

第三次拷貝不是必需的，只有當 IP 層發現 skb 大於 MTU 時才需要進行。此時會再申請額外的 skb，並將原來的 skb 拷貝為多個小的 skb。

這裡插個題外話，大家在談論網路性能最佳化中經常聽到「零拷貝」，我覺得這個詞有一點點誇張的成分。TCP 為了保證可靠性，第二次的拷貝根本就沒法省。如果封包大於 MTU，分片時的拷貝同樣避免不了。

看到這裡，相信核心發送資料封包對你來說，已經不再是一個完全不懂的黑盒了。本章哪怕你只看懂十分之一，也已經掌握了這個黑盒的打開方式，將來最佳化網路性能時，你就會知道從哪兒下手了。

4）零拷貝到底是怎麼回事？

是的，本章通篇還沒有講過「零拷貝」。但是我們已經把 Linux 在發送網路資料封包時的所有記憶體拷貝操作都介紹了一遍，理解了這個再去接觸「零拷貝」就容易得多，這裡只拿 sendfile 系統呼叫來舉例。

如果想把本機的檔案透過網路發送出去，我們的做法之一就是先用 read 系統呼叫把檔案讀取到記憶體，然後再呼叫 send 把檔案發送出去。

假設資料之前從來沒有讀取過，那麼 read 硬碟上的資料需要經過兩次拷貝才能到使用者處理程序的記憶體。第一次是從硬碟 DMA 到 Page Cache。第二次是從 Page Cache 拷貝到使用者記憶體。send 系統呼叫在前面講過了。那麼 read + send 系統呼叫發送一個檔案出去資料需要經過的拷貝過程如圖 4.24 所示。

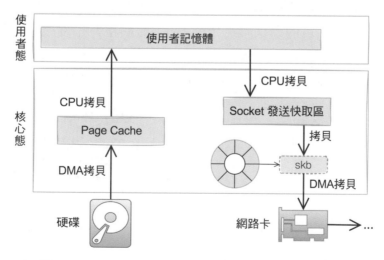

▲ 圖 4.24　read + send 系統呼叫發送檔案經過的拷貝過程

如果要發送的資料量比較大，那需要花費不少的時間在大量的資料拷貝上。前面提到的 sendfile 就是核心提供的可用來減少發送檔案時拷貝消耗的技術方案。在 sendfile 系統呼叫裡，資料不需要拷貝到使用者空間，在核心態就能完成發送處理，如圖 4.25 所示，這就顯著減少了需要拷貝的次數。

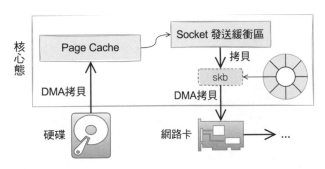

▲ 圖 4.25　sendfile 系統呼叫發送檔案的過程

5）為什麼 Kafka 的網路性能很突出？

大家一定對 Kafka 出類拔萃的性能有所耳聞。當然，Kafka 高性能的原因有很多，其中的重要原因之一就是採用了 sendfile 系統呼叫來發送網路資料封包，減少了核心態和使用者態之間的頻繁資料拷貝。

4.6 本章複習

深度理解本機網路 IO

5.1 相關實際問題

前面的章節深度分析了網路封包的接收,也拆分了網路封包的發送,總之收發流程算是閉環了。不過還有一種特殊的情況沒有討論,那就是接收和發送都在本機進行。而且實踐中這種本機網路 IO 出現的場景還不少,而且還有越來越多的趨勢。例如 LNMP 技術堆疊中的 nginx 和 php-fpm 處理程序就是透過本機來通訊的,還有就是最近流行的微服務中 sidecar 模式也是本機網路 IO。

所以,我想如果能深度理解這個問題,在實踐中將非常有意義。按照習慣,我們還是從幾個實際中的問題引入。

1) 127.0.0.1 本機網路 IO 需要經過網路卡嗎?

在跨機網路 IO 中,資料封包肯定都是要經過網路卡發送出去的。那麼,在本機網路 IO 的情況下,收發資料需要經過網路卡嗎?如果把網路卡拔了,127.0.0.1 上資料收發能否正常執行?

2）資料封包在核心中是什麼走向，和外網發送相比流程上有什麼差
別？

假如本機網路 IO 和跨機 IO 收發流程不一樣，那麼是在哪幾個環節上不
同呢？

3）存取本機服務時，使用 127.0.0.1 能比使用本機 IP（例如
192.168.x.x）更快嗎？

實際上，使用本機 IO 通訊的時候也有兩種方法。一種方法是用
127.0.0.1，一種方法是使用本機 IP，例如 192.168.x.x 這種。那麼這兩
種方法在性能上會有什麼差異嗎？哪種方法性能更好呢？

鋪陳完畢，拆解正式開始！

5.2 跨機網路通訊過程

在開始說明本機通訊過程之前，還是先來回顧跨機網路通訊。

5.2.1 跨機資料發送

在第 4 章中介紹了資料封包的發送過程。如圖 5.1 所示，從 send 系統呼
叫開始，直到網路卡把資料發送出去。

如圖 5.1，使用者資料被拷貝到核心態，然後經過協定層處理後進入
RingBuffer。隨後網路卡驅動真正將資料發送了出去。當發送完成的時
候，是通超強中斷來通知 CPU，然後清理 RingBuffer。從程式的角度得
到的流程如圖 5.2 所示。

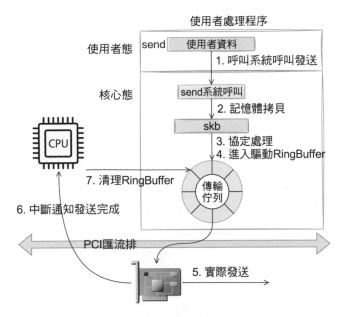

▲ 圖 5.1 資料發送流程

```
應用層

int main(){
    // 给用户返回结果
    send(cfd, buf, sizeof(buf), 0);
}
```

```
系統呼叫

//file: net/socket.c
SYSCALL_DEFINE6(sendto, int, fd, ...)
{
    //构造 msghdr 并赋值
    struct msghdr msg;
    ......

    //发送数据
    sock_sendmsg(sock, &msg, len);
}
```

```
//file: net/socket.c
static inline int __sock_sendmsg_nosec(...)
{
    return sock->ops->sendmsg(iocb, sock, msg, size);
}
```

▲ 圖 5.2 資料發送原始程式

協定疊

```
//file: net/ipv4/af_inet.c
int inet_sendmsg(......)
{
    return sk->sk_prot->sendmsg(iocb, sk, msg, size);
}
```

```
//file: net/ipv4/tcp.c
int tcp_sendmsg(...)
{
    ...
}
```

傳輸層

```
//file: net/ipv4/tcp_output.c
static int tcp_transmit_skb(......)
{
    //封裝TCP头
    th = tcp_hdr(skb);
    th->source       = inet->inet_sport;
    th->dest         = inet->inet_dport;

    //调用网络层发送接口
    err = icsk->icsk_af_ops->queue_xmit(skb);
}
```

網路層

```
//file: net/ipv4/ip_output.c
int ip_queue_xmit(struct sk_buff *skb, struct flowi *fl)
{
    res = ip_local_out(skb);
}
```

```
//file: net/ipv4/ip_output.c
static inline int ip_finish_output2(struct sk_buff *skb)
{
    //继续向下层传递
    int res = dst_neigh_output(dst, neigh, skb);
}
```

鄰居子系統

```
//file: include/net/dst.h
static inline int dst_neigh_output(...)
{
    ......
    return neigh_hh_output(hh, skb);
}
```

```
//file: include/net/neighbour.h
static inline int neigh_hh_output(...)
{
    ......
    skb_push(skb, hh_len);
    return dev_queue_xmit(skb);
}
```

▲ 圖 5.2　資料發送原始程式（續）

網路設備
子系統

```
//file: net/core/dev.c
int dev_queue_xmit(struct sk_buff *skb)
{

    //选择发送队列并获取 qdisc
    txq = netdev_pick_tx(dev, skb);
    q = rcu_dereference_bh(txq->qdisc);

    //则调用__dev_xmit_skb 继续发送
    rc = __dev_xmit_skb(skb, q, dev, txq);
}
```

```
//file: net/core/dev.c
int dev_hard_start_xmit(...)
{
    //获取设备的回调函数集合 ops
    const struct net_device_ops *ops = dev->netdev_ops;

    //调用驱动里的发送回调函数 ndo_start_xmit 将数据包传给网卡设备
    skb_len = skb->len;
    rc = ops->ndo_start_xmit(skb, dev);
}
```

驅動程式

```
//file: drivers/net/ethernet/intel/igb/igb_main.c
static netdev_tx_t igb_xmit_frame(...)
{
    return igb_xmit_frame_ring(skb, ...);
}

netdev_tx_t igb_xmit_frame_ring(...)
{
    //获取TX Queue 中下一个可用缓冲区信息
    first = &tx_ring->tx_buffer_info[tx_ring->next_to_use];
    first->skb = skb;
    first->bytecount = skb->len;

    //igb_tx_map 函数准备给设备发送的数据。
    igb_tx_map(tx_ring, first, hdr_len);
}
```

硬體

▲ 圖 5.2 資料發送原始程式（續）

等網路發送完畢，網路卡會給 CPU 發送一個硬體中斷來通知 CPU。收到
這個硬體中斷後會釋放 RingBuffer 中使用的記憶體，如下頁圖 5.3 所示。

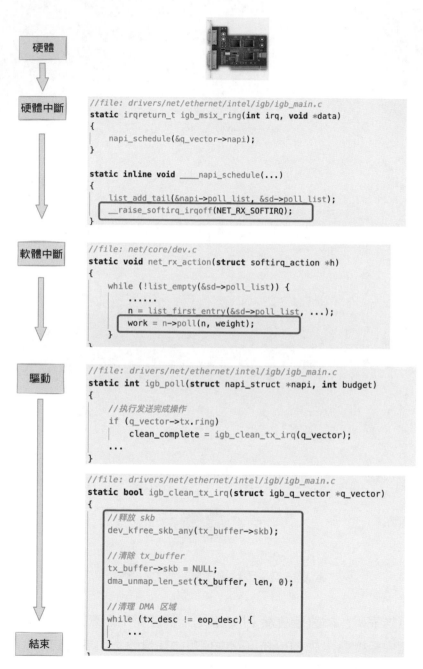

```
//file: drivers/net/ethernet/intel/igb/igb_main.c
static irqreturn_t igb_msix_ring(int irq, void *data)
{
    napi_schedule(&q_vector->napi);
}

static inline void ____napi_schedule(...)
{
    list_add_tail(&napi->poll_list, &sd->poll_list);
    __raise_softirq_irqoff(NET_RX_SOFTIRQ);
}
```

```
//file: net/core/dev.c
static void net_rx_action(struct softirq_action *h)
{
    while (!list_empty(&sd->poll_list)) {
        ......
        n = list_first_entry(&sd->poll_list, ...);
        work = n->poll(n, weight);
    }
}
```

```
//file: drivers/net/ethernet/intel/igb/igb_main.c
static int igb_poll(struct napi_struct *napi, int budget)
{
    //执行发送完成操作
    if (q_vector->tx.ring)
        clean_complete = igb_clean_tx_irq(q_vector);
    ...
}
```

```
//file: drivers/net/ethernet/intel/igb/igb_main.c
static bool igb_clean_tx_irq(struct igb_q_vector *q_vector)
{
    //释放 skb
    dev_kfree_skb_any(tx_buffer->skb);

    //清除 tx_buffer
    tx_buffer->skb = NULL;
    dma_unmap_len_set(tx_buffer, len, 0);

    //清理 DMA 区域
    while (tx_desc != eop_desc) {
        ...
    }
}
```

硬體

硬體中斷

軟體中斷

驅動

結束

▲ 圖 5.3　RingBuffer 清理

5.2.2 跨機資料接收

在第 2 章中介紹了資料接收過程。當資料封包到達另外一台機器的時候，Linux 資料封包的接收過程開始了，如圖 5.4 所示。

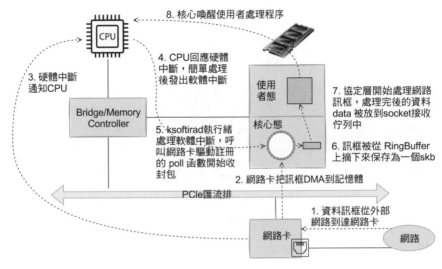

▲ 圖 5.4 接收過程

當網路卡收到資料以後，向 CPU 發起一個中斷，以通知 CPU 有資料到達。當 CPU 收到中斷要求後，會去呼叫網路驅動註冊的中斷處理函數，觸發軟體中斷。ksoftirqd 檢測到有軟體中斷請求到達，開始輪詢接收封包，收到後交由各級協定層處理。當協定層處理完並把資料放到接收佇列之後，喚醒使用者處理程序（假設是阻塞方式）。

我們再同樣從核心元件和原始程式角度看一遍，如下頁圖 5.5 所示。

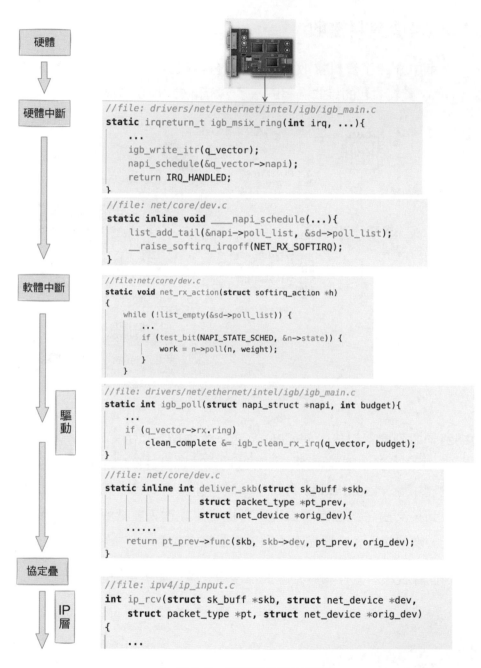

硬體

硬體中斷

```
//file: drivers/net/ethernet/intel/igb/igb_main.c
static irqreturn_t igb_msix_ring(int irq, ...){
    ...
    igb_write_itr(q_vector);
    napi_schedule(&q_vector->napi);
    return IRQ_HANDLED;
}
```

```
//file: net/core/dev.c
static inline void ____napi_schedule(...){
    list_add_tail(&napi->poll_list, &sd->poll_list);
    __raise_softirq_irqoff(NET_RX_SOFTIRQ);
}
```

軟體中斷

```
//file:net/core/dev.c
static void net_rx_action(struct softirq_action *h)
{
    while (!list_empty(&sd->poll_list)) {
        ...
        if (test_bit(NAPI_STATE_SCHED, &n->state)) {
            work = n->poll(n, weight);
        }
    }
```

驅動

```
//file: drivers/net/ethernet/intel/igb/igb_main.c
static int igb_poll(struct napi_struct *napi, int budget){
    ...
    if (q_vector->rx.ring)
        clean_complete &= igb_clean_rx_irq(q_vector, budget);
}
```

```
//file: net/core/dev.c
static inline int deliver_skb(struct sk_buff *skb,
                    struct packet_type *pt_prev,
                    struct net_device *orig_dev){
    ......
    return pt_prev->func(skb, skb->dev, pt_prev, orig_dev);
}
```

協定疊

IP層

```
//file: ipv4/ip_input.c
int ip_rcv(struct sk_buff *skb, struct net_device *dev,
    struct packet_type *pt, struct net_device *orig_dev)
{
    ...
```

▲ 圖 5.5　資料接收原始程式

```
// file: net/ipv4/tcp_ipv4.c
int tcp_v4_rcv(struct sk_buff *skb)
{
    ......

int tcp_rcv_established(...)
{
    ......
    //接收数据到队列中
    eaten = tcp_queue_rcv(sk, skb, tcp_header_len, &fragstolen);

    //数据 ready, 唤醒 socket 上阻塞掉的进程
    sk->sk_data_ready(sk, 0);
```

```
int main(){
    recvfrom(fd, buff, BUFFSIZE, 0, ...);
    printf("Receive from client:%s\n", buff);
}
```

傳輸層

使用者處理程式

▲ 圖 5.5　資料接收原始程式（續）

5.2.3 跨機網路通訊整理

那麼整理起來，一次跨機網路通訊的過程就如圖 5.6 所示。

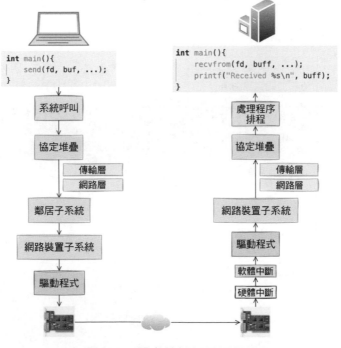

▲ 圖 5.6　單次跨機網路通訊過程

5.3 本機發送過程

5.2 節介紹了跨機時整個網路的發送過程，在本機網路 IO 的過程中，流程會有一些差別。為了突出重點，將不再介紹整體流程，而只介紹和跨機邏輯不同的地方。有差異的地方共有兩處，分別是路由和驅動程式。

5.3.1 網路層路由

發送資料進入協定層到達網路層的時候，網路層入口函數是 ip_queue_xmit。在網路層裡會進行路由選擇，路由選擇完畢，再設定一些 IP 表頭，進行一些 netfilter 的過濾，將封包交給鄰居子系統。網路層工作流程如圖 5.7 所示。

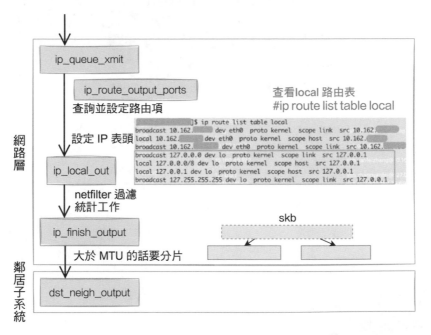

▲ 圖 5.7　網路層路由

對本機網路 IO 來説，特殊之處在於在 local 路由表中就能找到路由項，
對應的裝置都將使用 loopback 網路卡，也就是常説的 IO 裝置。

下面詳細看看路由網路層裡這段路由相關工作過程。從網路層入口函數
ip_queue_xmit 看起。

```
//file: net/ipv4/ip_output.c
int ip_queue_xmit(struct sk_buff *skb, struct flowi *fl)
{
    //檢查socket中是否有快取的路由表
    rt = (struct rtable *)__sk_dst_check(sk, 0);
    if (rt == NULL) {
        //沒有快取則展開查詢
        //查詢路由項，並快取到socket中
        rt = ip_route_output_ports(...);
        sk_setup_caps(sk, &rt->dst);
}
```

查詢路由項的函數是 ip_route_output_ports，它又依次呼叫 ip_route_
output_flow、__ip_route_output_key、fib_lookup 函數。呼叫過程略
過，直接看 fib_lookup 的關鍵程式。

```
//file:include/net/ip_fib.h
static inline int fib_lookup(struct net *net, const struct flowi4 *flp,
            struct fib_result *res)
{
    struct fib_table *table;

    table = fib_get_table(net, RT_TABLE_LOCAL);
    if (!fib_table_lookup(table, flp, res, FIB_LOOKUP_NOREF))
        return 0;

    table = fib_get_table(net, RT_TABLE_MAIN);
    if (!fib_table_lookup(table, flp, res, FIB_LOOKUP_NOREF))
        return 0;
```

```
    return -ENETUNREACH;
}
```

在 fib_lookup 中將對 local 和 main 兩個路由表展開查詢，並且先查詢 local 後查詢 main。我們在 Linux 上使用 ip 命令可以查看到這兩個路由表，這裡只看 local 路由表（因為本機網路 IO 查詢到這個表就終止了）。

```
#ip route list table local
local 10.143.x.y dev eth0 proto kernel scope host src 10.143.x.y
local 127.0.0.1 dev lo proto kernel scope host src 127.0.0.1
```

從上述結果可以看出，對於目的是 127.0.0.1 的路由在 local 路由表中就能夠找到。fib_lookup 的工作完成，傳回 __ip_route_output_key 函數繼續執行。

```
//file: net/ipv4/route.c
struct rtable *__ip_route_output_key(struct net *net, struct flowi4 *fl4)
{
    if (fib_lookup(net, fl4, &res)) {
    }
    if (res.type == RTN_LOCAL) {
        dev_out = net->loopback_dev;
        ......
    }

    rth = __mkroute_output(&res, fl4, orig_oif, dev_out, flags);
    return rth;
}
```

對於本機的網路請求，裝置將全部使用 net->loopback_dev，也就是 IO 虛擬網路卡。

接下來的網路層仍然和跨機網路 IO 一樣，最終會經過 ip_finish_output，進入鄰居子系統的入口函數 dst_neigh_output。

本機網路 IO 需要進行 IP 分片嗎？因為和正常的網路層處理過程一樣，會經過 ip_finish_output 函數，在這個函數中，如果 skb 大於 MTU，仍然會進行分片。只不過 IO 虛擬網路卡的 MTU 比 Ethernet 要大很多。透過 ifconfig 命令就可以查到，物理網路卡 MTU 一般為 1500，而 IO 虛擬介面能有 65535。

在鄰居子系統函數中經過處理後，進入網路裝置子系統（入口函數是 dev_queue_xmit）。

5.3.2 本機 IP 路由

本章開篇提到的第 3 個問題的答案就在 5.3.1 節。但這個問題描述起來有點長，因此單獨用一小節來講。

問題：用本機 IP（例如 192.168.x.x）和用 127.0.0.1 在性能上有差別嗎？

前面講過，選用哪個裝置是路由相關函數 __ip_route_output_key 確定的。

```
//file: net/ipv4/route.c
struct rtable *__ip_route_output_key(struct net *net, struct flowi4 *fl4)
{
    if (fib_lookup(net, fl4, &res)) {
    }
    if (res.type == RTN_LOCAL) {
        dev_out = net->loopback_dev;
        ...
    }

    rth = __mkroute_output(&res, fl4, orig_oif, dev_out, flags);
    return rth;
}
```

在 fib_lookup 函數裡會查詢到 local 路由表。

```
# ip route list table local
local 10.162.*.* dev eth0  proto kernel  scope host  src 10.162.*.*
local 127.0.0.1 dev lo  proto kernel  scope host  src 127.0.0.1
```

很多人在看到這個路由表的時候就被它迷惑了，以為上面的 10.162.*.* 真的會被路由到 eth0（其中 10.162.*.* 是我的本機區域網 IP，我把後面兩段用 * 號隱藏起來了）。

但其實核心在初始化 local 路由表的時候，把 local 路由表裡所有的路由項都設定成了 RTN_LOCAL，不只是 127.0.0.1。這個過程是在設定本機 IP 的時候，呼叫 fib_inetaddr_event 函數完成設定的。

```
static int fib_inetaddr_event(struct notifier_block *this,
    unsigned long event, void *ptr)
{
    switch (event) {
    case NETDEV_UP:
        fib_add_ifaddr(ifa);
        break;
    case NETDEV_DOWN:
        fib_del_ifaddr(ifa, NULL);
//file:ipv4/fib_frontend.c
void fib_add_ifaddr(struct in_ifaddr *ifa)
{
    fib_magic(RTM_NEWROUTE, RTN_LOCAL, addr, 32, prim);
}
```

所以即使本機 IP 不用 127.0.0.1，核心在路由項查詢的時候判斷類型是 RTN_LOCAL，仍然會使用 net->loopback_dev，也就是 lO 虛擬網路卡。

為了穩妥起見，再抓取封包確認一下。開啟兩個主控台視窗。其中一個對 lO 裝置進行抓取封包。因為區域網內會有大量的網路請求，為了方便過濾，這裡使用一個特殊的通訊埠編號 8888。如果這個通訊埠編號在你的機器上已經占用了，需要再換一個。

```
#tcpdump -i eth0 port 8888
```

另外一個視窗使用 telnet 對本機 IP 通訊埠發出幾筆網路請求。

```
#telnet 10.162.*.* 8888
Trying 10.162.*.*...
telnet: connect to address 10.162.*.*: Connection refused
```

這時候切回第一個主控台，發現什麼反應都沒有。說明封包根本就沒有過 eth0 這個裝置。

把裝置換成 IO 再抓。當 telnet 發出網路請求以後，在 tcpdump 所在的視窗下看到了抓取封包結果。

```
# tcpdump -i lo port 8888
tcpdump: verbose output suppressed, use -v or -vv for full protocol decode
listening on lo, link-type EN10MB (Ethernet), capture size 65535 bytes
08:22:31.956702 IP 10.162.*.*.62705 > 10.162.*.*.ddi-tcp-1: Flags [S], seq
678725385, win 43690, options [mss 65495,nop,wscale 8], length 0
08:22:31.956720 IP 10.162.*.*.ddi-tcp-1 > 10.162.*.*.62705: Flags [R.], seq
0, ack 678725386, win 0, length 0
```

5.3.3 網路裝置子系統

網路裝置子系統的入口函數是 dev_queue_xmit。之前說明跨機發送過程時介紹過，對於真的有佇列的物理裝置，該函數進行了一系列複雜的排隊等處理後，才呼叫 dev_hard_start_xmit，從這個函數再進入驅動程式來發送。在這個過程中，甚至還有可能觸發軟體中斷進行發送，流程如下頁圖 5.8 所示。

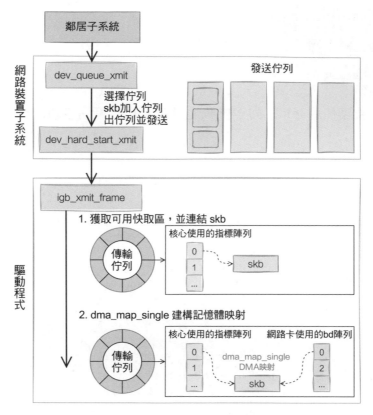

▲ 圖 5.8　物理網路卡裝置資料發送

但是對啟動狀態的環回裝置（q->enqueue 判斷為 false）來説，就簡單多了。沒有佇列的問題，直接進入 dev_hard_start_xmit。接著進入環回裝置的「驅動」裡發送回呼函數 loopback_xmit，將 skb「發送」出去，如圖 5.9 所示。

下面來看看詳細的過程，從網路裝置子系統的入口函數 dev_queue_xmit 看起。

```
//file: net/core/dev.c
int dev_queue_xmit(struct sk_buff *skb)
{
```

```
q = rcu_dereference_bh(txq->qdisc);
if (q->enqueue) {//環回裝置這裡為false
    rc = __dev_xmit_skb(skb, q, dev, txq);
    goto out;
}

//開始環回裝置處理
if (dev->flags & IFF_UP) {
    dev_hard_start_xmit(skb, dev, txq, ...);
    ......
}
}
```

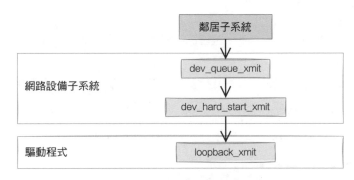

▲ 圖 5.9　環回裝置資料發送

在 dev_hard_start_xmit 函數中還將呼叫裝置驅動的操作函數。

//file: net/core/dev.c
```
int dev_hard_start_xmit(struct sk_buff *skb, struct net_device *dev,
    struct netdev_queue *txq)
{
    //獲取裝置驅動的回呼函數集合ops
    const struct net_device_ops *ops = dev->netdev_ops;

    //呼叫驅動的ndo_start_xmit進行發送
    rc = ops->ndo_start_xmit(skb, dev);
    ......
}
```

5.3.4「驅動」程式

環回裝置的「驅動」程式的工作流程如圖 5.10 所示。

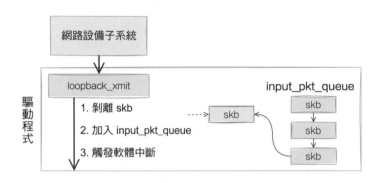

▲ 圖 5.10　環回裝置的「驅動」程式的工作流程

對真實的 igb 網路卡來說，它的驅動程式都在 drivers/net/ethernet/intel/igb/igb_main.c 檔案裡。順著這個路徑，我找到了 loopback（環回）裝置的「驅動」程式位置，在 drivers/net/loopback.c 中。

```
//file:drivers/net/loopback.c
static const struct net_device_ops loopback_ops = {
    .ndo_init        = loopback_dev_init,
    .ndo_start_xmit  = loopback_xmit,
    .ndo_get_stats64 = loopback_get_stats64,
};
```

所以對 dev_hard_start_xmit 呼叫實際上執行的是 loopback「驅動」裡的 loopback_xmit。為什麼我把「驅動」加個引號呢，因為 loopback 是一個純軟體性質的虛擬介面，並沒有真正意義上對物理裝置的驅動。

```
//file:drivers/net/loopback.c
static netdev_tx_t loopback_xmit(struct sk_buff *skb,
                struct net_device *dev)
{
```

```
//剝離掉和原 socket的聯繫
skb_orphan(skb);

//呼叫netif_rx
if (likely(netif_rx(skb) == NET_RX_SUCCESS)) {
}
}
```

在 skb_orphan 中先把 skb 上的 socket 指標去掉了（剝離出來）。

注意，在本機網路 IO 發送的過程中，傳輸層下面的 skb 就不需要釋放了，直接給接收方傳過去就行，總算是省了一點點消耗。不過可惜傳輸層的 skb 同樣節約不了，還是要頻繁地申請和釋放。

接著呼叫 netif_rx，在該方法中最終會執行到 enqueue_to_backlog（netif_rx -> netif_rx_internal -> enqueue_to_backlog）。

//file: net/core/dev.c
```
static int enqueue_to_backlog(struct sk_buff *skb, int cpu,
                unsigned int *qtail)
{
    sd = &per_cpu(softnet_data, cpu);

    ......
    __skb_queue_tail(&sd->input_pkt_queue, skb);

    ......
    ____napi_schedule(sd, &sd->backlog);
```

在 enqueue_to_backlog 函數中，把要發送的 skb 插入 softnet_data->input_pkt_queue 佇列中並呼叫 napi_schedule 來觸發軟體中斷。

//file:net/core/dev.c
```
static inline void ____napi_schedule(struct softnet_data *sd,
                    struct napi_struct *napi)
```

```
{
    list_add_tail(&napi->poll_list, &sd->poll_list);
    __raise_softirq_irqoff(NET_RX_SOFTIRQ);
}
```

只有觸發完軟體中斷，發送過程才算完成了。

5.4 本機接收過程

發送過程觸發軟體中斷後，會進入軟體中斷處理函數 net_rx_action，如圖 5.11 所示。

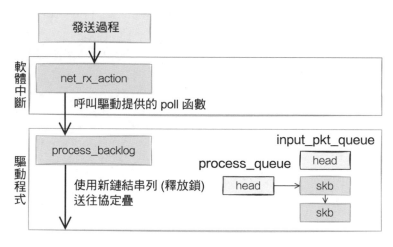

▲ 圖 5.11 資料接收

在跨機的網路封包的接收過程中，需要經超強中斷，然後才能觸發軟體中斷。而在本機的網路 IO 過程中，由於並不真的過網路卡，所以網路卡的發送過程、硬體中斷就都省去了，直接從軟體中斷開始。

在軟體中斷被觸發以後，會進入 NET_RX_SOFTIRQ 對應的處理方法 net_rx_action 中（至於細節參見第 2.2.3 節）。

//file: net/core/dev.c
```
static void net_rx_action(struct softirq_action *h){
    while (!list_empty(&sd->poll_list)) {
        work = n->poll(n, weight);
    }
}
```

前面介紹過，對 igb 網路卡來說，poll 實際呼叫的是 igb_poll 函數。那麼 loopback 網路卡的 poll 函數是哪個呢？由於 poll_list 裡面是 struct softnet_data 物件，我們在 net_dev_init 中找到了蛛絲馬跡。

//file:net/core/dev.c
```
static int __init net_dev_init(void)
{
    for_each_possible_cpu(i) {
        sd->backlog.poll = process_backlog;
    }
}
```

原來 struct softnet_data 預設的 poll 在初始化的時候設定成了 process_backlog 函數，來看看它都做了什麼。

```
static int process_backlog(struct napi_struct *napi, int quota)
{
    while(){
        while ((skb = __skb_dequeue(&sd->process_queue))) {
            __netif_receive_skb(skb);
        }

        //skb_queue_splice_tail_init()函數用於將鏈結串列a連接到鏈結串列b上，
        //形成一個新的鏈結串列b，並將原來a的頭部變成空鏈結串列。
        qlen = skb_queue_len(&sd->input_pkt_queue);
```

```
    if (qlen)
        skb_queue_splice_tail_init(&sd->input_pkt_queue,
                    &sd->process_queue);
    }
}
```

這次先看對 skb_queue_splice_tail_init 的呼叫。原始程式就不看了,直接說它的作用,是把 sd->input_pkt_queue 裡的 skb 鏈到 sd->process_queue 鏈結串列上去。

然後再看 __skb_dequeue, __skb_dequeue 是從 sd->process_queue 取下來封包進行處理。這樣和前面發送過程的結尾處就對上了,發送過程是把封包放到了 input_pkt_queue 佇列裡,如圖 5.12 所示。

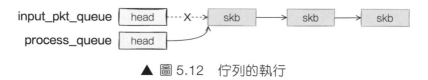

▲ 圖 5.12　佇列的執行

最後呼叫 __netif_receive_skb 將資料送往協定層。在此之後的呼叫過程就和跨機網路 IO 又一致了。送往協定層的呼叫鏈是 __netif_receive_skb => __netif_receive_skb_core => deliver_skb,然後將資料封包送入 ip_rcv 中(參見第 2 章)。網路層再往後是傳輸層,最後喚醒使用者處理程序。

5.5 本章複習

複習一下本機網路 IO 的核心執行流程,整體流程如圖 5.13 所示。

回想下跨機網路 IO 的流程如圖 5.6 所示。

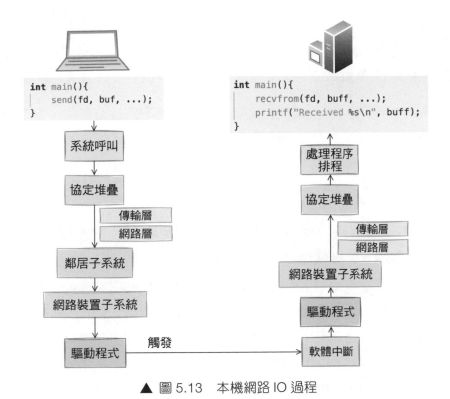

▲ 圖 5.13　本機網路 IO 過程

我們現在可以回顧開篇的三個問題啦。

1）127.0.0.1 本機網路 IO 需要經過網路卡嗎？

透過本章的介紹可以確定地得出結論，不需要經過網路卡。即使把網路卡拔了，本機網路還是可以正常使用的。

2）資料封包在核心中是什麼走向，和外網發送相比，流程上有什麼差別？

整體來說，本機網路 IO 和跨機網路 IO 比較起來，確實是節約了驅動上的一些消耗。發送資料不需要進 RingBuffer 的驅動佇列，直接把 skb 傳給接收協定層（經過軟體中斷）。但是在核心其他元件上，可是一點都沒少，系統呼叫、協定層（傳輸層、網路層等）、裝置子系統整個走了一遍。連「驅動」程式都走了（雖然對環回裝置來說只是一個純軟體的虛擬出來的東西）。所以即使是本機網路 IO，切忌誤以為沒什麼消耗就濫用。

如果想在本機網路 IO 上繞開協定層的消耗，也不是沒有辦法，但是要動用 eBPF。使用 eBPF 的 sockmap 和 sk redirect 可以達到真正不走協定層的目的。這個技術不在本書的討論範圍之內，感興趣的讀者可以用這幾個關鍵字上搜尋引擎查詢相關資料。

3）存取本機服務時，使用 127.0.0.1 能比使用本機 IP（例如 192.168.x.x）更快嗎？

很多人的直覺是用本機 IP 會走網路卡，但正確結論是和 127.0.0.1 沒有差別，都是走虛擬的環回裝置 IO。這是因為核心在設定 IP 的時候，把所有的本機 IP 都初始化到 local 路由表裡了，類型寫死了是 RTN_LOCAL。在後面的路由項選擇的時候發現類型是 RTN_LOCAL 就會選擇 IO 裝置了。還不信的話你也動手抓取封包試試！

深度理解 TCP 連接建立過程

6.1 相關實際問題

目前的網際網路應用絕大部分都是執行在 TCP 之上的,所以說 TCP 是當今
網際網路的基石一點也不為過。本章就來深度分析 TCP 連接的建立過程。
為了測試你是否需要在這方面進行加強,還是從以下幾個問題來引入。

1)為什麼服務端程式都需要先 listen 一下?

```
int main(int argc, char const *argv[])
{
    int fd = socket(AF_INET, SOCK_STREAM, 0);
    bind(fd, ...);
    listen(fd, 128);
    accept(fd, ...);
```

上面是一段精簡的服務端程式。我想問的是,為什麼在服務端非得 listen
一下,然後才能接收來自用戶端們的連接請求呢? listen 內部執行的時候
到底做了些什麼?

2）半連接佇列和全連接佇列長度如何確定？

TCP 服務端在處理三次握手的時候，需要有半連接佇列和全連接佇列來配合完成。那麼這兩個資料結構在核心中是什麼樣子，如果想修改它們的長度，應該如何操作？

3）"Cannot assign requested address" 這個顯示出錯你知道是怎麼回事嗎？該如何解決？

你在工作中可能出現過 "Cannot assign requested address" 這個錯誤。那麼這個錯誤是如何產生的呢，你是否足夠清楚？如果再次遭遇這個問題，又該如何解決它呢？

4）一個用戶端通訊埠可以同時用在兩筆連接上嗎？

假設用戶端有個通訊埠編號，比如 10000，已經有了一筆和某個服務的 ESTABLISH 狀態的連接了。那麼下次再想連接其他的服務端，這個通訊埠還能被使用嗎？

5）服務端半 / 全連接佇列滿了會怎麼樣？

如果服務端接收到的連接請求過於頻繁，導致半 / 全連接佇列滿了會怎麼樣，會不會導致線上問題？如何確定是否有連接佇列溢位發生？如果有，該如何解決？

6）新連接的 socket 核心物件是什麼時候建立的？

服務端在接收用戶端的時候需要建立新連接，對應核心就是各種核心物件。那麼這些核心物件都是在什麼時候建立的呢，是 accept 函數執行的時候嗎？

7）建立一筆 TCP 連接需要消耗多長時間？

介面耗時是衡量服務介面的重要指標之一。介面很多時候都需要和其他的伺服器建立連接然後獲取一些必要資料。那麼，你知道建立一筆 TCP 連接大概需要多長時間嗎？

8）把伺服器部署在北京，給紐約的使用者存取可行嗎？

假如中國和美國之間的網路裝置非常通暢，我們要建一個網站給美國使用者存取。是否可以為了省事，直接在北京部署伺服器讓美國使用者來使用？再擴充一點，如果將來人類真的移民火星的時候，我們是否可以在北京部署伺服器來讓火星使用者存取呢？

9）伺服器負載很正常，但是 CPU 被打到底了是怎麼回事？

這是一個筆者線上真實遭遇的故障。當時是一組伺服器上線了一個新功能，然後沒多久以後突然就出現了如圖 6.1 所示的奇怪狀況。

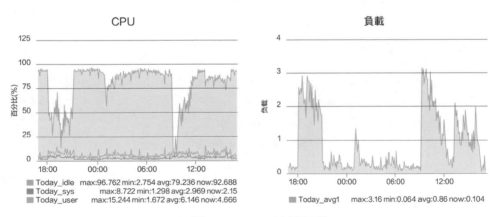

▲ 圖 6.1　CPU 消耗異常

這是一台 4 核心的虛擬機器。按照對負載的正常理解，4 核心的伺服器負載在 4 以下都算是正常的。這台機器出故障的時候負載並不高，只有 3

左右，但是 CPU 卻被打到了 100%，也就是說被打到底了。透過本章我們把 CPU 消耗光的根本原因揪出來。

帶著這些問題，讓我們開啟本章的探秘之旅！

6.2 深入理解 listen

在服務端程式裡，在開始接收請求之前都需要先執行 listen 系統呼叫。那麼 listen 到底是做了什麼？本節就來深入了解一下。

6.2.1 listen 系統呼叫

可以在 net/socket.c 下找到 listen 系統呼叫的原始程式。

```
//file: net/socket.c
SYSCALL_DEFINE2(listen, int, fd, int, backlog)
{
    //根據fd查詢socket核心物件
    sock = sockfd_lookup_light(fd, &err, &fput_needed);
    if (sock) {
        //獲取核心參數net.core.somaxconn
        somaxconn = sock_net(sock->sk)->core.sysctl_somaxconn;
        if ((unsigned int)backlog > somaxconn)
            backlog = somaxconn;

        //呼叫協定層註冊的listen函數
        err = sock->ops->listen(sock, backlog);
        ......
}
```

使用者態的 socket 檔案描述符號只是一個整數而已，核心是沒有辦法直接用的。所以該函數中第一行程式就是根據使用者傳入的檔案描述符號來查詢對應的 socket 核心物件。

再接著獲取了系統裡的 net.core.somaxconn 核心參數的值，和使用者傳入的 backlog 比較後取一個最小值傳入下一步。

所以，雖然 listen 允許我們傳入 backlog（該值和半連接佇列、全連接佇列都有關係），但是如果使用者傳入的值比 net.core.somaxconn 還大的話是不會起作用的。

接著透過呼叫 sock->ops->listen 進入協定層的 listen 函數。

6.2.2 協定層 listen

關於 AF_INET 類型的 socket 核心物件這裡不再贅述，可以參考 3.2 節。這裡 sock->ops-> listen 指標指向的是 inet_listen 函數。

```
//file: net/ipv4/af_inet.c
int inet_listen(struct socket *sock, int backlog)
{
    //還不是listen 狀態（尚未listen過）
    if (old_state != TCP_LISTEN) {
        //開始監聽
        err = inet_csk_listen_start(sk, backlog);
    }

    //設定全連接佇列長度
    sk->sk_max_ack_backlog = backlog;
}
```

先看一下最底下這行，sk->sk_max_ack_backlog 是全連接佇列的最大長度。所以這裡我們就知道了一個關鍵技術點，服務端的全連接佇列長度

是執行 listen 函數時傳入的 backlog 和 net.core.somaxconn 之間較小的
那個值。

> 📝**注意**
>
> 如果你線上遇到了全連接佇列溢位的問題，想加大該佇列長度，那麼可能需
> 要同時考慮執行 listen 函數時傳入的 backlog 和 net.core.somaxconn。

再回過頭看 inet_csk_listen_start 函數。

```
//file: net/ipv4/inet_connection_sock.c
int inet_csk_listen_start(struct sock *sk, const int nr_table_entries)
{
    struct inet_connection_sock *icsk = inet_csk(sk);

    //icsk->icsk_accept_queue是接收佇列，詳情見2.3節
    //接收佇列核心物件的申請和初始化，詳情見2.4節
    int rc = reqsk_queue_alloc(&icsk->icsk_accept_queue, nr_table_entries);
    ......
}
```

在函數一開始，將 struct sock 物件強制轉換成了 inet_connection_sock，
名叫 icsk。

這裡簡單講講為什麼可以這麼強制轉換，這是因為 inet_connection_sock
是包含 sock 的。tcp_sock、inet_connection_sock、inet_sock、sock 是
逐層巢狀結構的關係，如圖 6.2 所示，類似物件導向裡的繼承的概念。

對 TCP 的 socket 來說，sock 物件實際上是一個 tcp_sock。因此 TCP 中
的 sock 物件隨時可以強制類型轉為 tcp_sock、inet_connection_sock、
inet_sock 來使用。

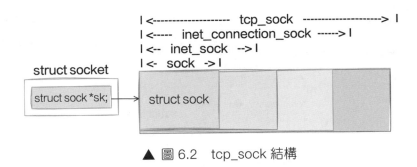

▲ 圖 6.2　tcp_sock 結構

在接下來的一行 reqsk_queue_alloc 中實際上包含了兩件重要的事情。一是接收佇列資料結構的定義。二是接收佇列的申請和初始化。這兩塊都比較重要，我們分別在 6.2.3 節和 6.2.4 節介紹。

6.2.3 接收佇列定義

icsk->icsk_accept_queue 定 義 在 inet_connection_sock 下， 是 一 個 request_sock_queue 類型的物件，是核心用來接收用戶端請求的主要資料結構。我們平時説的全連接佇列、半連接佇列全都是在這個資料結構裡實現的，如下頁圖 6.3 所示。

我們來看具體的程式。

```
//file: include/net/inet_connection_sock.h
struct inet_connection_sock {
    /* inet_sock has to be the first member! */
    struct inet_sock    icsk_inet;
    struct request_sock_queue icsk_accept_queue;
    ......
}
```

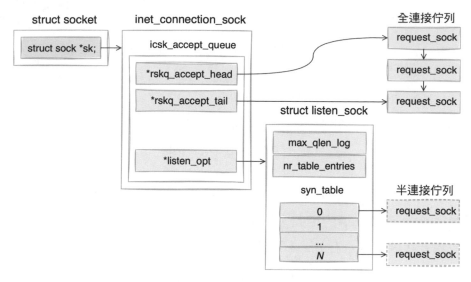

▲ 圖 6.3　接收佇列

再來查詢 request_sock_queue 的定義。

```
//file: include/net/request_sock.h
struct request_sock_queue {
    //全連接佇列
    struct request_sock    *rskq_accept_head;
    struct request_sock    *rskq_accept_tail;
    //半連接佇列
    struct listen_sock     *listen_opt;
    ......
};
```

對全連接佇列來說，在它上面不需要進行複雜的查詢工作，accept 處理的時候只是先進先出地接受就好了。所以全連接佇列透過 rskq_accept_head 和 rskq_accept_tail 以鏈結串列的形式來管理。

和半連接佇列相關的資料物件是 listen_opt，它是 listen_sock 類型的。

```
//file: include/net/request_sock.h
struct listen_sock {
    u8          max_qlen_log;
    u32         nr_table_entries;
    ......
    struct request_sock   *syn_table[0];
};
```

因為服務端需要在第三次握手時快速地查詢出來第一次握手時留存的
request_sock 物件，所以其實是用了一個雜湊表來管理，就是 struct
request_sock *syn_table[0]。max_qlen_log 和 nr_table_entries 都和半連
接佇列的長度有關。

6.2.4 接收佇列申請和初始化

了解全 / 半連接佇列資料結構以後，讓我們再回到 inet_csk_listen_start
函數中。它呼叫了 reqsk_queue_alloc 來申請和初始化 icsk_accept_
queue 這個重要物件。

```
//file: net/ipv4/inet_connection_sock.c
int inet_csk_listen_start(struct sock *sk, const int nr_table_entries)
{
    ......
    int rc = reqsk_queue_alloc(&icsk->icsk_accept_queue, nr_table_entries);
    ......
}
```

在 reqsk_queue_alloc 這個函數中完成了接收佇列 request_sock_queue
核心物件的建立和初始化。其中包括記憶體申請、半連接佇列長度的計
算、全連接佇列頭的初始化等等。

讓我們進入它的原始程式：

```
//file: net/core/request_sock.c
int reqsk_queue_alloc(struct request_sock_queue *queue,
            unsigned int nr_table_entries)
{
    size_t lopt_size = sizeof(struct listen_sock);
    struct listen_sock *lopt;
    //計算半連接佇列的長度
    nr_table_entries = min_t(u32, nr_table_entries, sysctl_max_syn_backlog);
    nr_table_entries = ......

    //為listen_sock物件申請記憶體，這裡包含了半連接佇列
    lopt_size += nr_table_entries * sizeof(struct request_sock *);
    if (lopt_size > PAGE_SIZE)
        lopt = vzalloc(lopt_size);
    else
        lopt = kzalloc(lopt_size, GFP_KERNEL);

    //全連接佇列頭初始化
    queue->rskq_accept_head = NULL;

    //半連接佇列設定
    lopt->nr_table_entries = nr_table_entries;
    queue->listen_opt = lopt;
    ......
}
```

開頭定義了一個 struct listen_sock 指標。這個 listen_sock 就是我們平時經常説的半連接佇列。

接下來計算半連接佇列的長度。計算出來實際大小以後，開始申請記憶體。最後將全連接佇列頭 queue->rskq_accept_head 設定成了 NULL，將半連接佇列掛到了接收佇列 queue 上。

✎ **注意**

這裡要注意一個細節，半連接佇列上每個元素分配的是一個指標大小（sizeof(struct request_sock *)）。這其實是一個雜湊表。真正的半連接用的 request_sock 物件是在握手過程中分配的，計算完雜湊值後掛到這個雜湊表上。

6.2.5 半連接佇列長度計算

在 6.2.4 節曾提到 reqsk_queue_alloc 函數中計算了半連接佇列的長度，由於這個略有點複雜，所以單獨用一小節討論它。

```
//file: net/core/request_sock.c
int reqsk_queue_alloc(struct request_sock_queue *queue,
            unsigned int nr_table_entries)
{
    //計算半連接佇列的長度
    nr_table_entries = min_t(u32, nr_table_entries, sysctl_max_syn_backlog);
    nr_table_entries = max_t(u32, nr_table_entries, 8);
    nr_table_entries = roundup_pow_of_two(nr_table_entries + 1);

    //為了效率，不記錄 nr_table_entries
    //而是記錄2的N次冪等於 nr_table_entries
    for (lopt->max_qlen_log = 3;
        (1 << lopt->max_qlen_log) < nr_table_entries;
        lopt->max_qlen_log++);
    ......
}
```

傳進來的 nr_table_entries 在最初呼叫 reqsk_queue_alloc 的地方可以看到，它是核心參數 net.core.somaxconn 和使用者呼叫 listen 時傳入的 backlog 二者之間的較小值。

在這個 reqsk_queue_alloc 函數裡，又將完成三次的對比和計算。

- min_t(u32, nr_table_entries, sysctl_max_syn_backlog) 這句是再次和 sysctl_max_syn_backlog 核心物件取了一次最小值。
- max_t(u32, nr_table_entries, 8) 這句保證 nr_table_entries 不能比 8 小，這是用來避免新手使用者傳入一個太小的值導致無法建立連接的。
- roundup_pow_of_two(nr_table_entries + 1) 是用來上對齊到 2 的整數 次冪的。

說到這裡，你可能已經開始頭疼了。確實這樣的描述是有點抽象。我們 換個方法，透過兩個實際的案例來計算一下。

假設：某伺服器上核心參數 net.core.somaxconn 為 128，net.ipv4.tcp_ max_syn_backlog 為 8192。那麼當使用者 backlog 傳入 5 時，半連接佇 列到底是多長呢？

和程式一樣，我們還是把計算分為四步，最終結果為 16。

1. min (backlog, somaxconn) = min (5, 128) = 5
2. min (5, tcp_max_syn_backlog) = min (5, 8192) = 5
3. max (5, 8) = 8
4. roundup_pow_of_two (8 + 1) = 16

somaxconn 和 tcp_max_syn_backlog 保持不變，listen 時的 backlog 加大 到 512。再算一遍，結果為 256。

1. min (backlog, somaxconn) = min (512, 128) = 128
2. min (128, tcp_max_syn_backlog) = min (128, 8192) = 128
3. max (128, 8) = 128
4. roundup_pow_of_two (128 + 1) = 256

算到這裡，我把半連接佇列長度的計算歸納成了一句話，半連接佇列的長度是 min(backlog, somaxconn, tcp_max_syn_backlog) + 1 再上取整數到 2 的 N 次冪，但最小不能小於 16。我用的核心原始程式是 3.10，你手頭的核心版本可能和這個稍微有些出入。

✎ 注意

> 如果你線上遇到了半連接佇列溢位的問題，想加大該佇列長度，那麼就需要同時考慮 somaxconn、backlog 和 tcp_max_syn_backlog 三個核心參數。

最後再說一點，為了提升比較性能，核心並沒有直接記錄半連接佇列的長度。而是採用了一種晦澀的方法，只記錄其 N 次冪。假設佇列長度為 16，則記錄 max_qlen_log 為 4（2 的 4 次方等於 16），假設佇列長度為 256，則記錄 max_qlen_log 為 8（2 的 8 次方等於 256）。大家只要知道這個就是為了提升性能就行了。

6.2.6 listen 過程小結

電腦系的學生就像背八股文一樣記著服務端 socket 程式流程：先 bind，再 listen，然後才能 accept。至於為什麼需要先 listen 一下才可以 accpet，大家平時關注得太少了。

透過本節對 listen 原始程式的簡單瀏覽，我們發現 listen 最主要的工作就是申請和初始化接收佇列，包括全連接佇列和半連接佇列。其中全連接佇列是一個鏈結串列，而半連接佇列由於需要快速地查詢，所以使用的是一個雜湊表（其實半連接佇列更準確的叫法應該叫半連接雜湊表）。詳細的接收佇列結構參見圖 6.3。全 / 半兩個佇列是三次握手中很重要的兩個資料結構，有了它們服務端才能正常響應來自用戶端的三次握手。所以服務端都需要呼叫 listen 才行。

除此之外我們還有額外收穫，我們還知道了核心是如何確定全 / 半連接佇列的長度的。

1. 全連接佇列的長度

對全連接佇列來說，其最大長度是 listen 時傳入的 backlog 和 net.core. somaxconn 之間較小的那個值。如果需要加大全連接佇列長度，那麼就要調整 backlog 和 somaxconn。

2. 半連接佇列的長度

在 listen 的過程中，我們也看到了對半連接佇列來說，其最大長度是 min(backlog, somaxconn, tcp_max_syn_backlog) + 1 再上取整數到 2 的 N 次冪，但最小不能小於 16。如果需要加大半連接佇列長度，那麼需要一併考慮 backlog、somaxconn 和 tcp_max_syn_backlog 這三個參數。網上任何告訴你修改某一個參數就能提高半連接佇列長度的文章都是錯的。

所以，不放過一個細節，你可能會有意想不到的收穫！

6.3 深入理解 connect

用戶端在發起連接的時候，建立一個 socket，然後瞄準服務端呼叫 connect 就可以了，程式可以簡單到只有兩句。

```
int main(){
    fd = socket(AF_INET,SOCK_STREAM, 0);
    connect(fd, ...);
    ......
}
```

但是區區兩行程式，背後隱藏的技術細節卻很多，如圖 6.4 所示。

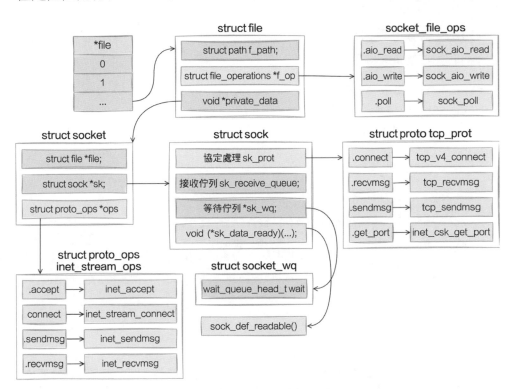

▲ 圖 6.4　socket 資料結構

3.2 節簡單介紹過 socket 函數是如何在核心中建立相關核心物件的。socket 函數執行完畢後，從使用者層角度我們看到傳回了一個檔案描述符號 fd。但在核心中其實是一套核心物件組合，包含 file、socket、sock 等多個相關核心物件組成，每個核心物件還定義了 ops 操作函數集合。由於本節我們還會用到這個資料結構圖，所以這裡再畫一次。

接下來就進入 connect 函數的執行過程。

6.3.1 connect 呼叫鏈說明

當在用戶端機上呼叫 connect 函數的時候，事實上會進入核心的系統呼叫原始程式中執行。

```
//file: net/socket.c
SYSCALL_DEFINE3(connect, int, fd, struct sockaddr __user *, uservaddr,
        int, addrlen)
{
    struct socket *sock;

    //根據使用者fd查詢核心中的socket物件
    sock = sockfd_lookup_light(fd, &err, &fput_needed);

    //進行connect
    err = sock->ops->connect(sock, (struct sockaddr *)&address, addrlen,
            sock->file->f_flags);
    ...
}
```

這段程式首先根據使用者傳入的 fd（檔案描述符號）來查詢對應的 socket 核心物件。對 AF_INET 類型的 socket 核心物件來說，sock -> ops -> connect 指標指向的是 inet_stream_connect 函數。

```
//file: ipv4/af_inet.c
int inet_stream_connect(struct socket *sock, ...)
{
    ...
    __inet_stream_connect(sock, uaddr, addr_len, flags);
}

int __inet_stream_connect(struct socket *sock, ...)
{
    struct sock *sk = sock->sk;
```

```
    switch (sock->state) {
        case SS_UNCONNECTED:
            err = sk->sk_prot->connect(sk, uaddr, addr_len);
            sock->state = SS_CONNECTING;
            break;
    }
    ...
}
```

剛建立完畢的 socket 的狀態就是 SS_UNCONNECTED，所以在 __inet_stream_connect 中的 switch 判斷會進入 case SS_UNCONNECTED 的處理邏輯中。

上述程式中 sk 取的是 sock 物件。對 AF_INET 類型的 TCP socket 來説，sk->sk_prot-> connect 指標指向的是 tcp_v4_connect 方法。

我們來看 tcp_v4_connect 的程式，它位於 net/ipv4/tcp_ipv4.c。

//file: net/ipv4/tcp_ipv4.c
```
int tcp_v4_connect(struct sock *sk, struct sockaddr *uaddr, int addr_len)
{
    //設定 socket 狀態為TCP_SYN_SENT
    tcp_set_state(sk, TCP_SYN_SENT);

    //動態選擇一個通訊埠
    err = inet_hash_connect(&tcp_death_row, sk);

    //函數用來根據sk中的資訊，建構一個syn封包，並將它發送出去。
    err = tcp_connect(sk);
}
```

在這裡將把 socket 狀態設定為 TCP_SYN_SENT。再透過 inet_hash_connect 來動態地選擇一個可用的通訊埠。

6.3.2 選擇可用通訊埠

找到 inet_hash_connect 的原始程式，我們來看看到底通訊埠是如何選擇出來的。

```
//file:net/ipv4/inet_hashtables.c
int inet_hash_connect(struct inet_timewait_death_row *death_row,
            struct sock *sk)
{
    return __inet_hash_connect(death_row, sk, inet_sk_port_offset(sk),
            __inet_check_established, __inet_hash_nolisten);
}
```

這裡需要提一下在呼叫 __inet_hash_connect 時傳入的兩個重要參數：

- inet_sk_port_offset(sk)：這個函數根據要連接的目的 IP 和通訊埠等資訊生成一個隨機數。
- __inet_check_established：檢查是否和現有 ESTABLISH 狀態的連接衝突的時候用的函數。

了解這兩個參數後，進入 __inet_hash_connect 函數。這個函數比較長，為了方便理解，先看前面這一段。

```
//file:net/ipv4/inet_hashtables.c
int __inet_hash_connect(...)
{
    //是否綁定過通訊埠
    const unsigned short snum = inet_sk(sk)->inet_num;

    //獲取本地通訊埠設定
    inet_get_local_port_range(&low, &high);
        remaining = (high - low) + 1;

    if (!snum) {
```

```
        //遍歷查詢
        for (i = 1; i <= remaining; i++) {
            port = low + (i + offset) % remaining;
            ...
        }
    }
}
```

在這個函數中首先判斷了 inet_sk(sk)->inet_num，如果呼叫過 bind，那麼這個函數會選擇好通訊埠並設定在 inet_num 上。假設沒有呼叫過 bind，所以 snum 為 0。

> ✎ **注意**
>
> 接著呼叫 inet_get_local_port_range，這個函數讀取的是 net.ipv4.ip_local_port_range 這個核心參數，來讀取管理員設定的可用的通訊埠範圍。

該參數的預設值是 32768 61000，表示通訊埠總可用的數量是 61000-32768＝ 28232 個。如果覺得這個數字不夠用，那就修改 net.ipv4.ip_local_port_range 核心參數。

接下來進入了 for 迴圈。其中 offset 是透過 inet_sk_port_offset(sk) 計算出的隨機數。那這段迴圈的作用就是從某個隨機數開始，把整個可用通訊埠範圍遍歷一遍，直到找到可用的通訊埠後停止。

接下來看看如何確定一個通訊埠是否可用。

```
//file:net/ipv4/inet_hashtables.c
int __inet_hash_connect(...)
{
    for (i = 1; i <= remaining; i++) {
        port = low + (i + offset) % remaining;
```

```
    //查看是否是保留通訊埠，是則跳過
    if (inet_is_reserved_local_port(port))
        continue;

    //查詢和遍歷已經使用的通訊埠的雜湊鏈結串列
    head = &hinfo->bhash[inet_bhashfn(net, port,
            hinfo->bhash_size)];
    inet_bind_bucket_for_each(tb, &head->chain) {

        //如果通訊埠已經被使用
        if (net_eq(ib_net(tb), net) &&
            tb->port == port) {

            //透過 check_established 繼續檢查是否可用
            if (!check_established(death_row, sk,
                    port, &tw))
                goto ok;
        }
    }

    //未使用的話
    tb = inet_bind_bucket_create(hinfo->bind_bucket_cachep, ...);
    ......
    goto ok;
}
return -EADDRNOTAVAIL;
ok:
    ......
}
```

首先判斷的是 inet_is_reserved_local_port，這個很簡單，就是判斷要選擇的通訊埠是否在 net.ipv4.ip_local_reserved_ports 中，在的話就不能用。

如果你因為某種原因不希望某些通訊埠被核心使用，那麼把它們寫到 ip_local_reserved_ports 這個核心參數中就行了。

整個系統中會維護一個所有使用過的通訊埠的雜湊表,它就是 hinfo->bhash。接下來的程式就會在這裡查詢通訊埠。如果在雜湊表中沒有找到,那麼說明這個通訊埠是可用的。至此通訊埠就算是找到了。這個時候透過 net_bind_bucket_create 申請一個 inet_bind_bucket 來記錄通訊埠已經使用了,並用雜湊表的形式都管理了起來。後面在 7.4 節的實驗環節能看到這個 inet_bind_bucket 核心物件。

遍歷完所有通訊埠都沒找到合適的,就傳回 -EADDRNOTAVAIL,你在使用者程式上看到的就是 Cannot assign requested address 這個錯誤。怎麼樣,是不是很眼熟,你見過它的,哈哈!

```
/* Cannot assign requested address */
#define EADDRNOTAVAIL 99
```

以後當你再遇到 Cannot assign requested address 錯誤,應該想到去查一下 net.ipv4.ip_local_port_range 中設定的可用通訊埠範圍是不是太小了。

6.3.3 通訊埠被使用過怎麼辦

回顧剛才的 __inet_hash_connect,為了描述簡單,之前跳過了通訊埠編號已經在 bhash 中存在時候的判斷。這是由於:其一這個過程比較長,其二這段邏輯很有價值,所以單獨拿出來講。

```
//file:net/ipv4/inet_hashtables.c
int __inet_hash_connect(...)
{
    for (i = 1; i <= remaining; i++) {
        port = low + (i + offset) % remaining;

        ...
        //如果通訊埠已經被使用
        if (net_eq(ib_net(tb), net) &&
```

```
        tb->port == port) {
    //透過 check_established 繼續檢查是否可用
    if (!check_established(death_row, sk, port, &tw))
        goto ok;
    }
  }
}
```

port 在 bhash 中如果已經存在，就表示有其他的連接使用過該通訊埠了。
請注意，如果 check_established 傳回 0，該通訊埠仍然可以接著使用！

這裡可能會讓很多讀者困惑了，一個通訊埠怎麼可以被用多次呢？

回憶一下四元組的概念，兩對四元組中只要任意一個元素不同，都算
是兩筆不同的連接。以下的兩筆 TCP 連接完全可以同時存在（假設
192.168.1.101 是用戶端，192.168.1.100 是服務端）：

- 連接 1：192.168.1.101 5000 192.168.1.100 8090
- 連接 2：192.168.1.101 5000 192.168.1.100 8091

check_established 作用就是檢測現有的 TCP 連接中是否四元組和要建立
的連接四元素完全一致。如果不完全一致，那麼該通訊埠仍然可用！

這個 check_established 是由呼叫方傳入的，實際上使用的是 __inet_
check_established。我們來看它的原始程式。

```
//file: net/ipv4/inet_hashtables.c
static int __inet_check_established(struct inet_timewait_death_row *death_row,
                struct sock *sk, __u16 lport,
                struct inet_timewait_sock **twp)
{
    //找到雜湊桶
    struct inet_ehash_bucket *head = inet_ehash_bucket(hinfo, hash);
```

```
//遍歷看看有沒有四元組一樣的,一樣的話就顯示出錯
sk_nulls_for_each(sk2, node, &head->chain) {
    if (sk2->sk_hash != hash)
        continue;
    if (likely(INET_MATCH(sk2, net, acookie,
                saddr, daddr, ports, dif)))
        goto not_unique;
}

unique:
    //要用了,記錄,傳回 0 (成功)
    return 0;
not_unique:
    return -EADDRNOTAVAIL;
}
```

該函數首先找到 inet_ehash_bucket,這個和 bhash 類似,只不過這是所有 ESTABLISH 狀態的 socket 組成的雜湊表。然後遍歷這個雜湊表,使用 INET_MATCH 來判斷是否可用。

INET_MATCH 原始程式如下。

```
// include/net/inet_hashtables.h
#define INET_MATCH(__sk, __net, __cookie, __saddr, __daddr, __ports, __dif) \
 ((inet_sk(__sk)->inet_portpair == (__ports)) && \
  (inet_sk(__sk)->inet_daddr == (__saddr)) && \
  (inet_sk(__sk)->inet_rcv_saddr == (__daddr)) && \
  (!(__sk)->sk_bound_dev_if || \
    ((__sk)->sk_bound_dev_if == (__dif))) && \
  net_eq(sock_net(__sk), (__net)))
```

在 INET_MATCH 中將 __saddr、__daddr、__ports 都進行了比較。當然除了 IP 和通訊埠,INET_MATCH 還比較了其他一些項目,所以 TCP 連接還

有五元組、七元組之類的說法。為了統一，這裡還沿用四元組的說法。

如果匹配，就是四元組完全一致的連接，所以這個通訊埠不可用。也傳回 - EADDRNOTAVAIL。

如果不匹配，哪怕四元組中有一個元素不一樣，例如服務端的通訊埠編號不一樣，那麼就傳回 0，表示該通訊埠仍然可用於建立新連接。

✎ 注意

所以一台用戶端機最大能建立的連接數並不是 65535。只要服務端足夠多，單機發出百萬筆連接沒有任何問題。

6.3.4 發起 syn 請求

再回到 tcp_v4_connect，這時我們的 inet_hash_connect 已經傳回了一個可用通訊埠。接下來就進入 tcp_connect，原始程式如下所示。

```
//file: net/ipv4/tcp_ipv4.c
int tcp_v4_connect(struct sock *sk, struct sockaddr *uaddr, int addr_len)
{
    ......

    //動態選擇一個通訊埠
    err = inet_hash_connect(&tcp_death_row, sk);

    //函數用來根據sk中的資訊，建構一個完成的syn封包，並將它發送出去。
    err = tcp_connect(sk);
}
```

到這裡其實就和本章要討論的主題沒有關係了，所以只簡單看一下。

```
//file:net/ipv4/tcp_output.c
int tcp_connect(struct sock *sk)
```

```
{
    //申請並設定skb
    buff = alloc_skb_fclone(MAX_TCP_HEADER + 15, sk->sk_allocation);
    tcp_init_nondata_skb(buff, tp->write_seq++, TCPHDR_SYN);

    //增加到發送佇列sk_write_queue
    tcp_connect_queue_skb(sk, buff);

    //實際發出syn
    err = tp->fastopen_req ? tcp_send_syn_data(sk, buff) :
            tcp_transmit_skb(sk, buff, 1, sk->sk_allocation);

    //啟動重傳計時器
    inet_csk_reset_xmit_timer(sk, ICSK_TIME_RETRANS,
                inet_csk(sk)->icsk_rto, TCP_RTO_MAX);
}
```

tcp_connect 一口氣做了這麼幾件事：

- 申請一個 skb，並將其設定為 SYN 封包。
- 增加到發送佇列上。
- 呼叫 tcp_transmit_skb 將該封包發出。
- 啟動一個重傳計時器，逾時會重發。

該計時器的作用是等到一定時間後收不到服務端的回饋的時候來開啟重傳。第一次逾時時間是在 TCP_TIMEOUT_INIT 巨集中定義的，該值在 Linux 3.10 版本中是 1 秒，在一些舊版本中是 3 秒。

//file:ipv4/tcp_output.c
```
void tcp_connect_init(struct sock *sk)
{
    //初始化為TCP_TIMEOUT_INIT
    inet_csk(sk)->icsk_rto = TCP_TIMEOUT_INIT;
    ......
}
```

TCP_TIMEOUT_INIT 在 include/net/tcp.h 中被定義成了 1 秒。

```
//file: include/net/tcp.h
#define TCP_TIMEOUT_INIT ((unsigned)(1*HZ))
```

在一些舊版本，比如 v2.6.30 版本下，這個初值是 3 秒。

```
//file: include/net/tcp.h
#define TCP_TIMEOUT_INIT ((unsigned)(3*HZ))
```

6.3.5 connect 小結

小結一下，用戶端在執行 connect 函數的時候，把本地 socket 狀態設定成了 TCP_SYN_SENT，選了一個可用的通訊埠，接著發出 SYN 握手請求並啟動重傳計時器。

現在我們搞清楚了 TCP 連接中用戶端的通訊埠會在兩個位置確定。

第一個位置，是本節重點介紹的 connect 系統呼叫執行過程。在 connect 的時候，會隨機地從 ip_local_port_range 選擇一個位置開始迴圈判斷。找到可用通訊埠後，發出 syn 握手封包。如果通訊埠查詢失敗，會顯示出錯 "Cannot assign requested address"。這個時候你應該首先想到去檢查一下伺服器上的 net.ipv4.ip_local_port_range 參數，是不是可以再放得多一些。

如果你因為某種原因不希望某些通訊埠被用到，那麼把它們寫到 ip_local_reserved_ports 這個核心參數中就行了，核心在選擇的時候會跳過這些通訊埠。

另外還要注意一個通訊埠是可以被用於多筆 TCP 連接的。所以一台用戶端機最大能建立的連接數並不是 65535。只要連接的服務端足夠多，單

機發出百萬筆連接沒有任何問題。我給大家展示一下實驗時的實際截圖
（見圖 6.5），來實際看一下一個通訊埠編號確實是被用在了多筆連接上。

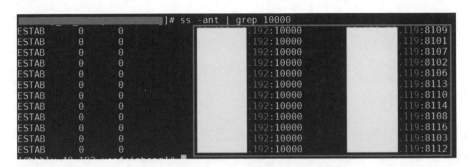

▲ 圖 6.5　一個通訊埠編號可以用於多筆連接

圖 6.5 中左邊的 192 是用戶端，右邊的 119 是服務端的 IP。可以看到用
戶端的 10000 這個通訊埠編號是用在了多筆連接上的。

多說一句，上面的選擇通訊埠都是從 ip_local_port_range 範圍中的某一
個隨機位置開始迴圈的。如果可用通訊埠很充足，則能快一些找到可用
通訊埠，那迴圈很快就能退出。假設實際中 ip_local_port_range 中的通
訊埠快被用光了，這時候核心就大機率要把迴圈多執行很多輪才能找到
可用通訊埠，這會導致 connect 系統呼叫的 CPU 消耗上漲。後面將在
6.5.1 節中詳細介紹這種情況。

如果在 connect 之前使用了 bind，將使得 connect 系統呼叫時的通訊埠
選擇方式無效。轉而使用 bind 時確定的通訊埠。呼叫 bind 時如果傳入了
通訊埠編號，會嘗試首先使用該通訊埠編號，如果傳入了 0，也會自動選
擇一個。但預設情況下一個通訊埠只會被使用一次。所以對於用戶端角
色的 socket，不建議使用 bind ！

6.4 完整 TCP 連接建立過程

在後端相關職位的入職面試中,三次握手的出場頻率非常高,甚至説它是必考題也不為過。一般的答案都是説用戶端如何發起 SYN 握手進入 SYN_SENT 狀態,服務端回應 SYN 並回覆 SYNACK,然後進入 SYN_RECV......

筆者想舉出一份不一樣的答案。其實三次握手在核心的實現中,並不只是簡單的狀態的流轉,還包括通訊埠選擇、半連接佇列、syncookie、全連接佇列、重傳計時器等關鍵操作。如果能深刻理解這些,你對線上的把握和理解將更進一步。如果有面試官問起你三次握手,相信這份答案一定能幫你在面試官面前加分。

在基於 TCP 的服務開發中,三次握手的主要流程如圖 6.6 所示。

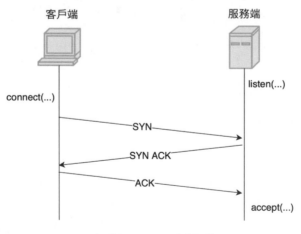

▲ 圖 6.6　三次握手

服務端核心邏輯是建立 socket 綁定通訊埠,listen 監聽,最後 accept 接收用戶端的請求。

```
//服務端核心程式
int main(int argc, char const *argv[])
{
    int fd = socket(AF_INET, SOCK_STREAM, 0);
    bind(fd, ...);
    listen(fd, 128);
    accept(fd, ...);
```

用戶端的核心邏輯是建立 socket，然後呼叫 connect 連接服務端。

```
//用戶端核心程式
int main(){
    fd = socket(AF_INET,SOCK_STREAM, 0);
    connect(fd, ...);
    ...
}
```

6.4.1 用戶端 connect

這個已經在上一節重點講過了，這裡只簡單回顧一下。用戶端透過呼叫 connect 來發起連接。在 connect 系統呼叫中會進入核心原始程式的 tcp_v4_connect。

//file: net/ipv4/tcp_ipv4.c
```
int tcp_v4_connect(struct sock *sk, struct sockaddr *uaddr, int addr_len)
{
    //設定 socket 狀態為TCP_SYN_SENT
    tcp_set_state(sk, TCP_SYN_SENT);

    //動態選擇一個通訊埠
    err = inet_hash_connect(&tcp_death_row, sk);

    //函數用來根據 sk中的資訊，建構一個完成的syn封包，並將它發送出去
    err = tcp_connect(sk);
}
```

在這裡將完成把 socket 狀態設定為 TCP_SYN_SENT。再透過 inet_hash_connect 來動態地選擇一個可用的通訊埠後,進入 tcp_connect。

```c
//file:net/ipv4/tcp_output.c
int tcp_connect(struct sock *sk)
{
    tcp_connect_init(sk);

    //申請 skb 並建構為一個SYN封包
    ......

    //增加到發送佇列 sk_write_queue
    tcp_connect_queue_skb(sk, buff);

    //實際發出 syn
    err = tp->fastopen_req ? tcp_send_syn_data(sk, buff) :
        tcp_transmit_skb(sk, buff, 1, sk->sk_allocation);

    //啟動重傳計時器
    inet_csk_reset_xmit_timer(sk, ICSK_TIME_RETRANS,
                inet_csk(sk)->icsk_rto, TCP_RTO_MAX);
}
```

在 tcp_connect 申請和建構 SYN 封包,然後將其發出。同時還啟動了一個重傳計時器,該計時器的作用是等到一定時間後收不到伺服器的回饋的時候來開啟重傳。在 Linux 3.10 版本中第一次逾時時間是 1 秒,在一些舊版本中是 3 秒。

複習一下,用戶端在呼叫 connect 的時候,把本地 socket 狀態設定成了 TCP_SYN_SENT,選了一個可用的通訊埠,接著發出 SYN 握手請求並啟動重傳計時器。

6.4.2 服務端回應 SYN

在服務端,所有的 TCP 封包(包括用戶端發來的 SYN 握手請求)都經過網路卡、軟體中斷,進入 tcp_v4_rcv。在該函數中根據網路封包(skb)TCP 表頭資訊中的目的 IP 資訊查到當前處於 listen 狀態的 socket,然後繼續進入 tcp_v4_do_rcv 處理握手過程。

```
//file: net/ipv4/tcp_ipv4.c
int tcp_v4_do_rcv(struct sock *sk, struct sk_buff *skb)
{
    ......
    //服務端收到第一步握手SYN或第三步ACK都會走到這裡
    if (sk->sk_state == TCP_LISTEN) {
        struct sock *nsk = tcp_v4_hnd_req(sk, skb);
    }

    if (tcp_rcv_state_process(sk, skb, tcp_hdr(skb), skb->len)) {
        rsk = sk;
        goto reset;
    }
}
```

在 tcp_v4_do_rcv 中判斷當前 socket 是 listen 狀態後,首先會到 tcp_v4_hnd_req 查看半連接佇列。服務端第一次回應 SYN 的時候,半連接佇列裡必然空空如也,所以相當於什麼也沒做就返回了。

```
//file:net/ipv4/tcp_ipv4.c
static struct sock *tcp_v4_hnd_req(struct sock *sk, struct sk_buff *skb)
{
    // 查詢 listen socket的半連接佇列
    struct request_sock *req = inet_csk_search_req(sk, &prev, th->source,
                        iph->saddr, iph->daddr);
    ......
    return sk;
}
```

在 tcp_rcv_state_process 裡根據不同的 socket 狀態進行不同的處理。

//file:net/ipv4/tcp_input.c

```
int tcp_rcv_state_process(struct sock *sk, struct sk_buff *skb,
            const struct tcphdr *th, unsigned int len)
{
    switch (sk->sk_state) {
        //第一次握手
        case TCP_LISTEN:
            if (th->syn) { //判斷是否為SYN握手封包
                ......
                if (icsk->icsk_af_ops->conn_request(sk, skb) < 0)
                    return 1;
    ......
}
```

其中 conn_request 是一個函數指標，指向 tcp_v4_conn_request。服務端回應 SYN 的主要處理邏輯都在這個 tcp_v4_conn_request 裡。

//file: net/ipv4/tcp_ipv4.c

```
int tcp_v4_conn_request(struct sock *sk, struct sk_buff *skb)
{
    //看看半連接佇列是否滿了
    if (inet_csk_reqsk_queue_is_full(sk) && !isn) {
        want_cookie = tcp_syn_flood_action(sk, skb, "TCP");
        if (!want_cookie)
            goto drop;
    }

    //在全連接佇列滿的情況下，如果有young_ack，那麼直接捨棄
    if (sk_acceptq_is_full(sk) && inet_csk_reqsk_queue_young(sk) > 1) {
        NET_INC_STATS_BH(sock_net(sk), LINUX_MIB_LISTENOVERFLOWS);
        goto drop;
    }
    ......
    //分配 request_sock 核心物件
```

```
req = inet_reqsk_alloc(&tcp_request_sock_ops);

//建構 syn+ack封包
skb_synack = tcp_make_synack(sk, dst, req,
    fastopen_cookie_present(&valid_foc) ? &valid_foc : NULL);

if (likely(!do_fastopen)) {
    //發送 syn + ack回應
    err = ip_build_and_send_pkt(skb_synack, sk, ireq->loc_addr,
        ireq->rmt_addr, ireq->opt);

    //增加到半連接佇列，並開啟計時器
    inet_csk_reqsk_queue_hash_add(sk, req, TCP_TIMEOUT_INIT);
}else ...
}
```

在這裡首先判斷半連接佇列是否滿了，如果滿了進入 tcp_syn_flood_action 去判斷是否開啟了 tcp_syncookies 核心參數。如果佇列滿，且未開啟 tcp_syncookies，那麼該握手封包將被直接捨棄！

接著還要判斷全連接佇列是否滿。因為全連接佇列滿也會導致握手異常，那乾脆就在第一次握手的時候也判斷了。如果全連接佇列滿了，且 young_ack 數量大於 1 的話，那麼同樣也是直接捨棄。

> ✎ **注意**
>
> young_ack 是半連接佇列裡保持著的計數器。記錄的是剛有 SYN 到達，沒有被 SYN_ACK 重傳計時器重傳過 SYN_ACK，同時也沒有完成過三次握手的 sock 數量。

接下來是建構 synack 封包，然後透過 ip_build_and_send_pkt 把它發送出去。

最後把當前握手資訊增加到半連接佇列，並開啟計時器。計時器的作用是，如果某個時間內還收不到用戶端的第三次握手，服務端會重傳 synack 封包。

複習一下，服務端回應 ack 的主要工作是判斷接收佇列是否滿了，滿的話可能會捨棄該請求，否則發出 synack。申請 request_sock 增加到半連接佇列中，同時啟動計時器。

6.4.3 用戶端回應 SYNACK

用戶端收到服務端發來的 synack 封包的時候，也會進入 tcp_rcv_state_process 函數。不過由於自身 socket 的狀態是 TCP_SYN_SENT，所以會進入另一個不同的分支。

```
//file:net/ipv4/tcp_input.c
//除了ESTABLISHED和TIME_WAIT，其他狀態下的TCP處理都走這裡
int tcp_rcv_state_process(struct sock *sk, struct sk_buff *skb,
            const struct tcphdr *th, unsigned int len)
{
    switch (sk->sk_state) {
        //伺服器收到第一個ACK封包
        case TCP_LISTEN:
            ......
        //用戶端第二次握手處理
        case TCP_SYN_SENT:
            //處理synack封包
            queued = tcp_rcv_synsent_state_process(sk, skb, th, len);
            ......
            return 0;
}
```

tcp_rcv_synsent_state_process 是用戶端回應 synack 的主要邏輯。

```
//file:net/ipv4/tcp_input.c
static int tcp_rcv_synsent_state_process(struct sock *sk, struct sk_buff *skb,
                    const struct tcphdr *th, unsigned int len)
{
    ......

    tcp_ack(sk, skb, FLAG_SLOWPATH);

    //連接建立完成
    tcp_finish_connect(sk, skb);
    if (sk->sk_write_pending ||
            icsk->icsk_accept_queue.rskq_defer_accept ||
            icsk->icsk_ack.pingpong)
        //延遲確認......
    else {
        tcp_send_ack(sk);
    }
}
tcp_ack()->tcp_clean_rtx_queue()
```

//file: net/ipv4/tcp_input.c

```
static int tcp_clean_rtx_queue(struct sock *sk, int prior_fackets,
                u32 prior_snd_una)
{
    //刪除發送佇列
    ......
    //刪除計時器
    tcp_rearm_rto(sk);
}
```

//file: net/ipv4/tcp_input.c

```
void tcp_finish_connect(struct sock *sk, struct sk_buff *skb)
{
    //修改 socket 狀態
    tcp_set_state(sk, TCP_ESTABLISHED);

    //初始化壅塞控制
    tcp_init_congestion_control(sk);
```

```
    ......

    //保活計時器打開
    if (sock_flag(sk, SOCK_KEEPOPEN))
        inet_csk_reset_keepalive_timer(sk, keepalive_time_when(tp));
}
```

用戶端將自己的 socket 狀態修改為 ESTABLISHED，接著打開 TCP 的保活計時器。

//file:net/ipv4/tcp_output.c
```
void tcp_send_ack(struct sock *sk)
{
    //申請和建構ack封包
    buff = alloc_skb(MAX_TCP_HEADER, sk_gfp_atomic(sk, GFP_ATOMIC));
    ......

    //發送出去
    tcp_transmit_skb(sk, buff, 0, sk_gfp_atomic(sk, GFP_ATOMIC));
}
```

在 tcp_send_ack 中建構 ack 封包，並把它發送出去。

用戶端響應來自服務端的 synack 時清除了 connect 時設定的重傳計時器，把當前 socket 狀態設定為 ESTABLISHED，開啟保活計時器後發出第三次握手的 ack 確認。

6.4.4 服務端回應 ACK

服務端回應第三次握手的 ack 時同樣會進入 tcp_v4_do_rcv。

//file: net/ipv4/tcp_ipv4.c
```
int tcp_v4_do_rcv(struct sock *sk, struct sk_buff *skb)
{
```

```
......
if (sk->sk_state == TCP_LISTEN) {
    struct sock *nsk = tcp_v4_hnd_req(sk, skb);

    if (nsk != sk) {
        if (tcp_child_process(sk, nsk, skb)) {
            ......
        }
        return 0;
    }
}
......
}
```

不過由於這已經是第三次握手了，半連接佇列裡會存在第一次握手時留下的半連接資訊，所以 tcp_v4_hnd_req 的執行邏輯會不太一樣。

//file:net/ipv4/tcp_ipv4.c
```
static struct sock *tcp_v4_hnd_req(struct sock *sk, struct sk_buff *skb)
{
    ......
    struct request_sock *req = inet_csk_search_req(sk, &prev, th->source,
                            iph->saddr, iph->daddr);
    if (req)
        return tcp_check_req(sk, skb, req, prev, false);
    ......
}
```

inet_csk_search_req 負責在半連接佇列裡進行查詢，找到以後傳回一個半連接 request_sock 物件，然後進入 tcp_check_req。

```
//file：net/ipv4/tcp_minisocks.c
struct sock *tcp_check_req(struct sock *sk, struct sk_buff *skb,
            struct request_sock *req,
            struct request_sock **prev,
            bool fastopen)
```

```
{
    ......

    //建立子socket
    child = inet_csk(sk)->icsk_af_ops->syn_recv_sock(sk, skb, req, NULL);
    ......

    //清理半連接佇列
    inet_csk_reqsk_queue_unlink(sk, req, prev);
    inet_csk_reqsk_queue_removed(sk, req);

    //增加全連接佇列
    inet_csk_reqsk_queue_add(sk, req, child);
    return child;
}
```

建立子 socket

先來詳細看看建立子 socket 的過程，icsk_af_ops->syn_recv_sock 是一個指標，它指向的是 tcp_v4_syn_recv_sock 函數。

```
//file:net/ipv4/tcp_ipv4.c
const struct inet_connection_sock_af_ops ipv4_specific = {
    ......
    .conn_request       = tcp_v4_conn_request,
    .syn_recv_sock      = tcp_v4_syn_recv_sock,

//這裡建立sock核心物件
struct sock *tcp_v4_syn_recv_sock(struct sock *sk, struct sk_buff *skb,
                struct request_sock *req,
                struct dst_entry *dst)
{
    //判斷接收佇列是不是滿了
    if (sk_acceptq_is_full(sk))
        goto exit_overflow;
```

```
//建立sock並初始化
newsk = tcp_create_openreq_child(sk, req, skb);
```

注意，在第三次握手這裡又繼續判斷一次全連接佇列是否滿了，如果滿
了修改一下計數器就捨棄了。如果佇列不滿，那麼就申請建立新的 sock
物件。

刪除半連接佇列

把連接請求區塊從半連接佇列中刪除。

//file: include/net/inet_connection_sock.h
```
static inline void inet_csk_reqsk_queue_unlink(struct sock *sk, struct
request_sock *req,
    struct request_sock **prev)
{
    reqsk_queue_unlink(&inet_csk(sk)->icsk_accept_queue, req, prev);
}
```

reqsk_queue_unlink 函數中把連接請求區塊從半連接佇列中刪除。

增加全連接佇列

接著增加新建立的 sock 物件。

//file:net/ipv4/syncookies.c
```
static inline void inet_csk_reqsk_queue_add(struct sock *sk,
                    struct request_sock *req,
                    struct sock *child)
{
    reqsk_queue_add(&inet_csk(sk)->icsk_accept_queue, req, sk, child);
}
```

在 reqsk_queue_add 中將握手成功的 request_sock 物件插到全連接佇列
鏈結串列的尾部。

```
//file: include/net/request_sock.h
static inline void reqsk_queue_add(...)
{
    req->sk = child;
    sk_acceptq_added(parent);

    if (queue->rskq_accept_head == NULL)
        queue->rskq_accept_head = req;
    else
        queue->rskq_accept_tail->dl_next = req;

    queue->rskq_accept_tail = req;
    req->dl_next = NULL;
}
```

設定連接為 ESTABLISHED

第三次握手的時候進入 tcp_rcv_state_process 的路徑有點不太一樣,是
透過子 socket 進來的。這時的子 socket 的狀態是 TCP_SYN_RECV。

```
//file:net/ipv4/tcp_input.c
int tcp_rcv_state_process(struct sock *sk, struct sk_buff *skb,
            const struct tcphdr *th, unsigned int len)
{
    ......
    switch (sk->sk_state) {

        //伺服器第三次握手處理
        case TCP_SYN_RECV:

            //改變狀態為連接
            tcp_set_state(sk, TCP_ESTABLISHED);
            ......
    }
}
```

將連接設定為 TCP_ESTABLISHED 狀態。服務端回應第三次握手 ACK 所
做的工作是把當前半連線物件刪除，建立了新的 sock 後加入全連接佇
列，最後將新連接狀態設定為 ESTABLISHED。

6.4.5 服務端 accept

關於最後的 accept 這步，我們長話短説。

```
//file: net/ipv4/inet_connection_sock.c
struct sock *inet_csk_accept(struct sock *sk, int flags, int *err)
{
    //從全連接佇列中獲取
    struct request_sock_queue *queue = &icsk->icsk_accept_queue;
    req = reqsk_queue_remove(queue);

    newsk = req->sk;
    return newsk;
}
```

reqsk_queue_remove 這個操作很簡單，就是從全連接佇列的鏈結串列裡
獲取一個頭部元素傳回就行了。

```
//file:include/net/request_sock.h
static inline struct request_sock *reqsk_queue_remove(struct request_sock_
queue *queue)
{
    struct request_sock *req = queue->rskq_accept_head;

    WARN_ON(req == NULL);

    queue->rskq_accept_head = req->dl_next;
    if (queue->rskq_accept_head == NULL)
        queue->rskq_accept_tail = NULL;

    return req;
}
```

所以，accept 的重點工作就是從已經建立好的全連接佇列中取出一個傳回給使用者處理程序。

6.4.6 連接建立過程複習

在後端相關職位的入職面試中，三次握手的出場頻率非常高。其實在三次握手的過程中，不僅是一個握手封包的發送和 TCP 狀態的流轉，還包含了通訊埠選擇、連接佇列建立與處理等很多關鍵技術點。透過本節內容，我們深度了解三次握手過程中核心的這些內部操作。

雖然講起來洋洋灑灑幾千字，其實複習起來一幅圖就搞定了，見圖 6.7 所示。

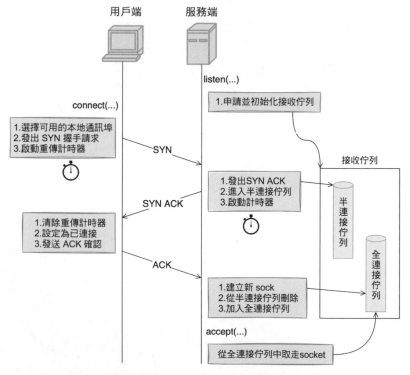

▲ 圖 6.7　三次握手詳細過程

如果你能在面試官面前講出來核心的這些底層操作，相信面試官會對你刮目相看！

最後再來討論立一筆 TCP 連接需要消耗多長時間。以上幾步操作，可以簡單劃分為兩類：

- 第一類是核心消耗 CPU 進行接收、發送或是處理，包括系統呼叫、軟體中斷和上下文切換。它們的耗時基本都是幾微秒左右。

- 第二類是網路傳輸，當封包被從一台機器上發出以後，中間要經過各式各樣的網線，各種交換機路由器。所以網路傳輸的耗時相比本機的 CPU 處理，就要高得多了。根據網路遠近一般在幾毫秒到幾百毫秒不等。

1 毫秒等於 1000 微秒，因此網路傳輸耗時比雙端的 CPU 耗時要高 1000 倍左右，甚至更高可能到 100000 倍。所以，在正常的 TCP 連接的建立過程中，一般考慮網路延遲時間即可。一個 RTT 指的是封包從一台伺服器到另外一台伺服器的來回的延遲時間，所以從全域來看，TCP 連接建立的網路耗時大約需要三次傳輸，再加上少許的雙方 CPU 消耗，總共大約比 1.5 倍 RTT 大一點點。不過從用戶端角度來看，只要 ACK 封包發出了，核心就認為連接建立成功，可以開始發送資料了。所以如果在用戶端打點統計 TCP 連接建立耗時，只需兩次傳輸耗時——即 1 個 RTT 多一點的時間。（對於服務端角度來看同理，從 SYN 封包收到開始算，到收到 ACK，中間也是一次 RTT 耗時。）不過這些針對的是握手正常的情況，如果握手過程出了問題，可就不是這麼回事了，詳情見下節。

6.5 異常 TCP 連接建立情況

在後端介面性能指標中一類重要的指標就是介面耗時。具體包括平均回應時間 TP90、TP99 耗時值等。這些值越低越好，一般來說是幾毫秒，或是幾十毫秒。回應時間一旦過長，比如超過了 1 秒，在使用者側就能感覺到非常明顯的卡頓。長此以往，使用者可能就直接用腳投票，移除我們的 App 了。

正常情況下一次 TCP 連接耗時也就大約是一個 RTT 多一點。但事情不一定總是這麼美好，總會有意外發生。在某些情況下，可能會導致連接耗時上漲、CPU 處理消耗增加、甚至逾時失敗。

本節就來說說我線上遇到過的那些 TCP 握手相關的各種異常情況。

6.5.1 connect 系統呼叫耗時失控

一個系統呼叫的正常耗時也就是幾微秒左右。但是某次運行維護同事找過來說伺服器的 CPU 不夠用了，需要擴充。當時的伺服器監控如前面圖 6.1 所示。

該伺服器之前一直每秒扛 2000 左右的 QPS，CPU 的 idle（空閒占比）一直有 70% 以上。怎麼 CPU 就突然不夠用了呢？而且更奇怪的是 CPU 被打到底的那一段時間，負載並不高（伺服器為 4 核心機器，負載 3 算是比較正常的）。

後來經過排除發現，當時 connect 系統呼叫的 CPU 大幅度上漲。又經過追查發現根本原因是事發當時可用通訊埠不是特別充足。通訊埠數量和 CPU 消耗這二者似乎沒什麼連結呀，為什麼通訊埠不足會導致 CPU 消耗大幅上漲呢？且聽筆者細細道來！

用戶端在發起 connect 系統呼叫的時候，主要工作就是通訊埠選擇。在選擇的過程中，有個大迴圈，從 ip_local_port_range 的隨機位置開始把這個範圍遍歷一遍，找到可用通訊埠則退出迴圈。如果通訊埠很充足，那麼迴圈只需要執行少數幾次就可以退出。但假設通訊埠消耗掉很多已經不充足，或乾脆就沒有可用的了，那麼這個迴圈就得執行很多遍。我們來看看詳細的程式。

```c
//file:net/ipv4/inet_hashtables.c
int __inet_hash_connect(...)
{
    inet_get_local_port_range(&low, &high);
    remaining = (high - low) + 1;

    for (i = 1; i <= remaining; i++) {

        // 其中 offset是一個隨機數
        port = low + (i + offset) % remaining;
        head = &hinfo->bhash[inet_bhashfn(net, port,
                    hinfo->bhash_size)];

        //加鎖
        spin_lock(&head->lock);

        //一大段的選擇通訊埠邏輯
        //...
        //選擇成功就goto ok
        //不成功就goto next_port

        next_port:
            //解鎖
            spin_unlock(&head->lock);
    }
}
```

在每次的迴圈內部需要等待鎖以及在雜湊表中執行多次的搜索。注意這裡的鎖是迴旋栓鎖，是一種非睡眠鎖，如果資源被占用，處理程序並不會被暫停，而是會占用 CPU 去不斷嘗試獲取鎖。

但假設通訊埠範圍 ip_local_port_range 設定的是 10000～30000，而且已經用盡了。那麼每次當發起連接的時候都需要把迴圈執行兩萬遍才退出，這時會涉及大量的雜湊查詢以及迴旋栓鎖等待消耗，系統態 CPU 將出現大幅度上漲。

圖 6.8 展示是線上截取到的正常時的 connect 系統呼叫耗時，是 22 微秒。

```
                                          # strace -cp 31066
Process 31066 attached - interrupt to quit
^CProcess 31066 detached
% time     seconds  usecs/call     calls    errors syscall
------ ----------- ----------- --------- --------- ----------------
 22.89    0.008559          37       234           sendto
 21.73    0.008123          33       249           epoll_wait
 11.21    0.004191          22       188       188 connect
 10.42    0.003895          15       262           close
  7.14    0.002668           5       535       153 recvfrom
```

▲ 圖 6.8　connect 系統呼叫正常耗時

圖 6.9 是一台伺服器在通訊埠不足的情況下的 connect 系統呼叫耗時，是 2581 微秒。

```
                                          # strace -cp 31066
Process 31066 attached - interrupt to quit
^CProcess 31066 detached
% time     seconds  usecs/call     calls    errors syscall
------ ----------- ----------- --------- --------- ----------------
 97.26    1.522827        2581       590       590 connect
  0.73    0.011439          18       623           epoll_wait
  0.56    0.008810          13       677           write
  0.37    0.005781           7       856           close
  0.35    0.005451           3      1884       608 recvfrom
```

▲ 圖 6.9　connect 異常耗時

從圖 6.8 和圖 6.9 中可以看出，異常情況下的 connect 耗時是正常情況下的 100 多倍。雖然換算成毫秒只有 2 毫秒多一點，但是要知道這消耗的全是 CPU 時間。理解了問題產生的原因，解決起來就非常簡單了，辦法很多。修改核心參數 net.ipv4.ip_local_port_range 多預留一些通訊埠編號、改用長連接或儘快回收 TIME_WAIT 都可以。

6.5.2 第一次握手封包遺失

服務端在回應來自用戶端的第一次握手請求的時候，會判斷半連接佇列和全連接佇列是否溢位。如果發生溢位，可能會直接將握手封包捨棄，而不會回饋給用戶端。接下來我們來分別詳細看一下。

半連接佇列滿

我們來看看半連接佇列在何種情況下會導致封包遺失。

```c
//file: net/ipv4/tcp_ipv4.c
int tcp_v4_conn_request(struct sock *sk, struct sk_buff *skb)
{
    //看看半連接佇列是否滿了
    if (inet_csk_reqsk_queue_is_full(sk) && !isn) {
        want_cookie = tcp_syn_flood_action(sk, skb, "TCP");
        if (!want_cookie)
            goto drop;
    }

    //看看全連接佇列是否滿了
    ......
drop:
    NET_INC_STATS_BH(sock_net(sk), LINUX_MIB_LISTENDROPS);
    return 0;
}
```

在以上程式中，inet_csk_reqsk_queue_is_full 如果傳回 true 就表示半連接佇列滿了，另外 tcp_syn_flood_action 判斷是否打開了核心參數 tcp_syncookies，如果未打開則傳回 false。

```
//file: net/ipv4/tcp_ipv4.c
bool tcp_syn_flood_action(...)
{
    bool want_cookie = false;

    if (sysctl_tcp_syncookies) {
        want_cookie = true;
    }
    return want_cookie;
}
```

也就是說，如果半連接佇列滿了，而且 ipv4.tcp_syncookies 參數設定為 0，那麼來自用戶端的握手封包將 goto drop，意思就是直接捨棄！

SYN Flood 攻擊就是透過耗光服務端上的半連接佇列來使得正常的使用者連接請求無法被回應。不過在現在的 Linux 核心裡只要打開 tcp_syncookies，半連接佇列滿了仍然可以保證正常握手的進行。

全連接佇列滿

分析原始程式可知，當半連接佇列判斷透過以後，緊接著還有全連接佇列滿的相關判斷。如果滿了，伺服器對握手封包的處理還是會 goto drop，捨棄它。我們來看看原始程式。

```
//file: net/ipv4/tcp_ipv4.c
int tcp_v4_conn_request(struct sock *sk, struct sk_buff *skb)
{
    //看看半連接佇列是否滿了
    ......
```

```
    //看看全連接佇列是否滿了
    if (sk_acceptq_is_full(sk) && inet_csk_reqsk_queue_young(sk) > 1) {
        NET_INC_STATS_BH(sock_net(sk), LINUX_MIB_LISTENOVERFLOWS);
        goto drop;
    }
    ......
drop:
    NET_INC_STATS_BH(sock_net(sk), LINUX_MIB_LISTENDROPS);
    return 0;
}
```

sk_acceptq_is_full 判斷全連接佇列是否滿了，inet_csk_reqsk_queue_young 判斷有沒有 young_ack（未處理完的半連接請求）。

從這段程式可以看到，假如全連接佇列滿的情況下，且同時有 young_ack，那麼核心同樣直接丟掉該 SYN 握手封包。

用戶端發起重試

假設服務端側發生了全 / 半連接佇列溢位而導致的封包遺失，那麼轉換到用戶端角度來看就是 SYN 封包沒有任何回應。

好在用戶端在發出握手封包的時候，開啟了一個重傳計時器。如果收不到預期的 synack，逾時重傳的邏輯就會開始執行，如下頁圖 6.10 所示。不過重傳計時器的時間單位都是以秒來計算的，這表示，如果有握手重傳發生，即使第一次重傳就能成功，那介面最快回應也是 1 秒以後的事情了。這對介面耗時影響非常大。

我們來詳細看看重傳相關的邏輯。用戶端在 connect 系統呼叫發出 SYN 握手訊號後就開啟了重傳計時器。

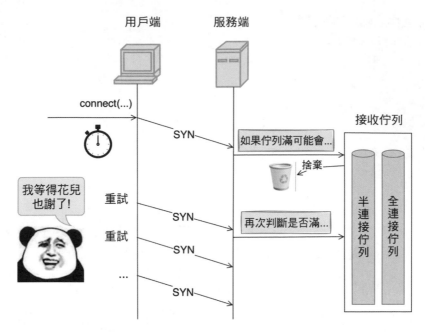

▲ 圖 6.10　連接佇列滿異常

```
//file:net/ipv4/tcp_output.c
int tcp_connect(struct sock *sk)
{
    ......
    //實際發出SYN
    err = tp->fastopen_req ? tcp_send_syn_data(sk, buff) :
        tcp_transmit_skb(sk, buff, 1, sk->sk_allocation);

    //啟動重傳計時器
    inet_csk_reset_xmit_timer(sk, ICSK_TIME_RETRANS,
                inet_csk(sk)->icsk_rto, TCP_RTO_MAX);
}
```

在計時器設定中傳入的 inet_csk(sk)->icsk_rto 是逾時時間，該值初始化的時候被設定為 1 秒。

```
//file:ipv4/tcp_output.c
void tcp_connect_init(struct sock *sk)
{
    //初始化為TCP_TIMEOUT_INIT
    inet_csk(sk)->icsk_rto = TCP_TIMEOUT_INIT;
    ......
}
//file: include/net/tcp.h
#define TCP_TIMEOUT_INIT ((unsigned)(1*HZ))
```

在一些舊版本的核心，比如 2.6 裡，重傳計時器的初值是 3 秒。

```
//核心版本：2.6.32
//file: include/net/tcp.h
#define TCP_TIMEOUT_INIT ((unsigned)(3*HZ))
```

如果能正常接收到服務端回應的 synack，那麼用戶端的這個計時器會清除。這段邏輯在 tcp_rearm_rto 裡。呼叫順序為 tcp_rcv_state_process -> tcp_rcv_synsent_state_process -> tcp_ack -> tcp_clean_rtx_queue -> tcp_rearm_rto。

```
//file:net/ipv4/tcp_input.c
void tcp_rearm_rto(struct sock *sk)
{
    inet_csk_clear_xmit_timer(sk, ICSK_TIME_RETRANS);
}
```

如果服務端發生了封包遺失，那麼計時器到時後會進入回呼函數 tcp_write_timer 中進行重傳。

✎**注意**

其實不只是握手，連接狀態的逾時重傳也是在這裡完成的。不過這裡我們只討論握手重傳的情況。

```
//file: net/ipv4/tcp_timer.c
static void tcp_write_timer(unsigned long data)
{
    tcp_write_timer_handler(sk);
    ......
}

void tcp_write_timer_handler(struct sock *sk)
{
    //取出計時器類型
    event = icsk->icsk_pending;

    switch (event) {
    case ICSK_TIME_RETRANS:
        icsk->icsk_pending = 0;
        tcp_retransmit_timer(sk);
        break;
    ......
    }
}
```

tcp_retransmit_timer 是重傳的主要函數。在這裡完成重傳，以及下一次
計時器到期時間的設定。

```
//file: net/ipv4/tcp_timer.c
void tcp_retransmit_timer(struct sock *sk)
{
    ......

    //超過了重傳次數則退出
    if (tcp_write_timeout(sk))
        goto out;

    //重傳
    if (tcp_retransmit_skb(sk, tcp_write_queue_head(sk)) > 0) {
```

```
    //重傳失敗
    ......
}

//退出前重新設定下一次逾時時間
out_reset_timer:
    //計算逾時時間
    if (sk->sk_state == TCP_ESTABLISHED ){
        ......
    } else {
        icsk->icsk_rto = min(icsk->icsk_rto << 1, TCP_RTO_MAX);
    }

    //設定
    inet_csk_reset_xmit_timer(sk, ICSK_TIME_RETRANS, icsk->icsk_rto, TCP_
RTO_MAX);
}
```

tcp_write_timeout 用來判斷是否重試過多，如果是則退出重試邏輯。

📝**注意**

> tcp_write_timeout 的判斷邏輯其實也有點複雜。對於 SYN 握手封包主要的判斷依據是 net.ipv4.tcp_syn_retries，但其實並不是簡單對比次數，而是轉化成了時間進行對比，所以如果線上看到實際重傳次數和對應核心參數不一致也不用太奇怪。

接著在 tcp_retransmit_timer 函數中重發了發送佇列裡的頭部元素。而且還設定了下一次逾時的時間，為前一次的兩倍（左移操作相當於乘 2）。

實際抓取封包結果

下頁圖 6.11 是因為服務端第一次握手封包遺失的握手過程抓取封包截圖。

No.	Time	Source	Destinati	Protocol	Length	Info
1	0.000000	10.153...	10.153...	TCP	74	60981 → 5001 [SYN] Seq=0 Win=43690 Len=0 MSS=65495 SACK_PERM=1
2	1.002759	10.153...	10.153...	TCP	74	[TCP Retransmission] 60981 → 5001 [SYN] Seq=0 Win=43690 Len=0
3	3.006749	10.153...	10.153...	TCP	74	[TCP Retransmission] 60981 → 5001 [SYN] Seq=0 Win=43690 Len=0
4	7.018748	10.153...	10.153...	TCP	74	[TCP Retransmission] 60981 → 5001 [SYN] Seq=0 Win=43690 Len=0
5	15.034771	10.153...	10.153...	TCP	74	[TCP Retransmission] 60981 → 5001 [SYN] Seq=0 Win=43690 Len=0
6	31.066786	10.153...	10.153...	TCP	74	[TCP Retransmission] 60981 → 5001 [SYN] Seq=0 Win=43690 Len=0
7	63.162785	10.153...	10.153...	TCP	74	[TCP Retransmission] 60981 → 5001 [SYN] Seq=0 Win=43690 Len=0

▲ 圖 6.11 第一次握手封包遺失

透過圖 6.11 可以看到，用戶端在 1 秒以後進行了第一次握手重試。重試仍然沒有回應，那麼接下來依次又分別在 3 秒、7 秒、15 秒、31 秒和 63 秒等時間共重試了 6 次（我的 tcp_syn_retries 當時設定的是 6）。

假如服務端第一次握手的時候出現了半 / 全連接佇列溢位導致的封包遺失，那麼我們的介面響應時間將至少是 1 秒以上（在某些舊版本的核心上，SYN 第一次的重試就需要等 3 秒），而正常的在同機房的情況下只是不到 1 毫秒的事情，整整高了 1000 倍左右。如果連續兩三次握手都失敗，那七八秒就出去了，很可能 Nginx 等不及二次重試，這個使用者存取直接就逾時了，使用者體驗將受到較大影響。

還有另外一個更壞的情況，它還有可能會影響其他使用者。假如你使用的是處理程序 / 執行緒池這種模型提供服務，比如 php-fpm。我們知道fpm 處理程序是阻塞的，當它回應一個使用者請求的時候，該處理程序是沒有辦法再回應其他請求的。假如你開了 100 個處理程序 / 執行緒，而某一段時間內有 50 個處理程序 / 執行緒卡在和 Redis 或 MySQL 的握手連接上了（注意，這個時候你的服務端是 TCP 連接的用戶端一方）。這一段時間內相當於你可以用的正常執行的處理程序 / 執行緒只有 50 個。而這50 個 worker 可能根本處理不過來，這時候你的服務可能就會產生擁堵。再持續稍微長一點的話，可能就產生雪崩了，整個服務都有掛掉的風險。

6.5.3 第三次握手封包遺失

用戶端在收到伺服器的 synack 回應的時候,就認為連接建立成功了,然後會將自己的連接狀態設定為 ESTABLISHED,發出第三次握手請求。但服務端在第三次握手的時候,還有可能有意外發生。

```
//file: net/ipv4/tcp_ipv4.c
struct sock *tcp_v4_syn_recv_sock(struct sock *sk, ...)
{
    //判斷全連接佇列是不是滿了
    if (sk_acceptq_is_full(sk))
        goto exit_overflow;
    ......
exit_overflow:
    NET_INC_STATS_BH(sock_net(sk), LINUX_MIB_LISTENOVERFLOWS);
    ......
}
```

從上述程式可以看出,第三次握手時,如果伺服器全連接佇列滿了,來自用戶端的 ack 握手封包又被直接捨棄。

想想也很好理解,三次握手完的請求是要放在全連接佇列裡的。但是假如全連接佇列滿了,三次握手也不會成功。

不過有意思的是,第三次握手失敗並不是用戶端重試,而是由服務端來重發 synack。

我們弄一個實際的案例來直接抓取封包看一下。我專門寫了個簡單的服務端程式,只 listen 不 accept,然後找個用戶端把它的連接佇列消耗光。這時候,再用另一個用戶端向它發起請求時的抓取封包,結果見下頁圖 6.12。

No.	Time	Source	Destinati	Protocol	Length	Info
1	0.000000	10.160...	10.153...	TCP	74	5292 → 5001 [SYN] Seq=0 Win=14600 Len=0 MSS=1460 SACK_...
2	0.000086	10.153	10.160	TCP	74	5001 → 5292 [SYN, ACK] Seq=0 Ack=1 Win=28960 Len=0 MSS...
3	0.001730	10.160...	10.153...	TCP	66	5292 → 5001 [ACK] Seq=1 Ack=1 Win=14720 Len=0 TSval=22...
4	1.200695	10.153...	10.160...	TCP	74	[TCP Retransmission] 5001 → 5292 [SYN, ACK] Seq=0 Ack=...
5	1.202431	10.160...	10.153...	TCP	78	[TCP Dup ACK 3#1] 5292 → 5001 [ACK] Seq=1 Ack=1 Win=14...
6	3.400668	10.153...	10.160...	TCP	74	[TCP Retransmission] 5001 → 5292 [SYN, ACK] Seq=0 Ack=...
7	3.404677	10.160...	10.153...	TCP	78	[TCP Dup ACK 3#2] 5292 → 5001 [ACK] Seq=1 Ack=1 Win=14...
8	7.600686	10.153...	10.160...	TCP	74	[TCP Retransmission] 5001 → 5292 [SYN, ACK] Seq=0 Ack=...
9	7.602466	10.160...	10.153...	TCP	78	[TCP Dup ACK 3#3] 5292 → 5001 [ACK] Seq=1 Ack=1 Win=14...
10	15.600721	10.153...	10.160...	TCP	74	[TCP Retransmission] 5001 → 5292 [SYN, ACK] Seq=0 Ack=...
11	15.602512	10.160...	10.153...	TCP	78	[TCP Dup ACK 3#4] 5292 → 5001 [ACK] Seq=1 Ack=1 Win=14...
12	31.600720	10.153...	10.160...	TCP	74	[TCP Retransmission] 5001 → 5292 [SYN, ACK] Seq=0 Ack=...
13	31.602563	10.160...	10.153...	TCP	78	[TCP Dup ACK 3#5] 5292 → 5001 [ACK] Seq=1 Ack=1 Win=14...

▲ 圖 6.12　第三次握手封包遺失

第一個紅框內是第三次握手，其實這個握手請求在服務端已經被捨棄了。但是這時候用戶端並不知情，它一直傻傻地以為三次握手已經妥了呢。不過還好，這時在服務端的半連接佇列中仍然記錄著第一次握手時存的握手請求。

服務端等到半連接計時器到時後，向用戶端重新發起 synack，用戶端收到後再重新回覆第三次握手 ack。如果這期間服務端全連接佇列一直都是滿的，那麼服務端重試 5 次（受核心參數 net.ipv4.tcp_synack_retries 控制）後就放棄了。

在這種情況下大家還要注意另外一個問題。在實踐中，用戶端往往是以為連接建立成功就會開始發送資料，其實這時候連接還沒有真的建立起來，它發出去的資料，包括重試將全部被服務端無視，直到連接真正建立成功後才行，如圖 6.13 所示。

No.	Time	Source	Destinati	Pro	Leng	Info
31	0.000588	10.153...	10.153...	TCP	74	60813 → 5001 [SYN] Seq=0 Win=43690 Len=0 MSS=65495 SACK_PERM=1 TSva...
32	-2055442...	10.153...	10.153...	TCP	74	5001 → 60813 [SYN, ACK] Seq=0 Ack=1 Win=43690 Len=0 MSS=65495 SACK_...
33	0.000608	10.153...	10.153...	TCP	66	60813 → 5001 [ACK] Seq=1 Ack=1 Win=43776 Len=0 TSval=3194940183 TSe...
34	0.000625	10.153...	10.153...	TCP	80	60813 → 5001 [PSH, ACK] Seq=1 Ack=1 Win=43776 Len=14 TSval=31949401...
40	0.200342	10.153...	10.153...	TCP	80	[TCP Retransmission] 60813 → 5001 [PSH, ACK] Seq=1 Ack=1 Win=43776 ...
42	0.400407	10.153...	10.153...	TCP	80	[TCP Retransmission] 60813 → 5001 [PSH, ACK] Seq=1 Ack=1 Win=43776 ...
44	0.801379	10.153...	10.153...	TCP	80	[TCP Retransmission] 60813 → 5001 [PSH, ACK] Seq=1 Ack=1 Win=43776 ...
47	-2055438...	10.153...	10.153...	TCP	74	[TCP Retransmission] 5001 → 60813 [SYN, ACK] Seq=0 Ack=1 Win=43690 ...
50	1.001451	10.153...	10.153...	TCP	66	[TCP Dup ACK 33#1] 60813 → 5001 [ACK] Seq=15 Ack=1 Win=43776 Len=0 ...
63	1.603359	10.153...	10.153...	TCP	80	[TCP Retransmission] 60813 → 5001 [PSH, ACK] Seq=1 Ack=1 Win=43776 ...

▲ 圖 6.13　連接成功前的資料封包被無視

6.5.4 握手異常複習

衡量工程師是否優秀的標準之一就是看他能否有能力定位和處理線上發生的各種問題。連看似簡單的 TCP 三次握手，專案實踐中可能會有各種意外發生。如果對握手理解不深，那麼很有可能無法處理線上出現的各種故障。

本節主要是描述了通訊埠不足、半連接佇列滿、全連接佇列滿時的情況。

如果通訊埠不充足，會導致 connect 系統呼叫的時候過多地執行迴旋栓鎖等待與雜湊查詢，會引起 CPU 消耗上漲。嚴重情況下會耗光 CPU，影響使用者業務邏輯的執行。出現這種問題處理起來的方法有這麼幾個：

■ 透過調整 ip_local_port_range 來儘量加大通訊埠範圍。
■ 儘量重複使用連接，使用長連接來削減頻繁的握手處理。
■ 第三個有用，但是不太推薦的方法是開啟 tcp_tw_reuse 和 tcp_tw_recycle。

服務端在第一次握手時，在以下兩種情況下可能會封包遺失：

■ 半連接佇列滿，且 tcp_syncookies 為 0。
■ 全連接佇列滿，且有未完成的半連接請求。

在這兩種情況下，從用戶端角度來看和網路斷了沒有區別，就是發出去的 SYN 封包沒有任何回饋，然後等待計時器到時後重傳握手請求。第一次重傳時間是秒，接下來的等待間隔加倍地增長，2 秒、4 秒、8 秒……總的重傳次數受 net.ipv4.tcp_syn_retries 核心參數影響（注意我的用詞是影響，而非決定）。

服務端在第三次握手時也可能出問題，如果全連接佇列滿，仍將發生封包遺失。不過第三次握手失敗時，只有服務端知道（用戶端誤以為連接已經建立成功）。服務端根據半連接佇列裡的握手資訊發起 synack 重試，重試次數由 net.ipv4.tcp_synack_retries 控制。

一旦你的線上出現了上面這些連接佇列溢位導致的問題，服務端將受到比較嚴重的影響。即使第一次重試就能夠成功，那介面回應耗時將直接上漲到秒（舊版本上是 3 秒）。如果重試兩三次都沒有成功，Nginx 很有可能直接就報存取逾時失敗了。

正因為握手重試對服務端影響很大，所以能深刻理解三次握手中的這些異常情況很有必要。接下來再說説如果出現了封包遺失的問題，該如何應對。

方法 1，打開 syncookie

在現代的 Linux 版本裡，可以透過打開 tcp_syncookies 來防止過多的請求打滿半連接佇列，包括 SYN Flood 攻擊，來解決服務端因為半連接佇列滿而發生的封包遺失。

方法 2，加大連接佇列長度

在 6.2 節「深入理解 listen」中，討論過全連接佇列的長度是 min(backlog, net.core.somaxconn)，半連接佇列長度有點小複雜，是 min(backlog, somaxconn, tcp_max_syn_backlog) + 1 再上取整數到 2 的 N 次冪，但最小不能小於 16。

如果需要加大全 / 半連接佇列長度，請調節以上的或多個參數來達到目的。只要佇列長度合適，就能很大程度降低握手異常機率的發生。其中全連接佇列在修改完後可以透過 ss 命令中輸出的 Send-Q 來確認最終生效長度。

```
$ ss -nlt
Recv-Q Send-Q Local Address:Port Address:Port
0      128    *:80             *:*
```

Recv-Q 告訴我們當前該處理程序的全連接佇列使用情況。如果 Recv-Q
已經逼近了 Send-Q，那麼可能不需要等到封包遺失也應該準備加大全連
接佇列了。

方法 3，儘快呼叫 accept

這個雖然一般不會成為問題，但也要注意一下。你的應用程式應該儘快
在握手成功之後透過 accept 把新連接取走。不要忙於處理其他業務邏輯
而導致全連接佇列塞滿了。

方法 4，儘早拒絕

如果加大佇列後仍然有非常偶發的佇列溢位，我們可以暫且容忍。但如
果仍然有較長時間處理不過來怎麼辦？另外一個做法就是直接顯示出
錯，不要讓用戶端逾時等待。例如將 Redis、MySQL 等伺服器的核心參
數 tcp_abort_on_overflow 設定為 1。如果佇列滿了，直接發 reset 指令
給用戶端。告訴後端處理程序 / 執行緒不要「癡情」地傻等。這時候用戶
端會收到錯誤 "connection reset by peer"。犧牲一個使用者的造訪請求，
比把整個網站都搞崩了還是要強的。

方法 5，儘量減少 TCP 連接的次數

如果上述方法都未能根治你的問題，這個時候應該思考是否可以用長連
接代替短連接，減少過於頻繁的三次握手。這個方法不但能降低握手出
問題的可能性，而且還順帶砍掉了三次握手的各種記憶體、CPU、時間
上的消耗，對提升性能也有較大幫助。

6.6 如何查看是否有連接佇列溢位發生

在上一節中討論到如果發生連接佇列溢位而封包遺失，會導致連接耗時上漲很多。那如何判斷一台伺服器當前是否有半 / 全連接佇列溢位產生封包遺失呢？

6.6.1 全連接佇列溢位判斷

全連接佇列溢位判斷比較簡單，所以先說這個。

全連接溢位封包遺失

全連接佇列溢位都會記錄到 ListenOverflows 這個 MIB（Management Information Base，管理資訊庫），對應 SNMP 統計資訊中的 ListenDrops 這一項。我們來說明看一下相關的原始程式。

服務端在回應用戶端的 SYN 握手封包的時候，有可能會在 tcp_v4_conn_request 呼叫這裡發生全連接佇列溢位而封包遺失。

```
//file: net/ipv4/tcp_ipv4.c
int tcp_v4_conn_request(struct sock *sk, struct sk_buff *skb)
{
    //看看半連接佇列是否滿了
    ......

    //看看全連接佇列是否滿了
    if (sk_acceptq_is_full(sk) && inet_csk_reqsk_queue_young(sk) > 1) {
        NET_INC_STATS_BH(sock_net(sk), LINUX_MIB_LISTENOVERFLOWS);
        goto drop;
    }
    ......
```

```
drop:
    NET_INC_STATS_BH(sock_net(sk), LINUX_MIB_LISTENDROPS);
    return 0;
}
```

從上述程式可以看到，全連接佇列滿了以後呼叫 NET_INC_STATS_BH 增加了 LINUX_MIB_LISTENOVERFLOWS 和 LINUX_MIB_LISTENDROPS 這兩個 MIB。

服務端在回應第三次握手的時候，會再次判斷全連接佇列是否溢位。如果溢位，一樣會增加這兩個 MIB，原始程式如下。

//file: net/ipv4/tcp_ipv4.c
```
struct sock *tcp_v4_syn_recv_sock(...)
{
    if (sk_acceptq_is_full(sk))
        goto exit_overflow;
    ......
exit_overflow:
    NET_INC_STATS_BH(sock_net(sk), LINUX_MIB_LISTENOVERFLOWS);
exit:
    NET_INC_STATS_BH(sock_net(sk), LINUX_MIB_LISTENDROPS);
    return NULL;
}
```

在 proc.c 中，LINUX_MIB_LISTENOVERFLOWS 和 LINUX_MIB_LISTENDROPS 都被整合進了 SNMP 統計資訊。

//file: net/ipv4/proc.c
```
static const struct snmp_mib snmp4_net_list[] = {
    SNMP_MIB_ITEM("ListenDrops", LINUX_MIB_LISTENDROPS),
    SNMP_MIB_ITEM("ListenOverflows", LINUX_MIB_LISTENOVERFLOWS),
    ......
}
```

netstat 工具原始程式

在執行 netstat -s 的時候，該工具會讀取 SNMP 統計資訊並展現出來。netstat 命令屬於 net-tool 工具集，所以得找 net-tool 的原始程式。我用 SYNs to LISTEN sockets dropped 這種關鍵字搜到了：

```
//file: https://github.com/giftnuss/net-tools/blob/master/statistics.c
struct entry Tcpexttab[] =
{
    { "ListenDrops", N_("%u SYNs to LISTEN sockets dropped"), opt_number },
    { "ListenOverflows", N_("%u times the listen queue of a socket
overflowed"),
    ......
}
```

以上這些就是執行 netstat -s 時會執行到的原始程式。它從 SNMP 統計資訊中獲取 ListenDrops 和 ListenOverflows 這兩項並顯示出來，分別對應 LINUX_MIB_LISTENDROPS 和 LINUX_MIB_LISTENOVERFLOWS 這兩個 MIB。

```
# watch 'netstat -s | grep overflowed'
    198 times the listen queue of a socket overflowed
```

所以，每當發生全連接佇列滿導致的封包遺失的時候，會透過上述命令的結果表現出來。而且幸運的是，ListenOverflows 這個 SNMP 統計項只有在全連接佇列滿的時候才會增加，核心原始程式其他地方並沒有用到。

所以，透過 netstat -s 輸出中的 xx times the listen queue 如果查看到數字有變化，那麼一定是你的服務端上發生了全連接佇列溢位了！

6.6.2 半連接佇列溢位判斷

再來看半連接佇列，溢位時更新的是 LINUX_MIB_LISTENDROPS 這個 MIB，對應到 SNMP 就是 ListenDrops 這個統計項。

```
//file: net/ipv4/tcp_ipv4.c
int tcp_v4_conn_request(struct sock *sk, struct sk_buff *skb)
{
    //看看半連接佇列是否滿了
    if (inet_csk_reqsk_queue_is_full(sk) && !isn) {
        want_cookie = tcp_syn_flood_action(sk, skb, "TCP");
        if (!want_cookie)
            goto drop;
    }

    //看看全連接佇列是否滿了
    if (sk_acceptq_is_full(sk) && inet_csk_reqsk_queue_young(sk) > 1) {
        NET_INC_STATS_BH(sock_net(sk), LINUX_MIB_LISTENOVERFLOWS);
        goto drop;
    }
    ......
drop:
    NET_INC_STATS_BH(sock_net(sk), LINUX_MIB_LISTENDROPS);
    return 0;
}
```

從上述原始程式可見，半連接佇列滿的時候 goto drop，然後增加了 LINUX_MIB_LISTENDROPS 這個 MIB。透過上一節 netstat -s 的原始程式我們看到也會將它展示出來（對應 SNMP 中的 ListenDrops 這個統計項）。

但是問題在於，不是只在半連接佇列發生溢位的時候會增加該值，所以根據 netstat -s 看半連接佇列是否溢位是不可靠的！

從前述內容可知，即使半連接佇列沒問題，全連接佇列滿了該值也會增加。另外就是當在 listen 狀態握手發生錯誤的時候，進入 tcp_v4_err 函數時也會增加該值。

對於如何查看半連接佇列溢位封包遺失這個問題，我的建議是不要糾結怎麼看是否封包遺失了，直接看伺服器上的 tcp_syncookies 是不是 1 就行。

如果該值是 1，那麼下面程式中 want_cookie 就傳回真，是根本不會發生半連接溢位封包遺失的。

```
//file: net/ipv4/tcp_ipv4.c
int tcp_v4_conn_request(struct sock *sk, struct sk_buff *skb)
{
    //看看半連接佇列是否滿了
    if (inet_csk_reqsk_queue_is_full(sk) && !isn) {
        want_cookie = tcp_syn_flood_action(sk, skb, "TCP");
        if (!want_cookie)
            goto drop;
    }
```

如果 tcp_syncookies 不是 1，則建議改成 1 就結束了。

如果因為各種原因不想打開 tcp_syncookies，就想看看是否有因為半連接佇列滿而導致的 SYN 捨棄，除了 netstat -s 的結果，建議同時查看當前 listen 通訊埠上的 SYN_RECV 的數量。

```
# netstat -antp | grep SYN_RECV
256
```

在 6.2 節中討論了半連接佇列的實際長度怎麼計算。如果 SYN_RECV 狀態的連接數量達到你算出來的佇列長度，那麼可以確定有半連接佇列溢位了。如果想加大半連接佇列的長度，方法在 6.2 節裡也一併講過了，可以參閱 6.2 節了解詳情。

6.6.3 小結

簡單小結一下。

對全連接佇列來說，使用 netstat -s（最好再配合 watch 命令動態觀察）就可以判斷是否有封包遺失發生。如果看到 "xx times the listen queue of a socket overflowed" 中的數值在增長，那麼就確定是全連接佇列滿了。

```
# watch 'netstat -s | grep overflowed'
    198 times the listen queue of a socket overflowed
```

對半連接佇列來說，只要保證 tcp_syncookies 這個核心參數是 1 就能保證不會有因為半連接佇列滿而發生的封包遺失。如果確實較真就想看一看，網上教的 netstat -s | grep "SYNs" 這種是錯的，是沒有辦法説明問題的。還需要自己計算半連接佇列的長度，再看看當前 SYN_RECV 狀態的連接的數量。

```
# watch 'netstat -s | grep "SYNs"'
    258209 SYNs to LISTEN sockets dropped
# netstat -antp | grep SYN_RECV | wc -l
5
```

至於如何加大半連接佇列長度，可參考 6.2 節。

6.7 本章複習

本章中，深入分析了三次握手的內部細節。半 / 全連接佇列的建立與長度限制、用戶端通訊埠的選擇、半連接佇列的增加與刪除、全連接佇列的增加與刪除，以及重傳計時器的啟動。也分析了一些經常線上出現的 TCP 握手問題，本章也舉出了最佳化建議。

這裡引用一位讀者的評語,「程式設計多年,原先就知道 socket、listen、accept,也沒有琢磨過內部資料互動過程。現在有一種揉碎了再重新組合,更加清晰的感覺。把三次握手和這些函數呼叫真正有機理解聯繫起來了!」

回頭看一下本章開頭提到的問題。

1)為什麼服務端程式都需要先 listen 一下?

核心在回應 listen 呼叫的時候是建立了半連接、全連接兩個佇列,這兩個佇列是三次握手中很重要的資料結構,有了它們服務端才能正常回應來自用戶端的三次握手。所以伺服器提供服務前都需要先 listen 一下才行。

2)半連接佇列和全連接佇列長度如何確定?

服務端在執行 listen 的時候確定好了半連接佇列和全連接佇列的長度。

對半連接佇列來説,其最大長度是 min(backlog, somaxconn, tcp_max_syn_backlog) + 1 再上取整數到 2 的 N 次冪,但最小不能小於 16。如果需要加大半連接佇列長度,那麼需要一併考慮 backlog、somaxconn 和 tcp_max_syn_backlog。

對全連接佇列來説,其最大長度是 listen 時傳入的 backlog 和 net.core. somaxconn 之間較小的那個值。如果需要加大全連接佇列長度,那麼調整 backlog 和 somaxconn。

3)"Cannot assign requested address" 這個顯示出錯你知道是怎麼回事嗎?該如何解決?

一筆 TCP 連接由一個四元組組成:Server IP、Server PORT、Client IP、Client Port。在連接建立前,前面的三個元素基本是確定了的,只有 Client Port 是需要動態選擇出來的。

用戶端會在 connect 發起的時候自動選擇通訊埠編號。具體的選擇過程就是隨機地從 ip_local_port_range 選擇一個位置開始迴圈判斷，跳過 ip_local_reserved_ports 裡設定要避開的通訊埠，然後逐一判斷是否可用。如果迴圈完也沒有找到可用通訊埠，會顯示出錯 "Cannot assign requested address"。

理解這個顯示出錯的原理，解決這個問題的辦法就多了。比如擴大可用通訊埠範圍、減小最大 TIME_WAIT 狀態連接數量等方法都是可行的。

```
# vi /etc/sysctl.conf
# 修改可用通訊埠範圍
net.ipv4.ip_local_port_range = 5000  65000
# 設定最大TIME_WAIT數量
net.ipv4.tcp_max_tw_buckets = 10000
# sysctl -p
```

4）一個用戶端通訊埠可以同時用在兩筆連接上嗎？

connect 呼叫在選擇通訊埠的時候如果通訊埠沒有被用過那麼就是可用的。但是如果被用過並不是說這個通訊埠就不能用了，這個可能有點出乎大多數人的意料。

如果用過，接下來進一步判斷新連接和老連接四元組是否完全一致，如果不完全一致，該通訊埠仍然可用，例如 5000 這個通訊埠編號是完全可以用於下面兩筆不同的連接的。

- 連接 1：192.168.1.101 5000 192.168.1.100 8090
- 連接 2：192.168.1.101 5000 192.168.1.100 8091

在保證四元組不相同的情況下，一個通訊埠完全可以用在兩筆，甚至更多筆的連接上。

5）服務端半 / 全連接佇列滿了會怎麼樣？

服務端回應第一次握手的時候，會進行半連接佇列和全連接佇列滿的判斷。如果半連接佇列滿了，且未開啟 tcp_syncookies，那麼該握手封包將直接被捨棄，所以建議不要關閉 tcp_syncookies 這個核心參數。如果全連接佇列滿了，且有 young_ack（表示剛剛有 SYN 到達），那麼同樣也是直接捨棄。

服務端回應第三次握手的時候，還會再次判斷全連接佇列是否滿。如果滿了，同樣捨棄握手請求。

無論是哪種捨棄發生，肯定是會影響線上服務的。當收不到預期的握手或回應封包的時候，重傳計時器會在最短 1 秒後發起重試。這樣介面回應的耗時最少就得 1 秒起步了。如果重試也沒握成功，很有可能就會報逾時了。

6）新連接的 socket 核心物件是什麼時候建立的？

sock 核心物件最核心的部分是 struct sock。

```
//file: include linux/net.h
  struct sock {
      ......
  struct sock *sk;
  };
```

核心其實在第三次握手完畢的時候就把 sock 物件建立好了。在使用者處理程序呼叫 accept 的時候，直接把該物件取出來，再包裝一個 socket 物件就傳回了。

7）建立一筆 TCP 連接需要消耗多長時間？

一般網路的 RTT 值根據伺服器物理距離的不同大約是在零點幾秒、幾十毫秒之間。這個時間要比 CPU 本地的系統呼叫耗時長得多。所以正常情況下，在用戶端或是服務端看來，都基本上約等於一個 RTT。但是如果一旦出現了封包遺失，無論是哪種原因，需要重傳計時器來連線的話，耗時就最少要 1 秒了（在一些舊版本下要 3 秒）。

8）把伺服器部署在北京，給紐約的使用者存取可行嗎？

正常情況下建立一筆 TCP 連接耗時是雙端網路一次 RTT 時間。那麼如果伺服器在北京，使用者在美國，這個 RTT 是多少呢？

美國和中國物理距離跨越了半個地球，北京到紐約的球面距離大概是 15000 公里。那麼拋開裝置轉發延遲，僅光速傳播一個來回，需要時間 = 15000 000×2 / 光速 = 100 毫秒。實際的延遲比這個還要大一些，一般都要 200 毫秒以上。建立在這個延遲上，要想提供使用者能存取的秒級服務就很困難了。所以對於海外使用者，最好在當地建機房或購買海外的伺服器。

再假如，人類將來移民火星了，火星上的使用者來和地球建立 TCP 連接的話耗時是多少呢？火星到地球的最近距離是 5500 萬公里，最遠距離則超過 4 億公里，往返的話還需要跑兩遍。

- 5500 萬公里 ×2 ÷ 300000 公里 / 秒 = 366 秒左右
- 4 億公里 ×2 ÷ 300000 公里 / 秒 = 2666 秒

在這麼高的延遲的情況下，只能火星使用者在火星上玩，地球使用者在地球上玩了。兩邊使用者真想通訊，再也別惦記 TCP 連接的事了，用用 UDP 就得了。

9）伺服器負載很正常，但是 CPU 被打到底了是怎麼回事？

如果在通訊埠極其不充足的情況下，connect 系統呼叫的內部迴圈需要全部執行完畢才能判斷出來沒有通訊埠可用。如果要發出的連接請求特別頻繁，connect 就會消耗掉大量的 CPU。當時伺服器上處理程序並不是很多，但是每個處理程序都在瘋狂地消耗 CPU，這時候就會出現 CPU 被消耗光，但是伺服器負載卻不高的情況。

一筆 TCP 連接消耗多大記憶體

7.1 相關實際問題

在應用程式裡，我們使用多少記憶體都是自己能掌握和控制的。但是總觀 Linux 整台伺服器，除了應用程式以外，核心也會申請和管理大量的記憶體。

1）核心是如何管理記憶體的？

核心作為整個 Linux 伺服器的基石，它的記憶體管理方案的優劣將直接影響整台伺服器的穩定性。那麼核心是如何高效管理和使用記憶體的呢？

2）如何查看核心使用的記憶體資訊？

對於應用程式有很多辦法來查看它的記憶體占用，那麼對於核心，有沒有辦法查看它消耗了多少的記憶體呢？

3）伺服器上一筆 ESTABLISH 狀態的空連接需要消耗多少記憶體？

回顧第 1 章，提到為了最佳化性能，我把短連接改成了長連接。為了 FPM 處理程序和 Redis 伺服器建立一次連接然後就長期保持，每台後端機上有 300 個 FPM 處理程序，總共 20 台後端機，我的 Redis 實例上就出現了 6000 筆長連接。假設連接上絕大部分時間都是空閒的，那一筆空閒的連接會消耗多大的記憶體呢？會不會把伺服器搞壞？

4）我的機器上出現了 3 萬多個 TIME_WAIT，記憶體消耗會不會很大？

這是由第 1 章中提到的另外一個線上問題引發的思考，3 萬多個 TIME_WAIT 會占用多大的記憶體呢？會不會因為 TIME_WAIT 過多消耗過多記憶體而擠占應用程式的可用記憶體？

帶著這些疑問，讓我們繼續探索。

7.2 Linux 核心如何管理記憶體

核心針對自己的應用場景，使用了一種叫作 SLAB/SLUB 的記憶體管理機制。這種管理機制透過四個步驟把實體記憶體模組管理起來，供核心申請和分配核心物件，如圖 7.1 所示。

現在你可能還覺得 node、zone、夥伴系統、slab 這些有那麼一點點陌生。別怕，接下來結合動手觀察，把它們一個一個細説。

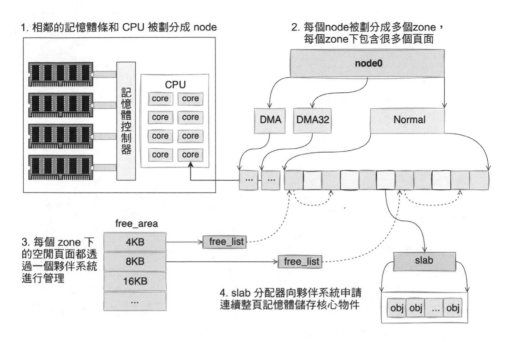

▲ 圖 7.1　slab 記憶體管理

7.2.1　node 劃分

在現代的伺服器上，記憶體和 CPU 都是所謂的 NUMA 架構，如圖 7.2 所示。

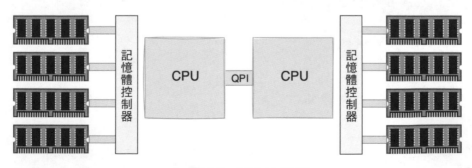

▲ 圖 7.2　NUMA 架構

CPU 往往不止一顆。透過 dmidecode 命令查看主機板上插著的 CPU 的詳細資訊。

```
# dmidecode
Processor Information   //第一顆CPU
    SocketDesignation: CPU1
    Version: Intel(R) Xeon(R) CPU E5-2630 v3 @ 2.40GHz
    Core Count: 8
    Thread Count: 16
Processor Information   //第二顆CPU
    Socket Designation: CPU2
    Version: Intel(R) Xeon(R) CPU E5-2630 v3 @ 2.40GHz
    Core Count: 8
......
```

記憶體也不只一條。dmidecode 同樣可以查看到伺服器上插著的所有記憶體模組，也可以看到它是和哪個 CPU 直接連接的。

```
# dmidecode
//CPU1 上總共插著四條記憶體
Memory Device
    Size: 16384 MB
    Locator: CPU1 DIMM A1
Memory Device
    Size: 16384 MB
    Locator: CPU1 DIMM A2
......
//CPU2 上也插著四條
Memory Device
    Size: 16384 MB
    Locator: CPU2 DIMM E1
Memory Device
    Size: 16384 MB
    Locator: CPU2 DIMM F1
......
```

每一個 CPU 以及和它直連的記憶體模組組成了一個 node（節點），如圖 7.3 所示。

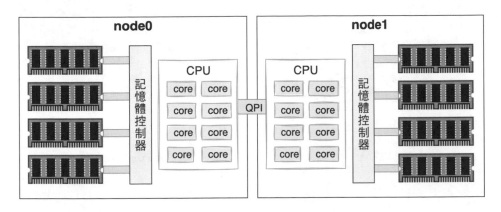

▲ 圖 7.3　NUMA 中的 node

在你的機器上，可以使用 numactl 命令看到每個 node 的情況。

```
# numactl --hardware
available: 2 nodes (0-1)
node 0 cpus: 0 1 2 3 4 5 6 7 16 17 18 19 20 21 22 23
node 0 size: 65419 MB
node 1 cpus: 8 9 10 11 12 13 14 15 24 25 26 27 28 29 30 31
node 1 size: 65536 MB
```

7.2.2　zone 劃分

每個 node 又會劃分成若干的 zone（區域），如下頁圖 7.4 所示。zone 表示記憶體中的一塊範圍。

- ZONE_DMA：位址段最低的一塊記憶體區域，供 IO 裝置 DMA 存取。
- ZONE_DMA32：該 zone 用於支援 32 位元位址匯流排的 DMA 裝置，只在 64 位元系統裡才有效。

- ZONE_NORMAL：在 X86-64 架構下，DMA 和 DMA32 之外的記憶體全部在 NORMAL 的 zone 裡管理。

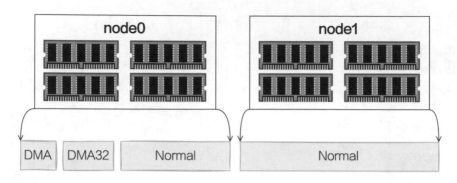

▲ 圖 7.4　node 中的 zone

> 📝**注意**
>
> 為什麼沒有提 ZONE_HIGHMEM 這個 zone？因為這是 32 位元機時代的產物，現在還在用這個的不多了。

在每個 zone 下，都包含了許許多多個 Page（頁面），如圖 7.5 所示，在 Linux 下一個頁面的大小一般是 4 KB。

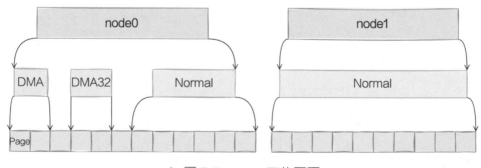

▲ 圖 7.5　zone 下的頁面

在你的機器上，可以使用 zoneinfo 命令查看到機器上 zone 的劃分，也
可以看到每個 zone 下所管理的頁面有多少個。

```
# cat /proc/zoneinfo
Node 0, zone      DMA
    pages free     3973
        managed  3973
Node 0, zone    DMA32
    pages free      390390
        managed  427659
Node 0, zone    Normal
    pages free      15021616
        managed  15990165
Node 1, zone    Normal
    pages free      16012823
        managed  16514393
```

每個頁面大小是 4KB，很容易可以計算出每個 zone 的大小。比如對於上
面 node1 的 Normal，16514393×4KB = 66 GB。

7.2.3 基於夥伴系統管理空閒頁面

每個 zone 下面都有如此之多的頁面，Linux 使用夥伴系統對這些頁面進
行高效的管理。在核心中，表示 zone 的資料結構是 struct zone。其下面
的陣列 free_area 管理了絕大部分可用的空閒頁面。這個陣列就是夥伴系
統實現的重要資料結構。

```
//file: include/linux/mmzone.h
#define MAX_ORDER 11
struct zone {
    free_area    free_area[MAX_ORDER];
    ......
}
```

free_area 是一個包含 11 個元素的陣列，每一個陣列分別代表的是空閒可
分配連續 4KB、8KB、16KB……4MB 記憶體鏈結串列，如圖 7.6 所示。

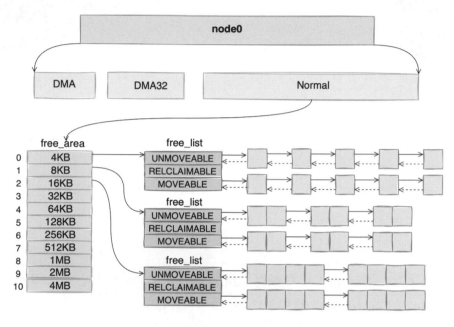

▲ 圖 7.6　夥伴系統

透過 cat /proc/pagetypeinfo 命令可以看到當前系統中夥伴系統各個尺寸
的可用連續區塊數量，如圖 7.7 所示。

Free pages count per migrate type at order			0	1	2	3	4	5	6	7	8	9	10
Node	0, zone	DMA, type	Unmovable	1	1	1	0	2	1	1	0	1	0	0
Node	0, zone	DMA, type	Reclaimable	0	0	0	0	0	0	0	0	0	0	0
Node	0, zone	DMA, type	Movable	0	0	0	0	0	0	0	0	0	1	3
Node	0, zone	DMA, type	Reserve	0	0	0	0	0	0	0	0	0	0	0
Node	0, zone	DMA, type	CMA	0	0	0	0	0	0	0	0	0	0	0
Node	0, zone	DMA, type	Isolate	0	0	0	0	0	0	0	0	0	0	0
Node	0, zone	DMA32, type	Unmovable	69	312	115	29	9	16	20	18	16	8	11
Node	0, zone	DMA32, type	Reclaimable	12	0	5	1	2	0	1	1	2	4	0
Node	0, zone	DMA32, type	Movable	86	402	610	596	903	836	858	663	442	2	233
Node	0, zone	DMA32, type	Reserve	0	0	0	0	0	0	0	0	0	0	0
Node	0, zone	DMA32, type	CMA	0	0	0	0	0	0	0	0	0	0	0
Node	0, zone	DMA32, type	Isolate	0	0	0	0	0	0	0	0	0	0	0
Node	0, zone	Normal, type	Unmovable	567	378	101	25	3	27	31	20	15	11	242
Node	0, zone	Normal, type	Reclaimable	18	14	11	2	1	1	0	0	0	3	2
Node	0, zone	Normal, type	Movable	856	604	200	139	816	1284	1071	943	635	2	70
Node	0, zone	Normal, type	Reserve	0	0	0	0	0	0	0	0	0	0	0
Node	0, zone	Normal, type	CMA	0	0	0	0	0	0	0	0	0	0	0
Node	0, zone	Normal, type	Isolate	0	0	0	0	0	0	0	0	0	0	0

▲ 圖 7.7　夥伴系統中的頁面展示

核心提供分配器函數 alloc_pages 到上面的多個鏈結串列中尋找可用連續頁面。

```
struct page * alloc_pages(gfp_t gfp_mask, unsigned int order)
```

alloc_pages 是怎麼工作的呢？我們舉個簡單的小例子。假如要申請 8KB──連續兩個頁框的記憶體，工作流程如圖 7.8 所示。為了描述方便，先暫時忽略 UNMOVEABLE、RELCLAIMABLE 等不同類型。

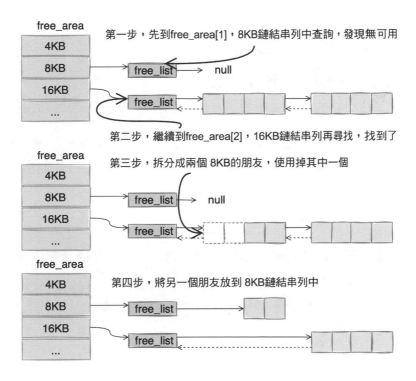

▲ 圖 7.8　分配頁的過程

✎注意

夥伴系統中的夥伴指的是兩個區塊，大小相同，位址連續，同屬於一個大區塊區域。

基於夥伴系統的記憶體分配中,有可能需要將大區塊記憶體拆分成兩個朋友。在釋放中,可能會將兩個朋友合併,再次組成更大區塊的連續記憶體。

7.2.4 slab 分配器

說到現在,不知道你注意到沒有,目前介紹的記憶體分配都是以頁面(4KB)為單位的。

對各個核心執行中實際使用的物件來說,多大的物件都有。有的物件有 1KB 多,但有的物件只有幾百、甚至幾十位元組。如果都直接分配一個 4KB 的頁面來儲存的話也太鋪張了,所以夥伴系統並不能直接使用。

在夥伴系統之上,核心又給自己弄了一個專用的記憶體分配器,叫 slab 或 slub。這兩個詞總混用,為了省事,接下來我們就統一叫 slab 吧。

這個分配器最大的特點就是,一個 slab 內只分配特定大小、甚至是特定的物件,如圖 7.9 所示。這樣當一個物件釋放記憶體後,另一個同類物件可以直接使用這塊記憶體。透過這種辦法極大地降低了碎片發生的機率。

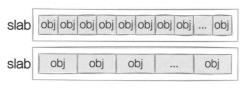

▲ 圖 7.9　slab

slab 相關的核心物件定義如下:

```
//file: include/linux/slab_def.h
struct kmem_cache {
    struct kmem_cache_node **node
```

```
    ......
}
```

```
//file: mm/slab.h
struct kmem_cache_node {
    struct list_head slabs_partial;
    struct list_head slabs_full;
    struct list_head slabs_free;
    ......
}
```

每個 cache 都有滿、半滿、空三個鏈結串列。每個鏈結串列節點都對應一個 slab，一個 slab 由一個或多個記憶體分頁組成。

每一個 slab 內都保存的是同等大小的物件。一個 cache 的組成如圖 7.10 所示。

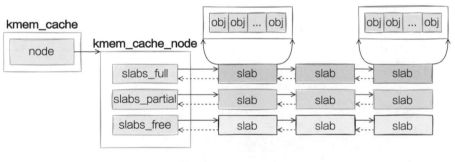

▲ 圖 7.10　slab cache

當 cache 中記憶體不夠的時候，會呼叫基於夥伴系統的分配器（ __alloc_pages 函數）請求整頁連續記憶體的分配。

```
//file: mm/slab.c
static void *kmem_getpages(struct kmem_cache *cachep,
        gfp_t flags, int nodeid)
{
```

```
......
flags |= cachep->allocflags;
if (cachep->flags & SLAB_RECLAIM_ACCOUNT)
    flags |= __GFP_RECLAIMABLE;
page = alloc_pages_exact_node(nodeid, ...);
......
}
```

```
//file: include/linux/gfp.h
static inline struct page *alloc_pages_exact_node(int nid,
      gfp_t gfp_mask,unsigned int order)
{
    return __alloc_pages(gfp_mask, order, node_zonelist(nid, gfp_mask));
}
```

核心中會有很多個 kmem_cache 存在,如圖 7.11 所示。它們是在 Linux 初始化,或是執行的過程中分配出來的。它們有的是專用的,有的是通用的。

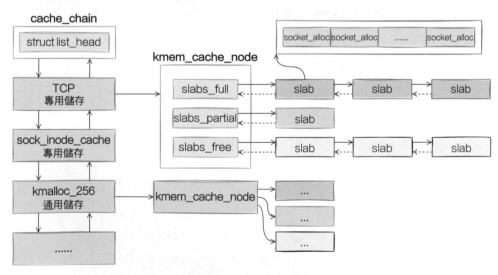

▲ 圖 7.11　cache_chain

從圖 7.11 中，我們看到 socket_alloc 核心物件都存在 TCP 的專用 kmem_cache 中。透過查看 /proc/slabinfo 可以瀏覽所有的 kmem cache。

```
# cat /proc/slabinfo
slabinfo - version: 2.1
# name            <active_objs> <num_objs> <objsize> <objperslab>
<pagesperslab> : tunables .......
xfs_dqtrx              992     992     528    31    4 : tunables  .......
xfs_dquot               68      68     472    34    4 : tunables  .......
xfs_icr                728     728     144    28    1 : tunables  .......
xfs_ili             163209  164035     152    53    2 : tunables  .......
xfs_inode           161404  161910    1088    30    8 : tunables  .......
xfs_efd_item          6520    6960     400    40    4 : tunables  .......
xfs_da_state           646     646     480    34    4 : tunables  .......
xfs_btree_cur         1248    1248     208    39    2 : tunables  .......
xfs_log_ticket        9328    9328     184    44    2 : tunables  .......
```

另外，Linux 還提供了一個特別方便的命令 slabtop 來按照占用記憶體從大往小進行排列。這個命令用來分析 slab 記憶體消耗非常方便。

```
# slabtop
 Active / Total Objects (% used)    : 9281266 / 9314784 (99.6%)
 Active / Total Slabs (% used)      : 222396 / 222396 (100.0%)
 Active / Total Caches (% used)     : 81 / 109 (74.3%)
 Active / Total Size (% used)       : 1868697.38K / 1879048.60K (99.4%)
 Minimum / Average / Maximum Object : 0.01K / 0.20K / 15.88K

  OBJS ACTIVE   USE OBJ SIZE   SLABS OBJ/SLAB CACHE SIZE NAME
7341306 7340796  99%    0.19K 174793      42  1398344K dentry
 840372 831455   98%    0.10K  21548      39    86192K buffer_head
 164035 163209   99%    0.15K   3095      53    24760K xfs_ili
 161910 161404   99%    1.06K   5397      30   172704K xfs_inode
  79232  76818   96%    0.06K   1238      64     4952K kmalloc-64
  71100  70850   99%    0.11K   1975      36     7900K sysfs_dir_cache
```

無論是 /proc/slabinfo，還是 slabtop 命令的輸出，裡面都包含了每個 cache 中 slab 的以下兩個關鍵資訊：

- objsize：每個物件的大小。
- objperslab：一個 slab 裡存放的物件的數量。

/proc/slabinfo 還多輸出了一個 pagesperslab。展示了一個 slab 占用的頁面的數量，每個頁面 4KB，這樣也就能算出每個 slab 占用的記憶體大小。

最後，slab 管理器元件提供了若干介面函數，方便自己使用。舉三個例子：

- kmem_cache_create：方便地建立一個基於 slab 的核心物件封裝程式。
- kmem_cache_alloc：快速為某個物件申請記憶體。
- kmem_cache_free：將物件占用的記憶體歸還給 slab 分配器。

在核心的原始程式中，可以大量見到 kmem_cache 開頭的函數的使用，在本書後面也將出現很多對這類函數的呼叫。

7.2.5 小結

透過上面描述的幾個步驟，核心高效率地把記憶體用了起來，如圖 7.12 所示。

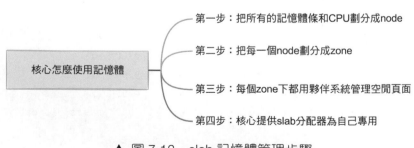

▲ 圖 7.12　slab 記憶體管理步驟

前三步是基礎模組，為應用程式分配記憶體時的請求調頁元件也能夠用到。但第四步，就算是核心的小灶了。核心根據自己的使用場景，量身打造的一套自用的高效記憶體分配管理機制。

另外，雖然採用 slab 的分配機制極大地減少了記憶體碎片的發生，但也不能完全避免。舉個例子，拿我本機上的 TCP 物件的 slab 資訊舉例（核心版本是 3.10.0）。

```
# cat /proc/slabinfo | grep TCP
TCP                    288    384   1984   16    8
```

可以看到 TCP cache 下每個 slab 占用 8 個頁面，也就是 8×4096B = 32768B。該物件的單一大小是 1984B，每個 slab 內放了 16 個物件。1984×16 = 31744B。這個時候再多放一個 TCP 物件又放不下，剩下的 1 KB 記憶體就只好「浪費」掉了。

不過 32 KB 記憶體才浪費 1KB，其實碎片率已經非常低了。而且鑑於 slab 機制整體提供的高性能，這一點點的額外消耗還是很值得的。

7.3 TCP 連接相關核心物件

目前我們已經了解了核心是如何使用記憶體的了。TCP 連接當然也會使用記憶體，每申請一個核心物件就都需要到對應的 slab 快取裡申請一塊記憶體。在本節中，我們看看 TCP 連接中都使用了哪些核心物件。

在 3.1 節中，簡單介紹了 socket 函數是如何建立 socket 相關的核心物件的，不過當時的主要目的是為了展示清楚 struct socket 和 struct sock 兩個核心物件的協定處理函數指標是怎麼初始化的。本章要討論的是 TCP

的核心物件占用多大的記憶體，角度不一樣，因此，從記憶體申請的角度再來看看 socket 的建立。

socket 的建立方式有兩種，一種是直接呼叫 socket 函數，另外一種是呼叫 accept 接收。先來看 socket 函數的情況。

7.3.1 socket 函數直接建立

socket 函數會進入 __sock_create 核心函數。

```
//file: net/socket.c
int __sock_create(struct net *net, int family, int type, int protocol,
          struct socket **res, int kern)
{
    //申請struct socket核心物件
    sock = sock_alloc();

    //呼叫協定族的建立函數建立 sock
    err = pf->create(net, sock, protocol, kern);
    ......
}
```

sock_inode_cache 申請（struct socket_alloc）

在 sock_alloc 函數中，申請了一個 struct socket_alloc 核心物件。socket_alloc 核心物件將 socket 和 inode 資訊連結了起來。

```
//file:include/net/sock.h
struct socket_alloc {
    struct socket socket;
    struct inode vfs_inode;
};
```

sock_inode_cache 是專門用來儲存 struct socket_alloc 的 slab 快取，它是在 init_inodecache 中初始化的。

```
//file:net/socket.c
static int init_inodecache(void)
{
    sock_inode_cachep = kmem_cache_create("sock_inode_cache",
                        sizeof(struct socket_alloc),
                        0,
                        (SLAB_HWCACHE_ALIGN |
                         SLAB_RECLAIM_ACCOUNT |
                         SLAB_MEM_SPREAD),
                        init_once);
    ......
}
```

我們來看看 sock_alloc 具體是如何完成 struct sock_alloc 物件申請的。呼叫鏈條比較長，為了簡潔，就不展示具體的程式了。我直接把呼叫鏈列出來，sock_alloc = > new_inode_pseudo = > alloc_inode = > sock_alloc_inode。我們直接看 sock_alloc_inode 函數，在該函數中呼叫 kmem_cache_alloc 從 sock_inode_cacheslab 快取中申請一個 struct socket_alloc 物件。

```
//file: net/socket.c
static struct inode *sock_alloc_inode(struct super_block *sb)
{
    struct socket_alloc *ei;
    struct socket_wq *wq;
    ei = kmem_cache_alloc(sock_inode_cachep, GFP_KERNEL);
    if (!ei)
        return NULL;
    wq = kmalloc(sizeof(*wq), GFP_KERNEL);
    ......
}
```

另外還可以看到，這裡還透過 kmalloc 申請了一個 socket_wq。這個是用來記錄在 socket 上等待事件的等待項。在 3.3.1 節中介紹阻塞網路 IO 的

時候用到過這個資料結構。當處理程序因為等待資料而被暫停前，會申
請一個新的等待佇列項，把當前處理程序描述符號和回呼函數設定好後
掛到這個佇列上。不過由於這個核心物件比較小，就不特別提了。

TCP 物件申請（struct tcp_sock）

對 IPv4 來說，inet 協定族對應的 create 函數是 inet_create，程式如下：

```
//file: net/ipv4/af_inet.c
static const struct net_proto_family inet_family_ops = {
    .family = PF_INET,
    .create = inet_create,
    .owner = THIS_MODULE,
};
```

因此 __sock_create 中對 pf->create 的呼叫會執行到 inet_create 中去。
在這個函數中，將到 TCP 這個 slab 快取中申請一個 struct sock 核心物件
出來。其中 TCP 這個 slab 快取是在 inet_init 中初始化好的。

```
//file:net/ipv4/af_inet.c
static int __init inet_init(void)
{
    rc = proto_register(&tcp_prot, 1);
    rc = proto_register(&udp_prot, 1);
  ......
}
```

```
//file: net/ipv4/tcp_ipv4.c
struct proto tcp_prot = {
    .name       = "TCP",
    .owner      = THIS_MODULE,
    .close      = tcp_close,
    .connect    = tcp_v4_connect,
    .disconnect     = tcp_disconnect,
    ,...
```

```
    .obj_size      = sizeof(struct tcp_sock),
}

//file: net/core/sock.c
int proto_register(struct proto *prot, int alloc_slab)
{
    if (alloc_slab) {
        prot->slab = kmem_cache_create(prot->name, prot->obj_size, 0,
                    SLAB_HWCACHE_ALIGN | prot->slab_flags,
                    NULL);
        ......
    }
}
```

協定層初始化的時候，會建立一個名為 TCP、大小為 sizeof(struct tcp_ sock) 的 slab 快取，並把它記到 tcp_prot->slab 的欄位下。

這裡要注意一點，在 TCP slab 快取中實際存放的是 struct tcp_sock 物件，是 struct sock 的擴充。這在 6.2.2 節也曾介紹過。tcp_sock、inet_ connection_sock、inet_sock、sock 是逐層巢狀結構的關係，類似於物件導向程式語言中的繼承，所以 tcp_sock 是可以當 sock 來用的。

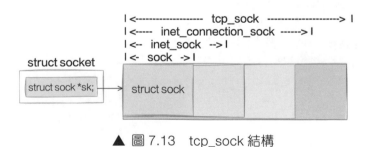

▲ 圖 7.13　tcp_sock 結構

我們來具體看看 inet_create 是怎麼完成 struct sock，啊不，是 struct tcp_sock 核心物件的申請的。

```
//file: net/ipv4/af_inet.c
static int inet_create(struct net *net, struct socket *sock, int protocol,
            int kern)
{
    ......
    //這個answer_prot 其實就是tcp_prot
    answer_prot = answer->prot;
    sk = sk_alloc(net, PF_INET, GFP_KERNEL, answer_prot);
    ......
}
```

inet_create 呼叫了 sk_alloc，根據函數名稱也能猜出來它分配了記憶體。

```
//file:net/core/sock.c
struct sock *sk_alloc(struct net *net, int family, gfp_t priority,
            struct proto *prot)
{
    struct sock *sk;
    sk = sk_prot_alloc(prot, priority | __GFP_ZERO, family);
    ......
}

static struct sock *sk_prot_alloc(struct proto *prot, gfp_t priority,
        int family)
{
    slab = prot->slab;
    if (slab != NULL) {
        sk = kmem_cache_alloc(slab, priority & ~__GFP_ZERO);
    ......
}
```

這裡的 prot->slab（tcp_prot->slab）前面講過，是 tcp_sock 核心物件的 slab 快取。這裡透過 kmem_cache_alloc 函數來從該快取中分配出來一個 tcp_sock 核心物件。

dentry 申請

回到 socket 系統呼叫的入口處，除了 sock_create 以外，還呼叫了一個 sock_map_fd。

```
//file: net/socket.c
SYSCALL_DEFINE3(socket, int, family, int, type, int, protocol)
{
    sock_create(family, type, protocol, &sock);
    sock_map_fd(sock, flags & (O_CLOEXEC | O_NONBLOCK));
}
```

以此為入口將完成 struct dentry 的申請。

```
//file:include/linux/dcache.h
struct dentry {
    ......
    struct dentry *d_parent; /* parent directory */
    struct qstr d_name;
    struct inode *d_inode;
    unsigned char d_iname[DNAME_INLINE_LEN];
    ......
};
```

核心初始化的時候建立好了一個 dentry slab 快取，所有的 struct dentry 物件都將在這裡進行分配。

```
//file:fs/dcache.c
static void __init dcache_init(void)
{
    dentry_cache = KMEM_CACHE(dentry,
        SLAB_RECLAIM_ACCOUNT|SLAB_PANIC|SLAB_MEM_SPREAD);
}
```

```
//file: include/linux/slab.h
#define KMEM_CACHE(__struct, __flags) kmem_cache_create(#__struct,\
```

```
        sizeof(struct __struct), __alignof__(struct __struct),\
    (__flags), NULL)
```

進入 sock_map_fd 來看看 struct dentry 核心物件詳細的申請過程。

//file:net/socket.c
```
static int sock_map_fd(struct socket *sock, int flags)
{
    struct file *newfile;
    int fd = get_unused_fd_flags(flags);
    ......

    //1.申請dentry、file核心物件
    newfile = sock_alloc_file(sock, flags, NULL);
    if (likely(!IS_ERR(newfile))) {
        //2.連結到socket及處理程序
        fd_install(fd, newfile);
        return fd;
    }
    ......
}
```

在 sock_alloc_file 中完成核心物件的申請。

//file:net/socket.c
```
struct file *sock_alloc_file(struct socket *sock, int flags, const char
*dname)
{
    //申請dentry
    path.dentry = d_alloc_pseudo(sock_mnt->mnt_sb, &name);

    //申請flip
    file = alloc_file(&path, FMODE_READ | FMODE_WRITE,
        &socket_file_ops);
    ......
}
```

在 sock_alloc_file 中其實完成了 struct dentry 和 struct file 兩個核心物件的申請。不過先只介紹 dentry，它是在 d_alloc_pseudo 中完成申請的。

```
//file:fs/dcache.c
struct dentry *d_alloc_pseudo(struct super_block *sb, const struct qstr
*name)
{
    struct dentry *dentry = __d_alloc(sb, name);
    if (dentry)
        dentry->d_flags |= DCACHE_DISCONNECTED;
    return dentry;
}
```

```
//file:fs/dcache.c
struct dentry *__d_alloc(struct super_block *sb, const struct qstr *name)
{
    dentry = kmem_cache_alloc(dentry_cache, GFP_KERNEL);
  ......
}
```

前面講過，dentry_cache 是一個專門用於分配 struct dentry 核心物件的 slab 快取。kmem_cache_alloc 執行完後，一個 dentry 物件就申請出來了。

flip 物件申請（struct file）

回顧上面的 sock_alloc_file 函數，在這裡其實除了 dentry 外，還透過 alloc_file 申請了一個 struct file 物件。在 Linux 上，一切皆是檔案，正是透過和 struct file 物件的連結來讓 socket 看起來也是一個檔案。struct file 是透過 filp slab 快取來進行管理的。

```
//file:fs/file_table.c
void __init files_init(unsigned long mempages)
{
    filp_cachep = kmem_cache_create("filp", sizeof(struct file), 0,
            SLAB_HWCACHE_ALIGN | SLAB_PANIC, NULL);
```

```
    ......
}
```

讓我們進入 alloc_file 函數看看申請過程。

//file:fs/file_table.c
```
struct file *alloc_file(struct path *path, fmode_t mode,
        const struct file_operations *fop)
{
    file = get_empty_filp();
    ......
}
```

接下來再進入 get_empty_filp 函數。

//file:fs/file_table.c
```
struct file *get_empty_filp(void)
{
    f = kmem_cache_zalloc(filp_cachep, GFP_KERNEL);
    ......
}
```

前面介紹過，filp_cachep 是一個專門儲存 struct file 核心物件的 slab 快取，呼叫 kmem_cache_zalloc 後，一個該類型的物件就在記憶體上分配好了。

小結

上面的呼叫鏈條有點長，這裡用一幅相對全面一點的呼叫鏈來讓大家看看核心物件的申請位置。

```
SYSCALL_DEFINE3(socket, ..) （socket系統呼叫入口）
--> sock_create
--|--> __sock_create
--|--|--> sock_alloc
--|--|--|--> new_inode_pseudo
```

```
--|--|--|--|--> alloc_inode
--|--|--|--|--|--> sock_alloc_inode （申請socket_alloc和socket_wq）
--|--|--> inet_create
--|--|--|--> sk_alloc
--|--|--|--|--> sk_prot_alloc （申請tcp_sock）
--> sock_map_fd
--|--> sock_alloc_file
--|--|--> d_alloc_pseudo
--|--|--|--> __d_alloc （申請dentry）
--|--|--> alloc_file
--|--|--|--> get_empty_filp （申請file）
```

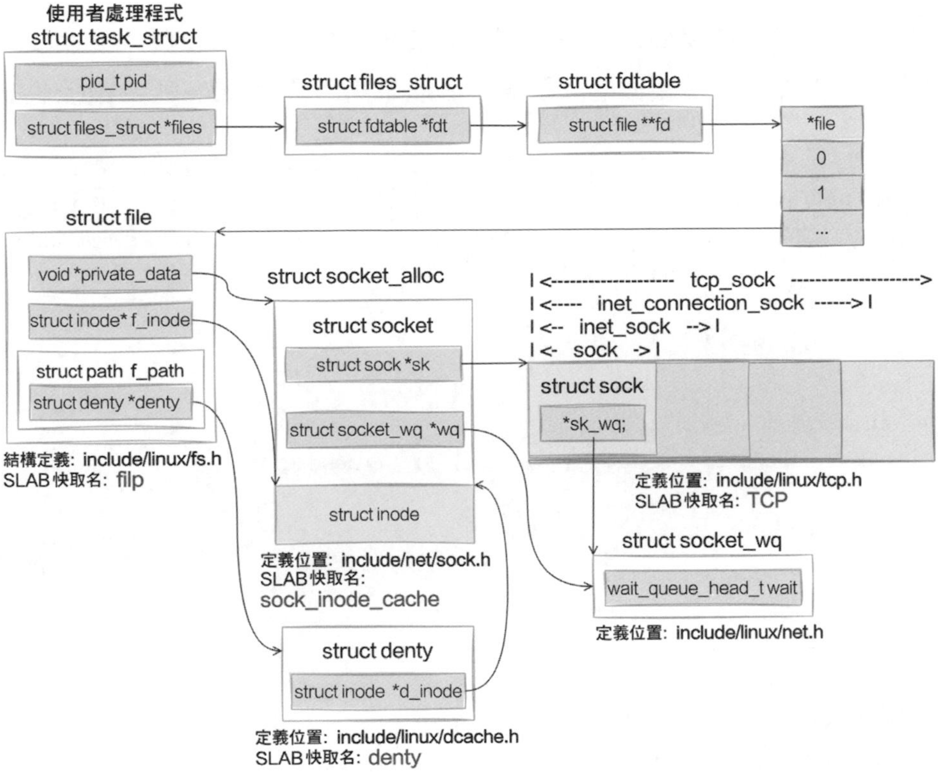

▲ 圖 7.14　socket 核心物件

socket 系統呼叫完畢之後，在核心中就申請了配套的一組核心物件。這些核心物件並不是孤立地存在的，而是互相保留著和其他核心物件的連結關係，如上頁圖 7.14 所示。

所有網路相關的操作，包括資料接收和發送等都是以這些資料結構為基礎來進行的。

7.3.2 服務端 socket 建立

除了直接建立 socket 以外，服務端還可以透過 accept 函數在接收連接請求時完成相關核心物件的建立。雖然建立的整體流程不一樣，不過核心物件基本上都是非常相似的。下面就來簡單講講透過 accept 函數接收的過程。

```
//file: net/socket.c
SYSCALL_DEFINE4(accept4, int, fd, struct sockaddr __user *, upeer_sockaddr,
        int __user *, upeer_addrlen, int, flags)
{
    struct socket *sock, *newsock;

    //根據fd查詢到監聽的socket
    sock = sockfd_lookup_light(fd, &err, &fput_needed);

    //申請並初始化新的socket
    newsock = sock_alloc();
    newsock->type = sock->type;
    newsock->ops = sock->ops;

    //申請新的file物件，並設定到新socket上
    newfile = sock_alloc_file(newsock, flags, sock->sk->sk_prot_creator->name);
    ......
```

```
//接收連接
err = sock->ops->accept(sock, newsock, sock->file->f_flags);

//將新檔案增加到當前處理程序的打開檔案列表
fd_install(newfd, newfile);
```

前面講過，sock_alloc 這個函數就是從 sock_inode_cache slab 快取中申請一個 struct socket_alloc，該物件中包含了 struct inode 和 struct socket，詳情參考前文。

sock_alloc_file 這個函數同樣在前面講過，在它裡面完成了對兩個核心物件的申請。一個是 struct dentry，是在名稱相同的 slab 快取中申請的，另外一個是 struct file，是在 filp slab 快取中分配的。

不過 tcp_sock 物件的建立過程有點不太一樣，服務端核心在第三次握手成功的時候，就已經建立好了 tcp_sock，並且一同放到了全連接佇列中。這樣在呼叫 accept 函數接收的時候，只需要從全連接佇列中取出來直接用就行了，無須再單獨申請。

```
//file: net/ipv4/inet_connection_sock.c
struct sock *inet_csk_accept(struct sock *sk, int flags, int *err)
{
    //從全連接佇列中獲取
    struct request_sock_queue *queue = &icsk->icsk_accept_queue;
    req = reqsk_queue_remove(queue);
    newsk = req->sk;
    return newsk;
}
```

看，從全連接佇列中取出來的 req 中是有 sock 物件的。

所以，服務端呼叫 accept 函數接收後生成的 socket 核心物件，也是 struct socket_alloc、struct file、struct dentry、struct tcp_sock 等幾個，對應的 slab 快取名是 sock_inode_cache、filp、dentry、TCP。

7.4 實測 TCP 核心物件消耗

上一節從原始程式層面討論了一筆 TCP 連接需要哪些核心物件。但正所謂「紙上得來終覺淺，絕知此事要躬行」，所以我們透過一個實驗的形式再做實際測試，這樣印象更深。

由於在測試中需要不停地在用戶端和服務端兩個角色之間切換，為了在做實驗的時候，更直觀地看到哪個命令是在哪一端上操作的，我們引入了一對卡通人物，分別代表服務端和用戶端。

7.4.1 實驗準備

這個實驗需要準備兩台伺服器，一台作為用戶端，另一台作為服務端。在公眾號「開發內功修煉」後台回覆「配套原始程式」，獲取本實驗要使用的測試原始程式。原始程式有三種語言，分別是 C、Java、PHP，總有一種是你熟悉的。無論選擇哪一種，都需要具備該語言對應的編譯或執行環境，例如 gcc、java & javac、php 等命令和工具。

在用戶端，需要調整以下核心參數並順便記錄下來 /proc/meminfo 中記錄的 Slab 記憶體消耗，參見圖 7.15。

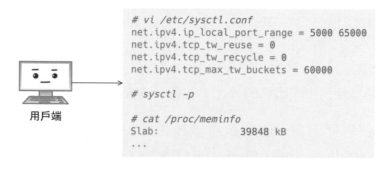

▲ 圖 7.15　用戶端實驗準備

- 調整 ip_local_port_range 來保證可用通訊埠數大於 5 萬個。
- 保證 tw_reuse 和 tw_recycle 是關閉狀態的，否則連接無法進入 TIME_WAIT。
- 調整 tcp_max_tw_buckets 保證能有 5 萬個 TIME_WAIT 狀態供觀察。

再使用 slabtop 命令記錄實驗開始前 slab 快取的使用情況。由於 Linux 在執行的過程中為了提高性能，會快取 VFS 相關的很多核心物件，為了方便觀察本次實驗結果，需要先清理 pagecache、dentries 和 nodes。

```
# echo "3" > /proc/sys/vm/drop_caches
# slabtop
 ......
 OBJS ACTIVE  USE OBJ SIZE  SLABS OBJ/SLAB CACHE SIZE NAME
62976 43709  69%    0.06K    984      64     3936K kmalloc-64
17976 11171  62%    0.19K    856      21     3424K dentry
15028 15028 100%    0.12K    442      34     1768K kernfs_node_cache
11220 11220 100%    0.04K    110     102      440K selinux_inode_security
 9412  9008  95%    0.58K    724      13     5792K inode_cache
```

測試的時候一般本地的兩台機器的 RTT 都很短，零點幾毫秒，很容易把連接佇列打滿，進而導致握手過慢。為了避免這個問題，原始程式碼中的 backlog 都設定的是 1024。但必須在核心參數 somaxconn 大於這個數字的時候才能生效，所以需要確認或修改系統 somaxconn 的大小，參見圖 7.16。

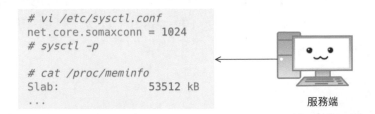

▲ 圖 7.16　服務端實驗準備

服務端也一樣，清理各種快取，並記錄下 slabtop 的輸出情況。

```
# echo "3" > /proc/sys/vm/drop_caches
# slabtop
 ......
  OBJS ACTIVE   USE OBJ SIZE   SLABS OBJ/SLAB CACHE SIZE NAME
 26368  13080   49%   0.06K     412       64     1648K kmalloc-64
 21399  12225   57%   0.19K    1019       21     4076K dentry
 17820  17742   99%   0.11K     495       36     1980K kernfs_node_cache
 14420   3932   27%   0.57K     515       28     8240K radix_tree_node
 13962   7180   51%   0.10K     358       39     1432K buffer_head
 10914  10914  100%   0.04K     107      102      428K selinux_inode_security
```

7.4.2 實驗開始

在服務端機器上下載原始程式後，進入 chapter-07/7.4/test-01 目錄，再選擇一門你熟悉的語言。無論選擇哪門語言，下面的操作過程描述都是通用的。

啟動服務端程式，如果正常將啟動一個監聽在 8090 通訊埠的簡單程式。當然這個通訊埠編號如果和你本地的其他程式衝突，你可以在 Makefile 檔案中進行修改。

```
# make run-srv
```

再到另外的用戶端機器上下載原始程式並進入相同的目錄，修改 Makefile 中的伺服器 IP（預設是 192.168.0.1）。如果通訊埠修改過的話，也要改，然後啟動用戶端。

```
# make run-cli
```

當用戶端啟動起來的時候，連接就開始了，參見圖 7.17。

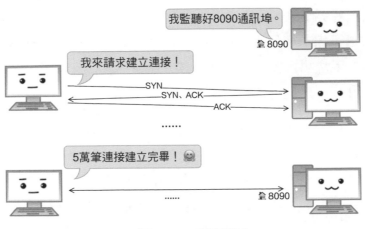

▲ 圖 7.17　實驗開始

7.4.3 觀察 ESTABLISH 狀態消耗

用戶端記憶體消耗查看

我們來查看當前用戶端機上 slabtop 命令的輸出情況。

```
  OBJS ACTIVE   USE OBJ SIZE   SLABS OBJ/SLAB CACHE SIZE NAME
144448 144448  100%   0.06K    2257       64      9028K kmalloc-64
 73353  73353  100%   0.19K    3493       21     13972K dentry
 52208  52192   99%   0.25K    3263       16     13052K kmalloc-256
 50148  50148  100%   0.62K    4179       12     33432K sock_inode_cache
 50032  50032  100%   1.94K    3127       16    100064K TCP
 15028  15028  100%   0.12K     442       34      1768K kernfs_node_cache
```

和實驗開始前的資料相比，kmalloc-64、dentry、kmalloc-256、sock_inode_cache、TCP 這 5 個核心物件都有了明顯的增加。這些其實就是在 7.3 節中提到的 socket 內部相關的核心物件。其中的 kmalloc-256 是前文介紹過的 filp。kmalloc-64 既包括前文提到的 socket_wq，也包括記錄通訊埠使用關係的雜湊表中使用的 inet_bind_bucket 元素（該物件在 6.3

節介紹過,每次使用一個通訊埠的時候,就會申請一個 inet_bind_bucket 以記錄該通訊埠被使用過,所有的 inet_bind_bucket 以雜湊表的形式組織了起來,下次再選擇通訊埠的時候查詢該雜湊表來判斷一個通訊埠有沒有被使用)。

至於為何不顯示 filp、tcp_bind_bucket 等,而是顯示 kmalloc-xx,那是因為 Linux 內部叫 slab merging 的功能。這個功能會可能會將同等大小的 slab 快取放到一起。Linux 原始程式中提供了工具可以查看都有哪些 slab 參與了合併。注意,這個工具需要編譯才能使用,編譯後這樣查看。

```
# cd linux-3.10.1/tools/vm
# make slabinfo
# ./slabinfo -a
t-0000064   <- dccp_ackvec_record kmalloc-64 anon_vma_chain xfs_ifork
secpath_cache io dmaengine-unmap-2 ksm_rmap_item fs_cache sctp_bind_
bucket tcp_bind_bucket dccp_bind_bucket fib6_nodes avc_node ksm_stable_node
ftrace_event_file fanotify_perm_event_info
:t-0000256   <- biovec-16 pool_workqueue rpc_tasks request_sock_TCPv6 bio-0
request_sock_TCP kmalloc-256 sgpool-8 skbuff_head_cache ip_dst_cache sctp_
chunk filp
......
```

透過上述輸出可以看到,tcp_bind_bucket 和 kmalloc-64 是合併過的,filp 也確確實實和 kmalloc-256 合併到了一起。

這樣這個實驗就和之前分析的原始程式都對上了。再來查看一筆 TCP 連接使用的各個核心物件的大小:socket_wq(kmalloc-64)是 0.06 KB,dentry 是 0.19 KB,kmalloc-256 是 0.25 KB,sock_inode_cache 是 0.62 KB,TCP 是 1.94 KB。全部加起來以後,1.94 + 0.62 + 0.25 + 0.19 + 0.06 = 3.06 KB。另外在 7.2 節講過,slab 記憶體管理還是會適度存在一些浪費,再加上記錄通訊埠使用關係的 tcp_bind_bucket,所以實際記憶體占用會比這個大一些。

另外，我們再查看 meminfo 中的消耗，參見圖 7.18。

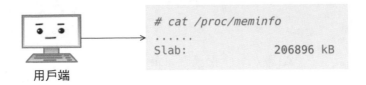

用戶端

▲ 圖 7.18　用戶端 slab 記憶體消耗

平均每個 socket 上記憶體消耗 =（當前 slab 輸出－開始的 slab 輸出）/ 50000，計算 (206896 - 39848) / 50000 = 3.34 KB。基本和上面透過累加核心物件大小計算出來的結果差不多。

服務端記憶體消耗查看

再來查看服務端上的 slabtop 的結果。

```
# slabtop
 OBJS ACTIVE  USE OBJ SIZE   SLABS OBJ/SLAB CACHE SIZE NAME
 63936  63936 100%  0.06K   999      64      3996K kmalloc-64
 62517  62517 100%  0.19K  2977      21     11908K dentry
 53088  52913  99%  0.25K  3318      16     13272K kmalloc-256
 50250  50250 100%  0.62K  2010      25     32160K sock_inode_cache
 50240  50240 100%  1.94K  3140      16    100480K TCP
 17820  17742  99%  0.11K   495      36      1980K kernfs_node_cache
```

大致也是 kmalloc-64、dentry、kmalloc-256、sock_inode_cache、TCP 這五個物件。不過和客戶端相比，kmalloc-64 明顯要消耗得少一些。這是因為服務端不需要 tcp_bind_bucket 記錄通訊埠占用。根據各個 slab 的大小相加得出服務端每個 socket 記憶體大小大約也是 3 KB 左右，如下頁圖 7.19 所示。

服務端

▲ 圖 7.19　服務端 slab 記憶體消耗

透過實驗開始前後的 Slab 命令輸出，我們再計算一遍，(206032 - 53512) / 50000 = 3.05 KB，比用戶端計算的結果確實小了一點點。

7.4.4　觀察非 ESTABLISH 狀態消耗

再來看看非 ESTABLISH 狀態下的 TCP 連接的記憶體消耗。很多非連接狀態都是暫態出現的，非常不好捕捉，更何況還得批次捕捉以後才能計算。所以本實驗中只觀察幾種容易捕捉的狀態，只要透過這幾種狀態理解了原理就可以了。

先來回顧四次揮手的狀態流轉，見圖 7.20。

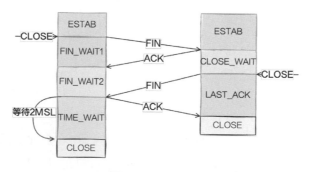

▲ 圖 7.20　四次揮手

幸運的是，有一個非常簡單的方法可以讓核心發出 CLOSE。那就是在當前擁有連接的處理程序上按 CTRL ＋ C 複合鍵退出。我們就利用這個方法進行本次實驗。

FIN_WAIT2

在用戶端機上，找到執行測試程式的視窗，按 CTRL ＋ C 複合鍵，FIN_WAIT2 實驗如圖 7.21 所示。

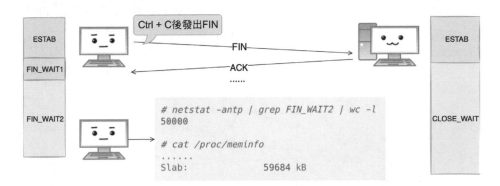

▲ 圖 7.21　FIN_WAIT2 實驗

根據用戶端機當前 meminfo 中 Slab 的消耗可以粗略算出：(59684 - 39848) / 50000 = 0.396 KB。

可見在 FIN_WAIT2 狀態下，TCP 連接的消耗要比 ESTABLISH 狀態下小得多。我們來看下 slabtop 中的情況。

```
# slabtop
 OBJS ACTIVE   USE OBJ SIZE   SLABS OBJ/SLAB CACHE SIZE NAME
144640  95285   65%    0.06K    2260       64      9040K kmalloc-64
 50032  50032  100%    0.25K    3127       16     12508K tw_sock_TCP
 21210  14414   67%    0.19K    1010       21      4040K dentry
```

可見 dentry、filp、sock_inode_cache、TCP 這四個物件都被回收了，只剩下 kmalloc-64，另外多了一個只有 0.25 KB 的 tw_sock_TCP。

總之，FIN_WAIT2 狀態下的 TCP 連接占用的記憶體很小。核心在不需要的時候會儘量回收不再使用的核心物件，以節約記憶體。

TIME_WAIT

TIME_WAIT 是伺服器上除了 ESTABLISH 以外最常見的狀態了，所以我已經迫不及待想要查看一個 TIME_WAIT 大約占用多少記憶體了。在服務端執行著測試程式的視窗按 CTRL + C 複合鍵後，服務端將也發出 FIN。用戶端在收到後，就可以進入 TIME_WAIT 狀態了，參見圖 7.22。

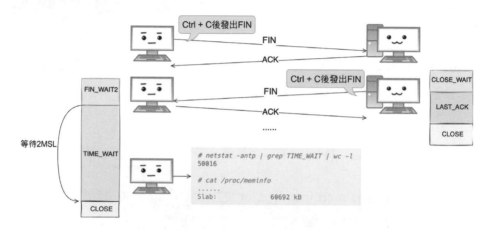

▲ 圖 7.22　TIME_WAIT 實驗

透過 meminfo 中 Slab 記憶體消耗可以粗略算出：(60692 - 39848) / 50000 = 0.41，和 FIN_WAIT2 下占用差不多。再看看 slabtop 中的情況。

```
# slabtop
  OBJS ACTIVE  USE OBJ SIZE   SLABS OBJ/SLAB CACHE SIZE NAME
144640  93988  64%    0.06K    2260       64       9040K kmalloc-64
 50032  50032 100%    0.25K    3127       16      12508K tw_sock_TCP
 21861  14721  67%    0.19K    1041       21       4164K dentry
 15834  15834 100%    0.10K     406       39       1624K buffer_head
```

確實使用的核心物件和 FIN_WAIT2 時也一樣。

總之，FIN_WAIT2、TIME_WAIT 狀態下的 TCP 連接占用的記憶體很小，大約只有 0.3～0.4 KB 左右。

> 📝**注意**
>
> 為什麼 slab 計算出來會更多？是因為在伺服器上計算難免會有其他程式的
> 干擾。我們透過 50000 筆連接來降低這個誤差的影響。但即使是 50000 筆的
> TIME_WAIT 占用總記憶體也僅只有 17 MB 而已。其他應用程式稍微波動,
> 這個誤差就出來了。

7.4.5　收發快取區簡單測試

接下來再做一次帶資料收發的實驗。但資料收發對記憶體的消耗相當複
雜,涉及 tcp_rmem、tcp_wmem 等核心參數限制,也涉及滑動視窗、流
量控制等協定層面的影響。測試難度非常大,所以只選擇一個簡單的情
況進行測試。

服務端不接收

進入原始程式中的 chapter-07/7.4/test-02 目錄,這個實驗基本上和 test-
01 的原始程式是一致的。區別就是這個用戶端發送了 "I am client" 短字
串出來。不過在服務端並沒有接收連接上的資料,參見圖 7.23。

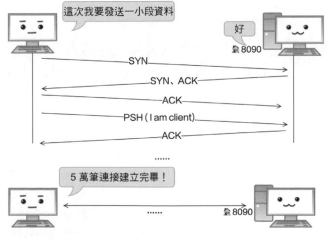

▲ 圖 7.23　用戶端發送,服務端不接收

先看用戶端,這個時候查看用戶端上的 slabtop、meminfo 中的 slab 消耗等,發現沒有看到額外的發送快取區的記憶體消耗。這是因為只要發送出去的資料能接收到對方的 ACK,而且沒有資料要繼續發送的話,發送快取區用完就立即釋放了。

再看服務端,還是使用 slabtop 來查看。

```
# slabtop
   OBJS ACTIVE   USE OBJ SIZE   SLABS OBJ/SLAB CACHE SIZE NAME
 103408 103310   99%    0.25K    6463       16     25852K kmalloc-256
  63552  63552  100%    0.06K     993       64      3972K kmalloc-64
  61782  61782  100%    0.19K    2942       21     11768K dentry
  50250  50250  100%    0.62K    2010       25     32160K sock_inode_cache
  50224  50224  100%    1.94K    3139       16    100448K TCP
  17820  17742   99%    0.11K     495       36      1980K kernfs_node_cache
```

對照上面空的 ESTABLISH,發現多了 50000 個 kmalloc-256。這些就是接收快取區所使用的記憶體。因為我們發送的資料很小,所以一個 256B 大小的快取區就夠了。如果待接收的資料更多,一般來說快取區也會消耗得更大。不過正如前文所說,影響因素還有很多。

服務端接收

再來看看如果服務端及時接收用戶端發送過來的資料,服務端的接收快取區有沒有變化。在原始程式中找到 chapter-07/7.4/test-03,這個實驗和 test-02 的區別就是服務端接收了來自用戶端的資料。實驗後,服務端的 slabtop 輸出如下:

```
# slabtop
   OBJS ACTIVE   USE OBJ SIZE   SLABS OBJ/SLAB CACHE SIZE NAME
  62912  62912  100%    0.06K     983       64      3932K kmalloc-64
  62811  62811  100%    0.19K    2991       21     11964K dentry
  52960  52922   99%    0.25K    3310       16     13240K kmalloc-256
```

```
50336  50336 100%   1.94K   3146     16   100672K TCP
50225  50225 100%   0.62K   2009     25    32144K sock_inode_cache
17820  17742  99%   0.11K    495     36     1980K kernfs_node_cache
14140   4424  31%   0.57K    505     28     8080K radix_tree_node
12948  10818  83%   0.10K    332     39     1328K buffer_head
```

和上一個實驗中服務端的 slabtop 輸出對比，發現多出來的 50000 多個 kmalloc-256 又全都沒有了。這和空 ESTABLISH 狀態下的連接的消耗基本一致了。這說明，當接收完資料以後核心消耗的接收快取區及時回收了。

7.4.6 實驗結果小結

我們把實驗中的資料進行複習。

經過觀察和計算，我們大概知道了一筆 ESTABLISH 狀態的空連接消耗的記憶體大約是 3KB 多一點點。筆者建議在工作實踐中，理解清楚這個大致的數量級就可以了。如果硬扣到底是三點幾 KB，我覺得這個意義不大，畢竟我們是工程師，又不是數學家。

另外，如果有資料的收發，還需要消耗發送和接收快取區。不過發送快取區在接收到 ACK 之後如果沒有新的要發送的資料就會回收。接收快取區是在應用處理程序 recv 拷貝到使用者處理程序記憶體後，記憶體釋放接收快取區。

對於非 ESTABLISH 狀態下的連接，比如 FIN_WAIT2 和 TIME_WAIT 等狀態下，核心會回收不需要的核心物件，以節約記憶體。一筆 TIME_WAIT 狀態的連接需要的記憶體也就是 0.4 KB 左右而已。

7.5 本章複習

在本章中為了介紹 TCP 連接核心記憶體消耗，首先介紹了核心的 slab 分配器這個背景知識，它會針對不同大小的核心物件建立出多個 slab 快取區。接著分析了 TCP 連接中都使用了哪些核心物件，還透過動手實驗的方式對 TCP 連接的記憶體消耗進行了查看。了解完這些內容，回頭看本章開篇提到的問題。

1）核心是如何管理記憶體的？

核心是整台 Linux 伺服器的基石，它的記憶體管理方案必須足夠優秀，否則將直接影響整台伺服器的穩定性。

核心採用 SLAB 的方式來管理記憶體，總共分成四步。

1. 把所有記憶體模組和 CPU 進行分組，組成 node。
2. 把每一個 node 劃分成多個 zone。
3. 每個 zone 下都用夥伴系統來管理空閒頁面。
4. 提供 slab 分配器來管理各種核心物件。

前三步是基礎模組，為應用程式分配記憶體時的請求調頁元件也能夠用到。但第四步是核心專用的。每個 slab 快取都是用來儲存固定大小，甚至是特定的一種核心物件。這樣當一個物件釋放記憶體後，另一個同類物件可以直接使用這塊記憶體，幾乎沒有任何碎片。極大地提高了分配效率，同時降低了碎片率。

2）如何查看核心使用的記憶體資訊？

透過查看 /proc/slabinfo 可以看到所有的 kmem cache。更方便的是 slabtop 命令，它從大往小按照占用記憶體進行排列，這個命令用來分析核心記憶體消耗非常方便。

3）伺服器上一筆 ESTABLISH 狀態的空連接需要消耗多少記憶體？

我的 Redis 實例上就出現了 6000 筆長連接。假設連接上絕大部分時間都是空閒的，也就是説可以假設沒有發送快取區、接收快取區的消耗，那麼一個 socket 大約需要以下幾個核心物件：

- struct socket_alloc，大小約為 0.62 KB，slab 快取名是 sock_inode_cache。
- stuct tcp_sock，大小約為 1.94 KB，slab 快取名是 tcp。
- struct dentry，大小約為 0.19 KB，slab 快取名是 dentry。
- struct file，大小約為 0.25KB，slab 快取名是 flip。

加上 slab 上多少會存在一點碎片無法使用，這組核心物件的大小大約總共是 3.3KB 左右。粗算 6000 筆 ESTABLISH 狀態的空長連接在記憶體上的消耗也就是 6000×3.3 KB，大約僅 20MB 而已。在記憶體方面，這些連接不會對伺服器產生任何壓力。

這裡再説 CPU 消耗。8-11

其實只要沒有資料封包的接收和處理，是不需要消耗 CPU 的。長連接上在沒有資料傳輸的情況下，只有極少量的保活封包傳輸，CPU 消耗可以忽略不計。

4）我的機器上出現了 3 萬多個 TIME_WAIT，記憶體消耗會不會很大？

其實這種情況只能算是 warning，而非 error ！

從記憶體的角度來考慮，一筆 TIME_WAIT 狀態的連接僅是 0.4 KB 左右的記憶體而已。

再擴充一下，從通訊埠的角度考慮，占用的通訊埠只是針對特定的服務端來説是占用了。只要下次連接的服務端不一樣（IP 或通訊埠不一樣都算），那麼這個通訊埠仍然可以用來發起 TCP 連接。

至此，我們已經深刻理解了無論是從記憶體的角度還是通訊埠的角度，一筆 TIME_WAIT 的消耗都並不那麼可怕。只有在連接同一個 server 的時候，通訊埠占用才能算得上是問題。如果想解決這個問題可以考慮使用 tcp_max_tw_buckets 來限制 TIME_WAIT 連接總數，或打開 tcp_tw_recycle、tcp_tw_reuse 來快速回收通訊埠。再徹底一些，也可以乾脆直接用長連接代替頻繁的短連接。

一台機器最多能支援多少筆 TCP 連接

8.1 相關實際問題

在網路開發中，很多人對一個基礎問題始終沒有徹底明白，那就是一台機器最多能支援多少筆 TCP 連接。不過由於用戶端和服務端對通訊埠的使用方式不同，這個問題拆開來理解更容易一些。

注意，這裡說的用戶端和服務端都只是角色，並不是指具體某一台機器。例如對 PHP 介面機來說，當它回應來自用戶端的請求的時候，它就是服務端，當它向 MySQL 請求資料的時候，它又變成了用戶端。

1）"Too many open files" 顯示出錯是怎麼回事，該如何解決？

你線上上可能遭遇過 "Too many open files" 這個錯誤，那麼你理解這個顯示出錯發生的原理嗎？如果讓你修復這個錯誤，該如何操作呢？

2）一台服務端機器最大究竟能支援多少筆連接？

因為這裡要考慮的是最大數，因此先不考慮連接上的資料收發和處理，僅考慮 ESTABLISH 狀態的空連接。那麼一台服務端機器上最大可以支援多少筆 TCP 連接？這個連接數會受哪些因素影響？

3）一台用戶端機器最大能發起多少筆網路連接？

和服務端不同的是，用戶端每次建立一筆連接都需要消耗一個通訊埠。在 TCP 協定中，通訊埠是一個 2 位元組的整數，因此範圍只能是 0～65535。那麼用戶端最大只能支持 65535 筆連接嗎？有沒有辦法突破這個限制，有的話都有哪幾種辦法？

4）做一個長連接推送產品，支援 1 億使用者需要多少台機器？

假設你是一位架構師，現在老闆給你一個需求，讓你做一個類似友盟 upush 這樣的產品。要在服務端機器上保持一個和用戶端的長連接，絕大部分情況下連接都是空閒的，每天也就頂多推送兩三次左右，總使用者規模預計是 1 億。那麼現在請你來評估需要多少台伺服器可以支撐這 1 億筆的長連接。

帶著這幾個問題，讓我們開始本章的學習。

8.2 理解 Linux 最大檔案描述符號限制

大家一定都聽説過，Linux/UNIX 下的哲學核心思想是一切皆檔案，這其中的一切當然也包括我們在 TCP 連接中提到的 socket。在第 6 章和第 7 章中可以看到，處理程序在打開一個 socket 的時候需要申請好幾個核心物件，換一句直白的話就是打開檔案物件吃記憶體。所以 Linux 系統出於安全的考慮，在多個位置都限制了可打開的檔案描述符號的數量。那麼既然本章想要討論單機最大併發連接數，那一定繞不開對 Linux 最大檔案數的限制機制的討論。

如果觸發了這個限制機制，你的應用程式遇到的就是常見的 "Too many open files" 這個錯誤。在 Linux 系統中，限制打開檔案數的核心參數包含以下三個：fs.nr_open、nofile 和 fs.file-max，想要加大可打開檔案數的限制就需要涉及對這三個參數的修改。

但這幾個參數裡有的是處理程序級的，有的是系統級的，有的是使用者處理程序級的。而且這幾個參數還有依賴關係，修改的時候，稍有不慎還可能把機器搞出問題，最嚴重的情況有可能導致你的伺服器無法使用 ssh 登入。這裡分享兩次筆者遭遇的故障，還好這兩次都是在測試環境下，沒對生產使用者造成影響。

第一次是當時開了二十個子處理程序，每個子處理程序開啟了五萬個併發連接，筆者興高采烈準備測試百萬併發。結果鬼使神差忘了改 file-max。實驗剛開始沒多大一會兒就開始顯示出錯 "Too many open files"。但問題是這個時候更悲慘的是發現所有的命令包括 ps、kill 也同時無法使用了，因為它們也都需要打開檔案才能工作，後來沒辦法，透過重新啟動系統解決的。

另外一次是重新啟動機器之後發現無法進行 ssh 登入了，後來找運行維護工程部的同事申報故障以後才得以修復。最終發現是因為我用 echo 的方式修改的 fs.nr_open，但是一重新啟動這個修改就故障了，導致 hard nofile 比 fs.nr_open 高，系統直接無法登入。

鑑於最大檔案描述符號限制的重要程度和複雜性，所以花一小節來深入講解 Linux 是如何限制最大檔案打開數的。只有深刻理解了它的原理，將來在應對相關問題的時候才能做到從容不迫！

8.2.1 找到原始程式入口

怎麼把 fs.nr_open、nofile 和 fs.file-max 這三個參數的含義徹底弄明白呢？我想沒有比把它的原始程式扒出來看得更準確了。我們就拿建立 socket 來舉例，首先找到 socket 系統呼叫的入口。

//file: net/socket.c
```
SYSCALL_DEFINE3(socket, int, family, int, type, int, protocol)
{
    retval = sock_map_fd(sock, flags & (O_CLOEXEC | O_NONBLOCK));
    if (retval < 0)
        goto out_release;
}
```

我們看到 socket 呼叫 sock_map_fd 來建立相關核心物件，接著再進入 sock_map_fd 看看。

//file: net/socket.c
```
static int sock_map_fd(struct socket *sock, int flags)
{
    struct file *newfile;

    //獲取可用fd控制碼號
    //在這裡會判斷打開檔案數是否超過soft nofile和fs.nr_open
    int fd = get_unused_fd_flags(flags);
    if (unlikely(fd < 0))
        return fd;

    //建立 sock_alloc_file物件
    //在這裡會判斷打開檔案數是否超過 fs.file-max
    newfile = sock_alloc_file(sock, flags, NULL);
    if (likely(!IS_ERR(newfile))) {
        fd_install(fd, newfile);
        return fd;
    }
```

```
    put_unused_fd(fd);
    return PTR_ERR(newfile);
}
```

為什麼建立一個 socket 既要申請 fd，又要申請 sock_alloc_file 呢？我們
看一個處理程序打開檔案時的核心資料結構圖就明白了，如圖 8.1 所示。

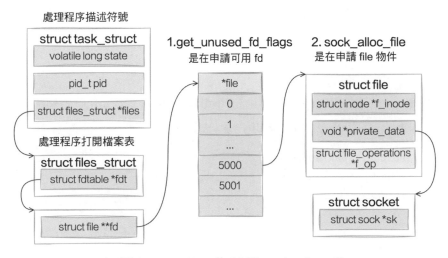

▲ 圖 8.1　socket 的 fd 和 sock_alloc_file

結合圖 8.1，就能輕鬆理解這兩個函數的作用：

■ get_unused_fd_flags：申請 fd，這只是在找一個可用的陣列下標而已。
■ sock_alloc_file：申請真正的 file 核心物件。

8.2.2 尋找處理程序級限制 nofile 和 fs.nr_open

接下來再回到最大檔案數量的判斷上。這裡我直接把結論拋出來。get_
unused_fd_flags 中判斷了 nofile 和 fs.nr_open，處理程序打開檔案數如
果超過了這兩個參數，就會顯示出錯。

```
//file: fs/file.c
int get_unused_fd_flags(unsigned flags)
{
    // RLIMIT_NOFILE是limits.conf中設定的nofile
    return __alloc_fd(
        current->files,
        0,
        rlimit(RLIMIT_NOFILE),
        flags
    );
}
```

在 get_unused_fd_flags 中，呼叫了 rlimit (RLIMIT_NOFILE)，這個是讀取的 limits.conf 中設定的 soft nofile，程式如下。

```
//file: include/linux/sched.h
static inline unsigned long task_rlimit(const struct task_struct *tsk,
        unsigned int limit)
{
    return ACCESS_ONCE(tsk->signal->rlim[limit].rlim_cur);
}
```

透過當前處理程序描述符號存取到 rlim [RLIMIT_NOFILE]，這個物件的 rlim_cur 是 soft nofile（rlim_max 對應 hard nofile），緊接著讓我們進入 __alloc_fd()。

```
//file: include/uapi/asm-generic/errno-base.h
#define    EMFILE        24    /* Too many open files */
int __alloc_fd(struct files_struct *files,
        unsigned start, unsigned end, unsigned flags)
{
    ......
    error = -EMFILE;

    //看要分配的檔案號是否超過 end（limits.conf中的nofile）
```

```
    if (fd >= end)
        goto out;

    error = expand_files(files, fd);
    if (error < 0)
        goto out;
    ......
}
```

在 __alloc_fd() 中會判斷要分配的控制碼號是不是超過了 limits.conf 中 nofile 的限制。fd 是當前處理程序相關的，是一個從 0 開始的整數，如果超限，就顯示出錯 EMFILE（Too many open files）。

📝 **注意**

這裡注意一個細節，那就是處理程序裡的 fd 是一個從 0 開始的整數。只要確保分配出去的 fd 編號不超過 limits.conf 中的 nofile，就能保證該處理程序打開的檔案總數不會超過這個數。

接下來會看到呼叫又會進入 expand_files。

```
static int expand_files(struct files_struct *files, int nr)
{
    //2. 判斷打開檔案數是否超過 fs.nr_open
    if (nr >= sysctl_nr_open)
        return -EMFILE;
}
```

在 expand_files 中，又見到 nr（就是 fd 編號）和 fs.nr_open 相比較了。超過這個限制，傳回錯誤 EMFILE（Too many open files）。

由上可見，無論是和 fs.nr_open，還是和 soft nofile 比較，都是用當前處理程序的檔案描述符號序號比較的，所以這兩個參數都是處理程序等級的。

有意思的是和這兩個參數的比較幾乎是前後腳進行的，所以它們的作用也基本一樣。Linux 之所以分兩個參數來控制，那是因為 fs.nr_open 是系統全域的，而 soft nofile 則可以分使用者來分別控制。

所以，現在我們可以得出第一個結論。

結論 1：soft nofile 和 fs.nr_open 的作用一樣，它們都是用來限制單一處理程序的最大檔案數量，區別是 soft nofile 可以按使用者來設定，而所有使用者只能配一個 fs.nr_open。

8.2.3 尋找系統級限制 fs.file-max

再回過頭來看 sock_map_fd 中呼叫的另外一個函數 sock_alloc_file，在這個函數裡我們發現它會和 fs.file-max 這個系統參數來比較，用什麼比的呢？

```
//file: fs/file_table.c
struct file *sock_alloc_file(struct socket *sock, int flags, const char
*dname)
{
    file = alloc_file(&path, FMODE_READ | FMODE_WRITE,
      &socket_file_ops);
}

struct file *alloc_file(struct path *path, fmode_t mode,
      const struct file_operations *fop)
{
    file = get_empty_filp();
    ......
}

struct file *get_empty_filp(void)
{
    //files_stat.max_files就是fs.file-max參數
```

```
    if (get_nr_files() >= files_stat.max_files
        && !capable(CAP_SYS_ADMIN) //注意這裡root帳號並不受限制
        ) {
    }
}
```

可見是用 get_nr_files() 來和 fs.file-max 比較的。根據該函數的註釋可知
它是當前系統打開的檔案描述符號總量。

```
/*
 * Return the total number of open files in the system
 */
static long get_nr_files(void)
{
    ......
```

另外注意 !capable(CAP_SYS_ADMIN) 這行。看完這句,我才恍然大悟,
原來 file-max 這個參數只限制非 root 使用者。本章開篇提到的檔案打開
過多時無法使用 ps、kill 等命令,是因為我用非 root 帳號操作的。哎,
下次再遇到這種檔案直接用 root 帳號進行 kill 命令就行了,之前竟然丟
臉地採用了重新啟動機器大法。

所以現在可以得出另一個結論了。

結論 2:fs.file-max 表示整個系統可打開的最大檔案數,但不限制 root 使
用者。

8.2.4 小結

我們複習一下,其實在 Linux 上能打開多少個檔案,有兩種限制:

■ 第一種,是處理程序等級的,限制的是單一處理程序上可打開的檔
  案數。具體參數是 soft nofile 和 fs.nr_open。它們兩個的區別是 soft

nofile 可以針對不同使用者設定不同的值。而 fs.nr_open 在一台 Linux 上只能設定一次。

■ 第二種，是系統等級的，整個系統上可打開的最大檔案數，具體參數 是 fs.file-max。但是這個參數不限制 root 使用者。

另外這幾個參數之間還有耦合關係，因此還要注意以下三點：

■ 如果想加大 soft nofile，那麼 hard nofile 也需要一起調整。因為如果 hard nofile 設定得低，你的 soft nofile 設定得再高都沒用，實際生效 的值會按二者裡最低的來。

■ 如果加大了 hard nofile，那麼 fs.nr_open 也都需要跟著一起調整。如果 不小心把 hard nofile 設定得比 fs.nr_open 大，後果比較嚴重。會導致 該使用者無法登入。如果設定的是 *，那麼所有的使用者都無法登入。

■ 還要注意，如果加大了 fs.nr_open，但用的是 echo "xx" > ../fs/nr_open 的方式，剛改完你可能覺得沒問題，只要機器一重新啟動你的 fs.nr_open 設定就會故障，還是無法登入。所以非常不建議用 echo 的 方式修改核心參數。

假如想讓處理程序可以打開 100 萬個檔案描述符號，我用修改 conf 檔案 的方式提出建議。如果日後工作中有這樣的需求，可以把它作為參考。

```
# vi /etc/sysctl.conf
fs.file-max=1100000 //系統等級設定成110萬，多留點buffer。
fs.nr_open=1100000   //處理程序等級也設定成110萬，因為要保證比hard nofile大
# sysctl -p

# vi /etc/security/limits.conf
//使用者處理程序等級都設定成100萬
*   soft   nofile   1000000
*   hard   nofile   1000000
```

8.3 一台服務端機器最多可以支撐多少筆 TCP 連接

在網路開發中，我發現有很多人對一個基礎問題始終沒有徹底搞明白。那就是一台服務端機器最多究竟能支援多少筆網路連接？很多人看到這個問題的第一反應是 65535。原因是：「聽說通訊埠編號最多有 65535 個，那長連接就最多保持 65535 個了。」是這樣的嗎？還有的人說：「應該受 TCP 連接裡四元組的設定值空間大小限制！」如果你對這個問題也是理解得不夠徹底，那麼看看下面這個故事。

8.3.1 一次關於服務端併發的聊天

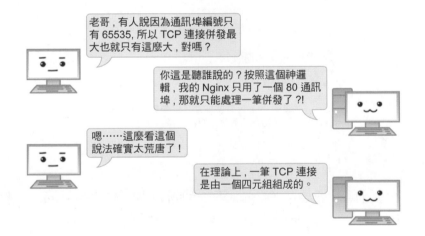

TCP 連接四元組是來源 IP 位址、來源通訊埠、目的 IP 位址和目的通訊埠。任意一個元素發生了改變，就代表這是一筆完全不同的連接了。拿我的 Nginx 舉例，它的通訊埠固定使用 80。另外我的 IP 也是固定的，這樣目的 IP 位址、目的通訊埠都是固定的。剩下來源 IP 位址、來源通訊埠是可變的。所以理論上我的 Nginx 上最多可以建立 2^{32}（IP 數）× 2^{16}（通訊埠數）筆連接。這是兩百多兆的大數字！

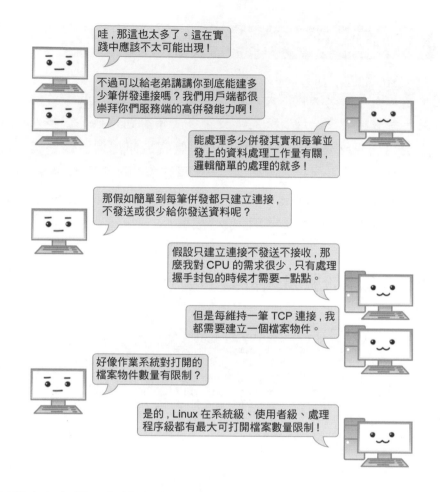

處理程序每打開一個檔案（Linux 下一切皆檔案，包括 socket），都會消耗一定的記憶體資源。如果有不懷好意的人啟動一個處理程序來無限制地建立和打開新的檔案，會讓伺服器崩潰。所以 Linux 系統出於安全的考慮，在多個位置都限制了可打開的檔案描述符號的數量，包括系統級、使用者級、處理程序級。這三個限制的含義和修改方式如下：

- 系統級：當前系統可打開的最大數量，透過 fs.file-max 參數可修改。
- 使用者級：指定使用者可打開的最大數量，修改 /etc/security/limits. conf。

■ 處理程序級：單一處理程序可打開的最大數量，透過 fs.nr_open 參數
可修改。

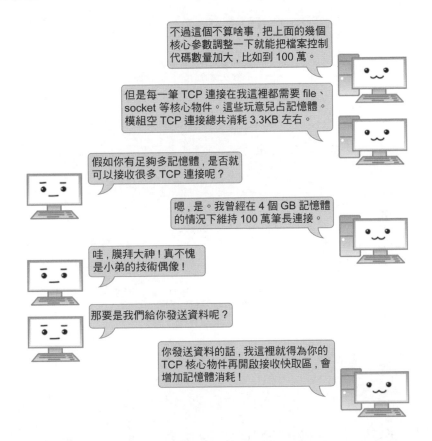

我的接收快取區大小限制是可以透過一組核心參數設定的，透過 sysctl 命
令就可以查看和修改。

```
$ sysctl -a | grep rmem
net.ipv4.tcp_rmem = 4096    87380    8388608
net.core.rmem_default = 212992
net.core.rmem_max = 8388608
```

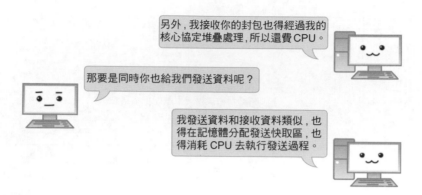

TCP 分配發送快取區的大小受參數 net.ipv4.tcp_wmem 等另外一組參數控制。

```
$ sysctl -a | grep wmem
net.ipv4.tcp_wmem = 4096    65536    8388608
net.core.wmem_default = 212992
net.core.wmem_max = 8388608
```

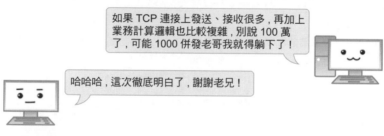

8.3.2 服務端機器百萬連接達成記

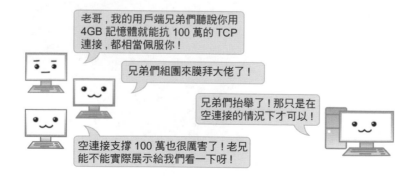

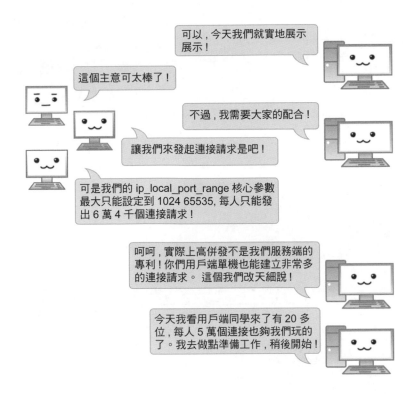

準備什麼呢，還記得前面說過 Linux 對最大檔案物件數量有限制，所以要想完成這個實驗，要在使用者級、系統級、處理程序級等位置把這個上限加大。我們實驗的目標是 100 萬，這裡都設定成 110 萬，這個很重要！因為要保證做實驗的時候其他基礎命令例如 ps，vi 等是可用的。

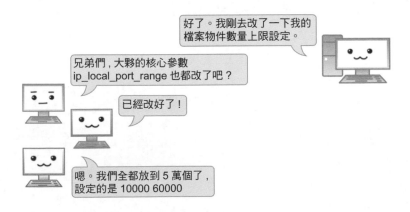

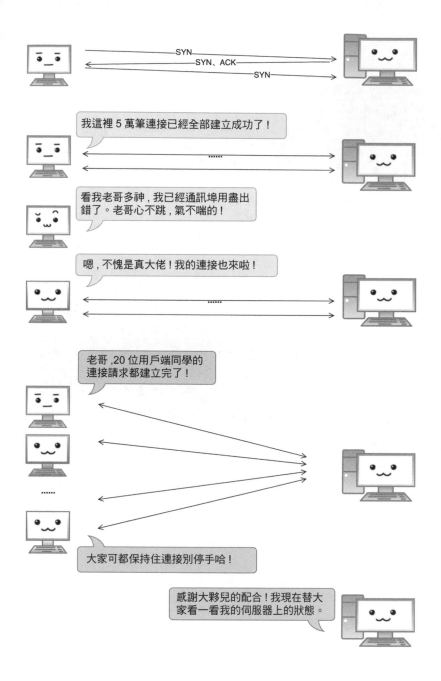

活動連接數量確實達到了 100 萬：

```
$ ss -n | grep ESTAB | wc -l
1000024
```

當前機器記憶體總共是 3.9 GB，其中核心 Slab 占用了 3.2 GB 之多。
MemFree 和 Buffers 加起來也只剩下 100 多 MB 了：

```
$ cat /proc/meminfo
MemTotal:       3922956 kB
MemFree:          96652 kB
MemAvailable:      6448 kB
Buffers:          44396 kB
......
Slab:          3241244KB kB
```

透過 slabtop 命令可以看到 densty、flip、sock_inode_cache、TCP 四個
核心物件都分別有 100 萬個：

```
# slabtop
  OBJS ACTIVE  USE OBJ SIZE  SLABS OBJ/SLAB CACHE SIZE NAME
1008200 1008176  99%   0.19K  50410      20    201640K dentry
1004360 1004156  99%   0.19K  50218      20    200872K filp
1000215 1000210  99%   0.69K 200043       5    800172K sock_inode_cache
1000040 1000038  99%   1.62K 250010       4   2000080K TCP
  25088   24433  97%   0.03K    224     112       896K size-32
```

✎注意

本節中這台服務端機器是一台 4 GB 記憶體的虛機伺服器，核心版本是
2.6.32。如果你手頭的環境實驗結果和這個不一致也不要驚慌，不同核心版本
的 socket 核心物件的確會存在一些差異。

8.3.3 小結

網際網路後端的業務特點之一就是高併發。但是一台服務端機器最大究竟能支持多少個 TCP 連接，這個問題似乎又在困擾著很多技術人員。

TCP 連接四元組是由來源 IP 位址、來源通訊埠、目的 IP 位址和目的通訊埠組成的。當四元組中任意一個元素發生了改變，那麼就代表一筆完全不同的新連接，因此從這個四元組理論來計算的話，每個伺服器可以接收的連接數量上限就是兩百多兆這樣的大數。但是每筆 TCP 連接即使是在無資料傳輸的空閒狀態下，也會消耗 3 KB 多的記憶體，所以，一台伺服器的最大連接數總量受限於服務端機器的記憶體。

另外就是我們討論的最大連接數只是在空連接狀態下的。實際的業務中，每筆連接上有資料的收發也需要消耗記憶體。而且每筆連接上的業務處理邏輯有輕有重，也不太一致。

希望今天過後，你能夠將這個問題徹底拿下！

8.4 一台用戶端機器最多只能發起 65535 筆連接嗎

上一節以故事的形式討論了一台服務端機器最多的 TCP 連接數，本節我們來聊聊用戶端。在 TCP 連接中用戶端角色和服務端不同的是，每發起一筆連接都需要消耗一個通訊埠，而通訊埠編號在 TCP 協定中是一個 16 位元的整數，設定值範圍是 0～65535。那是不是說明一台用戶端機只能發起最多 65535 筆 TCP 連接呢？讓我們進入另一個故事來尋找答案！

8.4.1 65535 的束縛

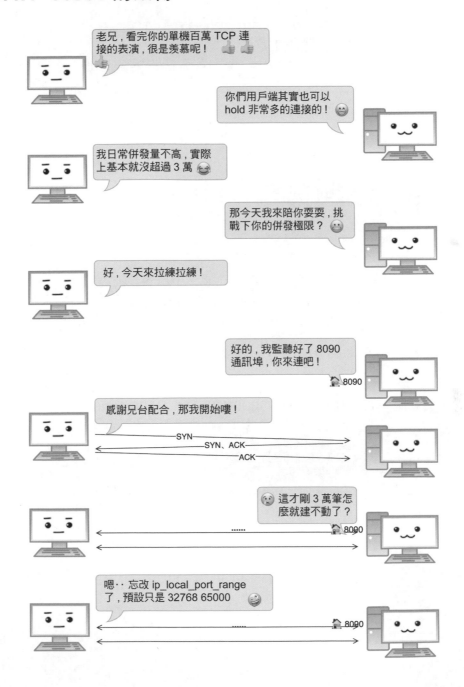

```
echo "5000 65000" > /proc/sys/net/ipv4/ip_local_port_range
```

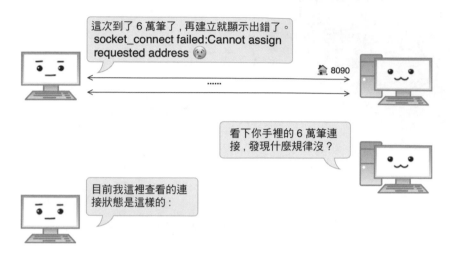

- 連接 1：192.168.1.101 5000 192.168.1.100 8090
- 連接 2：192.168.1.101 5001 192.168.1.100 8090
- ……
- 連接 N：192.168.1.101 … 192.168.1.100 8090
- ……
- 連接 6 萬：192.168.1.101 65000 192.168.1.100 8090

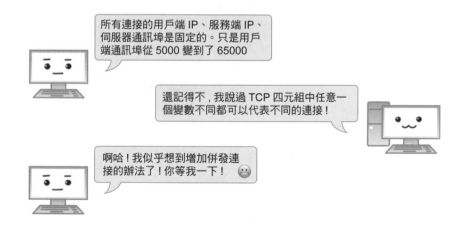

8.4.2 多 IP 增加連接數

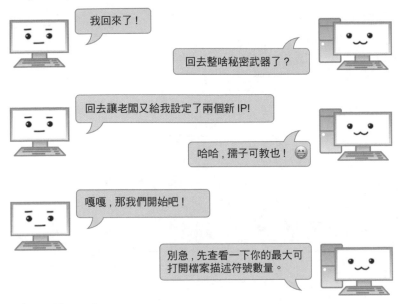

```
# vi /etc/sysctl.conf
fs.file-max=210000   //系統級
fs.nr_open=210000    //處理程序級

# sysctl -p

# vi /etc/security/limits.conf
*   soft  nofile  200000
*   hard  nofile  200000
```

✎注意

limits.conf 中的 hard limit 不能超過 nr_open 參數，否則啟動的時候會有問題。

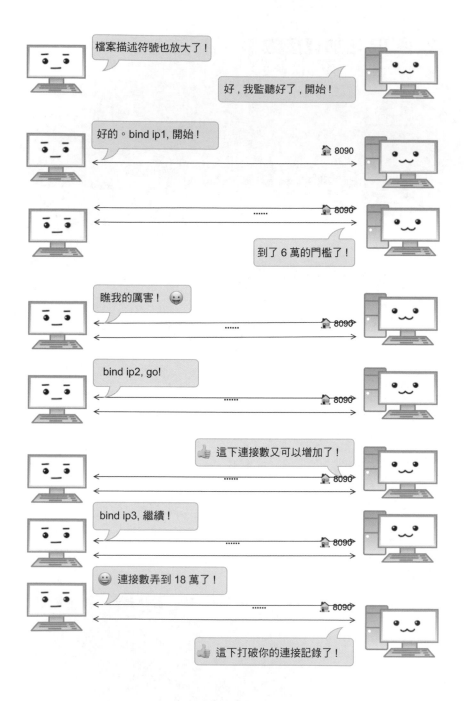

8.4.3 通訊埠重複使用增加連接數

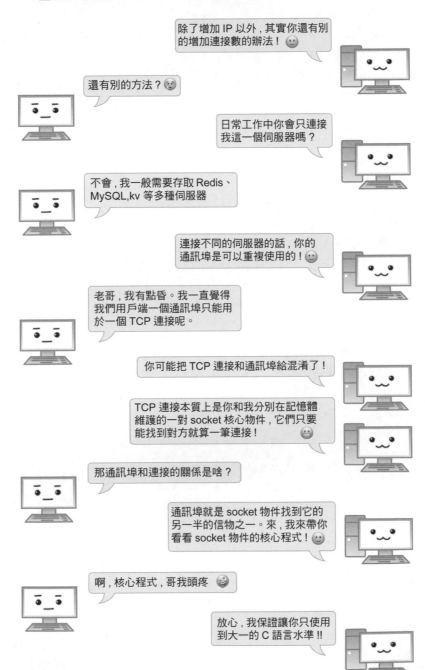

socket 中有一個主要的資料結構 sock_common，裡面有兩個聯合體。

```
// file: include/net/sock.h
struct sock_common {
    union {
        __addrpair    skc_addrpair; //TCP連接IP對
        struct {
            __be32    skc_daddr;
            __be32    skc_rcv_saddr;
        };
    };
    union {
        __portpair    skc_portpair; //TCP連接通訊埠對
        struct {
            __be16    skc_dport;
            __u16     skc_num;
        };
    };
    ......
}
```

其中 skc_addrpair 記錄的是 TCP 連接裡的 IP 對，skc_portpair 記錄的是通訊埠對。

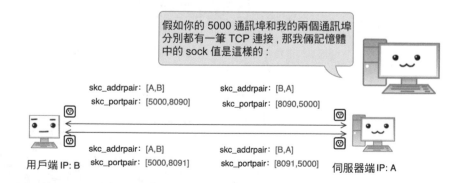

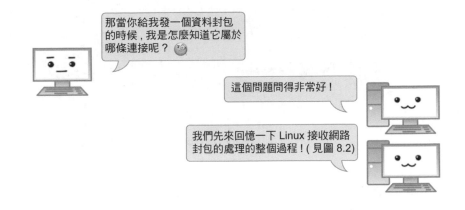

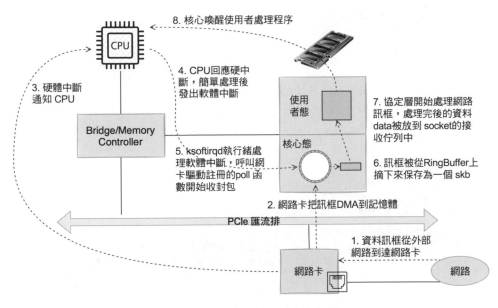

▲ 圖 8.2　網路封包接收過程

在網路封包到達網路卡之後，依次經歷 DMA、硬體中斷、軟體中斷等處理，最後被送到 socket 的接收佇列中了。

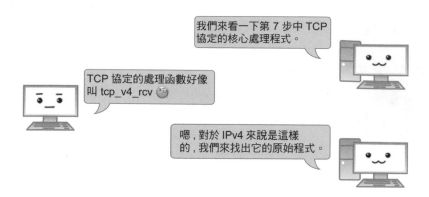

對 TCP 協定來說，協定處理的入口函數是 tcp_v4_rcv。我們看它的程式。

```c
// file: net/ipv4/tcp_ipv4.c
int tcp_v4_rcv(struct sk_buff *skb)
{
    ......
    th = tcp_hdr(skb); //獲取TCP表頭
    iph = ip_hdr(skb); //獲取IP表頭
    sk = __inet_lookup_skb(&tcp_hashinfo, skb, th->source, th->dest);
    ......
}
```

inet_lookup_skb 返回了 socket，似乎這裡找到連接了 😐

嗯，是的。你的疑惑就藏在這個函數裡。我們繼續看 😊

```c
// file: include/net/inet_hashtables.h
static inline struct sock *__inet_lookup(struct net *net,
                    struct inet_hashinfo *hashinfo,
                    const __be32 saddr, const __be16 sport,
                    const __be32 daddr, const __be16 dport,
                    const int dif)
{
    u16 hnum = ntohs(dport);
```

```
struct sock *sk = __inet_lookup_established(net, hashinfo,
            saddr, sport, daddr, hnum, dif);
    return sk ? : __inet_lookup_listener(net, hashinfo, saddr, sport,
                    daddr, hnum, dif);
}
```

先判斷有沒有連接狀態的 socket，這會走到 __inet_lookup_established 函數中。

```
struct sock *__inet_lookup_established(struct net *net,
            struct inet_hashinfo *hashinfo,
            const __be32 saddr, const __be16 sport,
            const __be32 daddr, const u16 hnum,
            const int dif)
{
    //將來源通訊埠、目的通訊埠拼成一個32位元int整數
    const __portpair ports = INET_COMBINED_PORTS(sport, hnum);
    ......

    //核心用雜湊的方法加速socket的查詢
    unsigned int hash = inet_ehashfn(net, daddr, hnum, saddr, sport);
    unsigned int slot = hash & hashinfo->ehash_mask;
    struct inet_ehash_bucket *head = &hashinfo->ehash[slot];

begin:
    //遍歷鏈結串列，一個一個對比直到找到
    sk_nulls_for_each_rcu(sk, node, &head->chain) {
        if (sk->sk_hash != hash)
            continue;
        if (likely(INET_MATCH(sk, net, acookie,
                    saddr, daddr, ports, dif))) {
            if (unlikely(!atomic_inc_not_zero(&sk->sk_refcnt)))
                goto begintw;
            if (unlikely(!INET_MATCH(sk, net, acookie,
                        saddr, daddr, ports, dif))) {
                sock_put(sk);
                goto begin;
            }
            goto out;
```

```
        }
    }
}
```

原來核心用雜湊 + 鏈結串列的方式來管理所維護的 socket。😀

嗯，是的。計算完雜湊值以後找到對應鏈結串列進行遍歷。😊

我們再來看一下 socket 關鍵的對比函數 (巨集) INET_MATCH

```c
// include/net/inet_hashtables.h
#define INET_MATCH(__sk, __net, __cookie, __saddr, __daddr, __ports, __dif) \
    ((inet_sk(__sk)->inet_portpair == (__ports))    &&          \
     (inet_sk(__sk)->inet_daddr    == (__saddr))    &&          \
     (inet_sk(__sk)->inet_rcv_saddr   == (__daddr))    &&          \
     (!(__sk)->sk_bound_dev_if    ||                    \
      ((__sk)->sk_bound_dev_if == (__dif)))    &&          \
     net_eq(sock_net(__sk), (__net)))
```

在 INET_MATCH 中 將 網 路 封 包 tcp header 中 的 __saddr、__daddr、__ports 和 Linux 中 socket 的 inet_portpair、inet_daddr、inet_rcv_saddr 進行對比。如果匹配 socket 就找到了。當然，除了 IP 和通訊埠，INET_MATCH 還比較了其他一些項目，所以 TCP 還有五元組、七元組之類的説法。

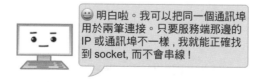

😊 明白啦。我可以把同一個通訊埠用於兩筆連接。只要服務端那邊的 IP 或通訊埠不一樣，我就能正確找到 socket, 而不會串線！

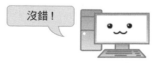

沒錯！

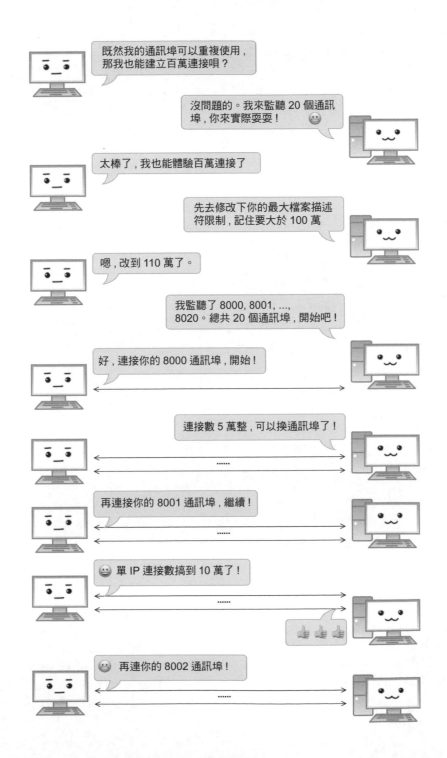

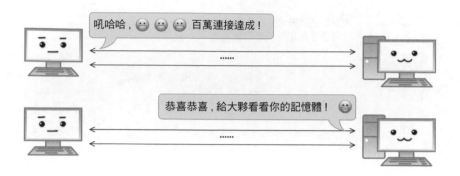

```
# cat /etc/redhat-release
CentOS Linux release 7.6.1810 (Core)
# uname -a
Linux hbhly_SG11_130_50 3.10.0-957.el7.x86_6 ......

# ss -ant | grep ESTAB |wc -l
1000013

# cat /proc/meminfo
MemTotal:        8009284 kB
MemFree:         3279816 kB
MemAvailable:    4318676 kB
Buffers:            7172 kB
Cached:           538996 kB
......
Slab:            3526808 kB
```

再看 slabtop 輸出的核心物件明細。

```
# slabtop
  OBJS ACTIVE   USE OBJ SIZE   SLABS OBJ/SLAB CACHE SIZE NAME
1357062 1357062 100%    0.19K   64622       21   258488K dentry
1112064 1110997  99%    0.06K   17376       64    69504K kmalloc-64
1003456 1003202  99%    0.25K   62716       16   250864K kmalloc-256
1000152 1000152 100%    0.62K   83346       12   666768K sock_inode_cache
1000032 1000032 100%    1.94K   62502       16  2000064K TCP
 343836  343836 100%    0.64K   28653       12   229224K proc_inode_cache
```

8.4.4 小結

用戶端每建立一個連接就要消耗一個通訊埠,所以很多人看到用戶端機器上連接數超過 3 萬、5 萬就緊張得不行,總覺得機器要出問題了。

透過原始程式來看,TCP 連接就是在用戶端、服務端上的一對的 socket。它們都在各自核心物件上記錄了雙方的 IP 對、通訊埠對(也就是我們常説的四元組),透過這個在通訊時找到對方。

TCP 連接發送方在發送網路封包的時候,會把這份資訊複製到 IP 頭上。網路封包帶著這份信物穿過網際網路,到達目的伺服器,目的服務端核心會按照 IP 表頭中攜帶的信物(四元組)去匹配正確的 socket(連接)。

在這個過程裡可以看到,用戶端的通訊埠只是這個四元組裡的一元而已。哪怕兩筆連接用的是同一個通訊埠編號,只要用戶端 IP 不一樣,或是服務端不一樣,都不影響核心正確尋找到對應的連接,也不會串線!

所以在用戶端增加 TCP 最大併發能力有兩個方法。第一個辦法,為用戶端設定多個 IP。第二個辦法,連接多個不同的服務端。

> ✎注意
>
> 不過這兩個辦法最好不要混用。因為使用多 IP 時，用戶端需要綁定。一旦綁定之後，核心建立連接的時候就不會選擇用過的通訊埠了。bind 函數會改變核心選擇通訊埠的策略。

實驗最終證明了用戶端也可以突破百萬的併發量級，相信讀過這部分內容後的你，以後再也不用懼怕 65535 這個數字了。

8.5 單機百萬併發連接的動手實驗

俗話說得好，百看不如一練，如果你能親手用兩台機器測試出百萬筆連接，相信會理解得更深入。只有動手實踐過，很多東西才能真正掌握。根據金字塔學習理論，實踐要比單純的閱讀效率高好幾倍。和前文相對，測試百萬連接我用到的方案有兩種，在本節中我來分享詳細的實驗過程。

- 第一種是服務端機器只開啟一個處理程序，然後使用很多個用戶端 IP 來連接。
- 第二種是服務端機器開啟多個處理程序，這樣用戶端就可以只使用一個 IP。

為了讓大部分讀者都能用最低的時間成本達成百萬連接結果，筆者提供了 C、Java、PHP 三種版本的原始程式。兩個方案對應的程式透過關注筆者的公眾號「開發內功修煉」，在後台回覆「配套原始程式」後獲取。

整個實驗做起來還是有點複雜的，本節會從頭到尾說明每一個試驗步驟，讓大家動手起來更輕鬆。本節描述的步驟適用於任意一種語言，建議大家有空都動手試試。另外，由於實驗步驟比較多，任意一個環節都有可能會出現問題，遇到問題不要慌，解決它就是了。筆者當年自己在做這個實驗的時候花了兩個星期左右的時間，雖然我把實驗原始程式和步驟都提煉出來，但你最好也不要指望自己能一把就通透。

8.5.1 方案一，多 IP 用戶端發起百萬連接

本節的實驗需要準備兩台機器，一台作為用戶端，另一台作為服務端。如果你選用的是 C 或 PHP 原始程式，這兩台機器的記憶體只要大於 4GB 就可以。如果使用的是 Java 原始程式，記憶體要大於 6GB。對 CPU 設定無要求，哪怕只有 1 核心都夠用。

本方案中採用的方法是在一台用戶端機器上設定多個 IP 的方式來發起所有的 TCP 連接請求。所以需要你為用戶端準備 20 個 IP，而且要確保這些 IP 在內網環境中沒有被其他機器使用。如果實在選不出這些 IP，那麼可以直接跳到 8.5.2 節中的方案二。

> ✎ **注意**
>
> 除了用 20 個 IP 以外，也可以使用 20 台用戶端。每個用戶端發起 5 萬個連接同時來連接這一個服務端機器。但是這種方法實際操作起來太困難了。

在兩台機器上分別下載指定原始程式，然後進入 chapter-08/8.5/test-01 目錄，再選擇一種自己擅長的語言。我用 Makefile 封裝了編譯和執行的命令，所以不管你選用何種語言，下面的實驗步驟的描述都是適用的。

用戶端機器準備

■ 調整用戶端可用通訊埠範圍

預設情況下，Linux 只開啟了 3 萬多個可用通訊埠。但本節的實驗裡，用

戶端一個處理程序要達到 5 萬的併發。所以，通訊埠範圍的核心參數需要修改。

```
# vi /etc/sysctl.conf
net.ipv4.ip_local_port_range = 5000 65000
```

執行 sysctl -p 使其生效。

■ 調整用戶端機器最大可打開檔案數

我們要測試百萬併發，所以用戶端的系統級參數 fs.file-max 需要加大到 100 萬。另外，Linux 上還會存在一些其他的處理程序要使用檔案，所以要多打一些餘量出來，直接設定到 110 萬。

對處理程序級參數 fs.nr_open 來説，因為要開啟 20 個處理程序來測，所以將它設定到 6 萬就夠了。這些都在 /etc/sysctl.conf 中修改。

```
# vi /etc/sysctl.conf
fs.file-max=1100000
fs.nr_open=60000
```

執行 sysctl -p 使得設定生效，並使用 sysctl –a 命令查看是否真正工作。

```
# sysctl -p
# sysctl -a
fs.file-max = 1100000
fs.nr_open = 60000
```

接著再加大使用者處理程序的最大可打開檔案數量限制（nofile）。這兩個是使用者處理程序級的，可以按不同的使用者來區分設定。這裡為了簡單，就直接設定成所有使用者 * 了。每個處理程序最大開到 5 萬個檔案數就夠了。同樣預留一點餘地，所以設定成 55000。這些在 /etc/security/limits.conf 檔案中修改。

📝**注意**

hard nofile 一定要比 fs.nr_open 小，否則可能導致使用者無法登入。

```
# vi /etc/security/limits.conf
*  soft  nofile  55000
*  hard  nofile  55000
```

設定完後，開個新主控台即可生效。使用 ulimit 命令檢驗是否生效。

```
# ulimit -n
55000
```

■ 為用戶端機器設定額外 20 個 IP

假設可用的 IP 分別是 CIP1，CIP2，…，CIP20，你也知道自己的子網路遮罩。

📝**注意**

這 20 個 IP 必須不能和區域網的其他機器衝突，否則會影響這些機器的正常網路封包的收發。

在用戶端機器上下載的原始程式目錄 chapter-08/8.5/test-01 下的特定語言目錄中，找到 tool.sh。修改該 shell 檔案，把 IPS 和 NETMASK 都改成你真正要用的。

修改完後為了確保區域網內沒有這些 IP，最好先執行程式中提供的小工具來驗證。

```
# make ping
```

當所有 IP 的 ping 結果均為 false 時，進行下一步真正設定 IP 並啟動網路卡。

```
# make ifup
```

使用 ifconfig 命令查看 IP 是否設定成功。

```
# ifconfig
eth0
eth0:0
eth0:1
...
eth:19
```

■ 清理各種快取

作業系統在執行的過程中，會生成很多的核心物件快取。因為本節的實驗做成後要觀察核心物件消耗，所以最好把這些快取都清理了。使用以下命令清理 pagecache、dentries 和 inodes 這些快取。

```
# echo "3" > /proc/sys/vm/drop_caches
```

服務端機器準備

■ 服務端機器最大可打開檔案控制代碼調整

服務端機器系統級參數 fs.file-max 也直接設定成 110 萬。另外，由於這個方案中服務端機器是用單處理程序來接收用戶端的所有連接的，所以處理程序級參數 fs.nr_open，也一起改成 110 萬。

```
# vi /etc/sysctl.conf
fs.file-max=1100000
fs.nr_open=1100000
# sysctl -p
```

執行 sysctl -p 使設定生效。並使用 sysctl –a 命令驗證是否真正生效。

接著再加大使用者處理程序的最大可打開檔案數量限制（nofile），也需要設定到 100 萬以上。

```
# vi /etc/security/limits.conf
*   soft   nofile   1010000
*   hard   nofile   1010000
```

設定完後,開個新主控台即可生效。使用 ulimit 命令驗證是否成功生效。

■ 服務端機器全連接佇列調整

在很多機器上,全連接佇列的預設長度控制參數 net.core.somaxconn 只有 128。這會導致在實驗過程中發生握手封包遺失,然後用戶端收不到 ACK 就會逾時重傳。當逾時重傳發生的時候,由於計時器都是秒等級的,所以會導致握手特別慢。雖然在程式中我設定了伺服器呼叫 listen 時傳入的 backlog 為 1024,但是如果 net.core.somaxconn 太小,程式中的設定就不會生效。所以我們也要修改服務端機器上的 net.core.somaxconn。

```
# vi /etc/sysctl.conf
net.core.somaxconn = 1024
# sysctl -p
```

■ 清理各種快取

同樣為了後續觀察服務端機器核心物件消耗,清理 pagecache、dentries 和 inodes 這些快取。

```
# echo "3" > /proc/sys/vm/drop_caches
```

開始實驗

IP 設定完成後,可以開始實驗了。

在服務端的 tool.sh 中可以設定服務端監聽的通訊埠,預設是 8090。啟動服務端。

```
# make run-srv
```

使用 netstat 命令確保服務端監聽成功。

```
# netstat -nlt | grep 8090
tcp  0   0.0.0.0:8090  0.0.0.0:*  LISTEN
```

在用戶端的 tool.sh 中設定好服務端的 IP 和通訊埠，然後開始連接。

```
# make run-cli
```

同時，另啟一個主控台，使用 watch 命令來即時觀測 ESTABLISH 狀態連接的數量。

實驗過程不會一帆風順，可能會有各種意外情況發生。做這個實驗我前前後後花了兩個星期左右的時間，所以你也不要因為第一次不成功就氣餒。遇到問題根據錯誤訊息看看是哪裡不對，然後調整，重新做就是了。重做的時候需要重新啟動用戶端和服務端。

例如有的人可能會碰到實驗的時候連接非常慢的問題，這個問題發生的原因是因為你的兩台機器離得太近了。連接太快導致全連接佇列溢位封包遺失。一旦握手發生封包遺失，就需要依賴重傳計時器。而重傳計時器的過期時間都是幾秒，所以會很慢。如果忘了改 net.core.somaxconn，那全連接佇列預設可能只有 128，極容易滿。如果改了還有問題，那就再加得大一些，或在用戶端的連接程式中多呼叫幾次 sleep 就行了。

如果需要重新做實驗，服務端是單處理程序的，直接按 CTRL + C 複合鍵退出即可。但用戶端是多處理程序的，「殺」起來稍稍有點麻煩。我提供了一個工具命令，可以「殺掉」所有的用戶端處理程序。

```
# make stop-cli
```

對服務端來説由於是單處理程序的，所以直接按 Ctrl + C 複合鍵就可以終止服務端處理程序。如果重新啟動發現通訊埠被占用，那是因為作業系統還沒有回收，等一會兒再啟動服務端。

當你發現連接數量超過 100 萬的時候，你的實驗就成功了。

```
# watch "ss -ant | grep ESTABLISH"
1000013
```

這個時候別忘了使用 cat proc/meminfo 和 slabtop 命令查看你的服務端、用戶端的記憶體消耗。

結束實驗

實驗結束的時候，直接按 Ctrl＋C 複合鍵取消執行服務端處理程序。用戶端由於是多處理程序的，可能需要手工關閉。

```
# make stop-cli
```

最後記得取消為實驗臨時設定的新 IP。

```
# make ifdown
```

8.5.2 方案二，單 IP 用戶端機器發起百萬連接

如果不糾結於非得讓一個服務處理程序達成百萬連接，只要 Linux 伺服器上總共能達到百萬連接就行，那麼就還有另外一種方法。

那就是在服務端的 Linux 上開啟多個服務端程式，每個服務端都監聽不同的通訊埠。然後在用戶端也啟動多個處理程序來連接。每一個用戶端處理程序都連接不同的服務端通訊埠。用戶端上發起連接時只要不呼叫 bind，那麼一個特定的通訊埠是可以在不同的服務端之間重複使用的。

同樣，實驗原始程式也有 C、Java、PHP 三種語言的版本。準備好兩台機器，一台執行用戶端，另一台執行服務端。分別下載配套原始程式，並進入 chapter-08/8.5/test-02，然後再選擇一個擅長的語言進行測試。

用戶端機器準備

■ 調整可用通訊埠範圍

同方案一，用戶端機器通訊埠範圍的核心參數也是需要修改的。

```
# vi /etc/sysctl.conf
net.ipv4.ip_local_port_range = 5000 65000
```

執行 sysctl -p 使其生效。

■ 用戶端加大最大可打開檔案數

同方案一，用戶端機器準備的 fs.file-max 也需要加大到 110 萬。處理程序級的參數 fs.nr_open 設定到 6 萬。

```
# vi /etc/sysctl.conf
fs.file-max=1100000
fs.nr_open=60000
```

執行 sysctl -p 使得設定生效，並使用 sysctl –a 命令查看是否真正生效。

■ 用戶端的 nofile 設定成 55000

```
# vi /etc/security/limits.conf
*   soft   nofile   55000
*   hard   nofile   55000
```

設定完後，開個新主控台即可生效。

■ 清理各種快取

同樣為了後續觀察用戶端核心物件消耗，清理 pagecache、dentries 和 inodes 這些快取。

```
# echo "3" > /proc/sys/vm/drop_caches
```

服務端機器準備

■ 服務端機器最大可打開檔案控制代碼調整

同方案一，調整服務端機器最大可打開檔案數。不過方案二的服務端分了 20 個處理程序，所以 fs.nr_open 改成 6 萬就足夠了。

```
# vi /etc/sysctl.conf
fs.file-max=1100000
fs.nr_open=60000
net.core.somaxconn = 1024
```

執行 sysctl -p 使得設定生效，並使用 sysctl –a 命令驗證是否真正生效，和 8.5.1 節一樣，也修改了 net.core.somaxconn。

接著再加大使用者處理程序的最大可打開檔案數量限制（nofile），這個也是 55000。

```
# vi /etc/security/limits.conf
*  soft  nofile  55000
*  hard  nofile  55000
```

✎注意

再次提醒：hard nofile 一定要比 fs.nr_open 小，否則可能導致使用者無法登入。

設定完後，開個新主控台即可生效。

■ 清理各種快取

同樣為了後續觀察用戶端核心物件消耗，清理 pagecache、dentries 和 inodes 這些快取。

```
# echo "3" > /proc/sys/vm/drop_caches
```

開始實驗

- 啟動服務端程式

```
# make run-srv
```

使用 netstat 命令確保服務端監聽成功。

```
# netstat -nlt | grep 8090
tcp  0  0  0.0.0.0:8100  0.0.0.0:*  LISTEN
tcp  0  0  0.0.0.0:8101  0.0.0.0:*  LISTEN
......
tcp  0  0  0.0.0.0:8119  0.0.0.0:*  LISTEN
```

回到用戶端機器，修改 tool.sh 中的服務端 IP。通訊埠會自動從 tool.sh 中載入。然後開始連接。

```
# make run-cli
```

同時，另啟一個主控台。使用 watch 命令來即時觀測 ESTABLISH 狀態連接的數量。

期間如果做失敗了，需要重新開始的話，需要先「殺掉」所有的處理程序。在用戶端執行 make stop-cli，在服務端執行 make stop-srv，重新執行上述步驟。

當你發現連接數超過 100 萬的時候，實驗就成功了。

```
# watch "ss -ant | grep ESTABLISH"
1000013
```

同樣記住使用 cat /proc/meminfo 和 slabtop 查看你的兩台機器的記憶體消耗。

實驗結束的時候，記得在用戶端機器用 make stop-cli 結束所有用戶端處理程序，在服務端機器用 make stop-srv 結束所有伺服器處理程序。

8.5.3 最後多談一點

經過本章的學習，相信大家已經不會再覺得百萬併發有多麼的高深了。一筆不活躍的 TCP 連接消耗只是 3KB 多點而已。現代的一台伺服器都有上百 GB 的記憶體，如果只是說併發，單機千萬（C10000K）都可以。

但併發只是描述程式的指標之一，並不是全部。在網際網路應用場景裡，除了一些基於長連接的 push 場景，其他的大部分業務裡討論併發都要和業務結合起來。拋開業務邏輯單純地說併發多高其實並沒有太大的意義。

因為在這些場景中，伺服器消耗的往往不是連接本身，而是在每筆連接上的資料收發，以及請求業務邏輯處理。

這就好比你作為一個開發人員，在公司內和十個產品經理建立了業務聯繫。這並不代表你的併發能力真的能達到十，很有可能是一位產品經理的需求就能把你的時間打滿（用光）。

另外就是不同的業務之間，單純比較併發也不一定有意義。

假設同樣的伺服器設定，單機 A 業務能支撐 1 萬併發，B 業務只能支撐 1千併發。這也並不一定就說明 A 業務的性能比 B 業務好。因為 B 業務的請求處理邏輯可能相當複雜，比如要進行複雜的壓縮、加解密。而 A 業務的處理很簡單，記憶體讀取個變數就傳回了。

本節配套程式僅作為測試使用，所以寫得比較簡單，是直接阻塞式地呼叫 accept，將接收過來的新連接也雪藏了起來，並沒有讀寫發生。

如果在你的專案實踐中真的確實需要百萬筆 TCP 連接，那麼一般來說還需要高效的 IO 事件管理。在 C 語言中，就是直接用 epoll 系列的函數來

管理。對 Java 語言來説，就是 NIO。（在 Golang 中不用操心，net 包中
把 IO 事件管理都已經封裝好了。）

8.6 本章複習

在本章中，我們先是系統地介紹了 Linux 核心在最大可打開檔案數上的限
制。理解了這個原理再改 fs.nr_open、nofile 和 fs.file-max 這些參數的時
候就能更得心應手，也不容易把伺服器搞出問題了。接著我們分別討論
了服務端機器和用戶端機器單機最大能達到多少筆連接。而且還提供了
C、Java、PHP 三種語言的測試原始程式，你可以選擇一種語言然後照著
實驗步驟來達成百萬連接測試。

回到本章開篇的問題。

1）"Too many open files" 顯示出錯是怎麼回事，該如何解決？

因為每打開一個檔案（包括 socket），都需要消耗一定的記憶體資源。
為了避免個別處理程序不受控制地打開了過多的檔案而讓整個伺服器崩
潰，Linux 對打開的檔案描述符號數量有限制。如果你的處理程序觸發了
核心的限制，"Too many open files" 顯示出錯就產生了。

核心中限制可打開檔案描述符號的參數分兩類。第一類是處理程序等級
的，包括 fs.nr_open 和 soft nofile。第二類是整個系統等級的，參數名稱
是 fs.file-max。這些參數的耦合關係有點複雜，為了避免你踩雷，筆者舉
出一個修改建議如下。假如你的處理程序需要打開 100 萬個檔案描述符
號，那麼建議這樣設定：

```
# vi /etc/sysctl.conf
fs.file-max=1100000 //系統等級設定成110萬，多留點buffer。
```

```
fs.nr_open=1100000    //處理程序等級也設定成110萬,因為要保證比hard nofile大
# sysctl -p

# vi /etc/security/limits.conf
//使用者處理程序等級都設定成100萬
*   soft  nofile  1000000
*   hard  nofile  1000000
```

2)一台服務端機器最大究竟能支援多少筆連接?

在不考慮連接上的資料收發和處理,僅考慮 ESTABLISH 狀態的空連接的情況下,一台伺服器上最大可以支援的 TCP 連接數基本上可以説是由記憶體的大小來決定的。

四元組唯一確定一筆連接,但服務端可以接收來自任意用戶端的連接請求,所以根據這個理論計算出來的數字太大,幾乎沒有什麼意義。另外檔案描述符號限制,其實也是核心為了防止某些應用程式不受限制地打開檔案控制代碼而增加的限制。這個限制只要修改幾個核心參數就可以加大。

一個 socket 大約消耗 3.3KB 左右的記憶體,這樣真正限制服務端機器最大併發數的就是記憶體。拿一台 4GB 記憶體的服務端機器來舉例,可以支援的 TCP 連接大約是 100 多萬。

3)一台用戶端機器最大能發起多少筆連接?

用戶端每次建立一筆連接都需要消耗一個通訊埠。從數字上來看,似乎最多只能發起 65536 筆連接(除去保留通訊埠編號,最大可用是 64 K 左右),但是其實我們有兩種辦法可以破除這個 64K 的限制。

方法一,為用戶端設定多 IP。這樣每個 IP 就都有 64K 個可用通訊埠了。

只需要向外發起連接請求之前，分別綁定不同的通訊埠即可。假設你設定了 20 個 IP，則最多能發起 20×64K，128 萬筆左右連接。

方法二，分別連接不同的服務端。即使你只有一個 IP，也可以透過連接不同的服務端來突破 65535 的限制。只要服務端的 IP 或通訊埠任意一個不同就算是不同的服務端。其原理是用戶端在 connect 請求發起的時候，如果連接的是不同的服務端，那麼通訊埠是可以重複使用的。

綜上所述，一台用戶端發起百萬筆以上的連接沒有任何的問題。

4）做一個長連接推送產品，支援 1 億使用者需要多少台機器？

對長連接的推送模組這種服務來説，給用戶端發送資料只是偶爾的，一般一天也就頂多發送一次兩次。絕大部分情況下 TCP 連接都會空閒，CPU 消耗可以忽略。

我們再來考慮記憶體，假設你的伺服器記憶體是 128GB。那麼一台伺服器可以考慮支援 500 萬筆的併發，這樣會消耗大約不到 20GB 的記憶體用來保存這 500 萬筆連接對應的 socket，還剩下 100GB 以上的記憶體，用來應對接收、發送快取區等其他的消耗足夠了。所以，1 億使用者，僅需要 20 台機器就差不多夠用了！

網路性能最佳化建議

寫到這裡，本書已經快接近尾聲了，在本書前幾章的內容裡，深入地討論了很多核心網路模組相關的問題。正如庖丁一樣，從今往後我們看到的也不再是整個的 Linux（整頭牛）了，而是核心的內部各個模組（筋骨肌理）。我們也理解了核心各個模組是如何有機協作來幫我們完成任務的。

那麼具備了這些深刻的理解之後，在性能方面有哪些最佳化方法可用呢？我在本章中將舉出一些開發或運行維護中的性能最佳化建議。注意，我用的字眼是建議，而非原則之類的。每一種性能最佳化方法都有它適用或不適用的場景，你應當根據專案現狀靈活選擇用或不用。

9.1 網路請求最佳化

建議 1：儘量減少不必要的網路 IO

我要舉出的第一個建議就是不必要用網路 IO 的儘量不用。

是的，網路在現代的網際網路世界承載了很重要的角色。使用者透過網路請求線上服務，伺服器透過網路讀取資料庫中資料，透過網路建構能力無比強大的分散式系統。網路很好，能降低模組的開發難度，也能用它架設出更強大的系統。但這不是你濫用它的理由！

我曾經見過有的人在自己開發的介面裡要請求幾個協力廠商的服務，這些服務提供了一個 C 或 Java 語言的 SDK，說是 SDK 其實就是簡單的一次 UDP 或 TCP 請求的封裝而已。他呢，不熟悉 C 和 Java 語言的程式，為了省事就直接在本機上把這些 SDK 部署上來，然後自己再透過本機網路 IO 呼叫這些 SDK。我接手這個專案以後，分析了這幾個 SDK 的實現，其實呼叫和協定解析都很簡單。我在自己的服務端處理程序裡實現了一遍，除去了這些本機網路 IO。效果是該專案 CPU 整體核心數削減了 20% 以上。另外，除了性能，專案的部署難度、可維護性也都獲得了極大的提升。

原因在第 5 章講過，即使是本機網路 IO 消耗仍然是很大的。先說發送一個網路封包，首先要從使用者態切換到核心態，花費一次系統呼叫的消耗。進入到核心以後，又得經過冗長的協定層，這會花費不少的 CPU 週期，最後進入環回裝置的「驅動程式」。接收端呢，軟體中斷花費不少的 CPU 週期又得經過接收協定層的處理，最後喚醒或通知使用者處理程序來處理。當服務端處理完以後，還得把結果再發過來。又得來這麼一遍，最後你的處理程序才能收到結果。你說麻煩不麻煩？另外還有個問題就是，多個處理程序協作來完成一項工作就必然引入更多的處理程序上下文切換消耗，這些消耗從開發角度來看，做的其實都是無用功。

上面分析的還只是本機網路 IO，如果是跨機的還會有雙方網路卡的 DMA 拷貝過程，以及兩端之間的網路 RTT 耗延遲遲。所以，網路雖好，但也不能隨意濫用！

建議 2：儘量合併網路請求

在可能的情況下，盡可能地把多次的網路請求合併到一次，這樣既節約了雙端的 CPU 消耗，也能降低多次 RTT 導致的耗時。

舉個實踐中的例子可能更好理解。假如有一個 Redis 服務端，裡面存了每一個 App 的資訊（應用名、套件名、版本、截圖等），你現在需要根據使用者安裝應用清單來查詢資料庫中有哪些應用比使用者的版本更新，如果有則提醒使用者更新。

那麼最好不要寫出以下的程式：

```php
<?php
for(安裝列表 as 套件名){
      redis->get(套件名)
      ......
}
```

上面這段程式在功能實現上沒問題，問題在於性能。據統計，現代使用者平均安裝 App 的數量在 60 個左右。那這段程式在執行的時候，每當使用者請求一次，你的服務端就需要和 Redis 進行 60 次網路請求。總耗時最少是 60 個 RTT 起。更好的方法應該是使用 Redis 中提供的批次獲取命令，如 hmget、pipeline 等，經過一次網路 IO 就獲取到所有想要的資料，如下頁圖 9.1 所示。

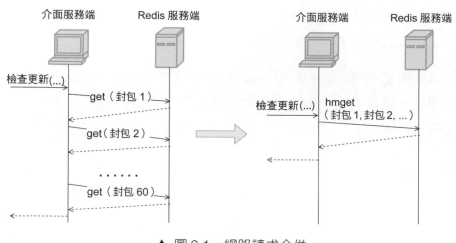

▲ 圖 9.1　網路請求合併

建議 3：呼叫者與被呼叫機器盡可能部署得近一些

在前面的章節中介紹過，在握手一切正常的情況下，TCP 握手的時間基本取決於兩台機器之間的 RTT 耗時。雖然我們沒辦法徹底去掉這個耗時，但是卻有辦法把 RTT 降低，那就是把用戶端和服務端放得足夠近一些。儘量把每個機房內部的資料請求都在本地機房解決，減少跨地網路傳輸。

舉個例子，假如你的服務部署在北京機房，呼叫的 MySQL、Redis 最好都位於北京機房內部。儘量不要跨過千里萬里跑到廣東機房去請求資料，即使有專線，耗時也會大大增加！在機房內部的伺服器之間的 RTT 延遲大概只有零點幾毫秒，同地區的不同機房之間大約是 1 毫秒多一些。但如果從北京跨到廣東，延遲將是 30 ～ 40 毫秒左右，幾十倍的上漲！

建議 4：內網呼叫不要用外網域名

假如你所負責的服務需要呼叫兄弟部門的搜索介面，假設介面是：
「http://www.sogou.com/wq?key = 開發內功修煉」。

既然是兄弟部門，那很可能這個介面和你的服務是部署在一個機房的。即使沒有部署在一個機房，一般也是有專線可達的。所以不要直接請求 www.sogou.com，而是應該使用該服務在公司中對應的內網域名。在我們公司內部，每一個外網服務都會設定一個對應的內網域名，我相信大部分公司也有。

為什麼要這麼做呢，原因有以下幾點。

1）外網介面慢。本來內網可能過個交換機就能達到兄弟部門的機器，非得上外網繞一圈再回來，肯定會慢。

2）頻寬成本高。在網際網路服務裡，除了機器以外，另外一塊很大的成本就是 IDC 機房的出入口頻寬成本。兩台機器在內網不管如何通訊都不涉及頻寬的資費。但是一旦去外網繞了一圈回來，行了，一進一出全部要繳頻寬費，你說虧不虧！

3）NAT 單點瓶頸。一般的伺服器都沒有外網 IP，所以要想請求外網的資源，必須要經過 NAT 伺服器。但是一家公司的機房裡幾千台伺服器中，承擔 NAT 角色的可能就那麼幾台。它很容易成為瓶頸。我所接觸的業務就遇到過幾次 NAT 故障導致外網請求失敗的情形。NAT 機器掛了，你的服務可能也就掛了，故障率大大增加。

9.2 接收過程最佳化

建議 1：調整網路卡 RingBuffer 大小

當網線中的資料訊框到達網路卡後，第一站就是 RingBuffer。網路卡在 RingBuffer 中尋找可用的記憶體位置，找到後 DMA 引擎會把資料 DMA 到 RingBuffer 記憶體裡。因此第一個要監控和最佳化的就是網路卡的 RingBuffer，下面使用 ethtool 工具來查看 RingBuffer 的大小。

```
# ethtool -g eth0
Ring parameters for eth0:
Pre-set maximums:
RX:     4096
RX Mini:    0
RX Jumbo:   0
TX:     4096
Current hardware settings:
RX:     512
RX Mini:    0
RX Jumbo:   0
TX:     512
```

這裡看到我手頭的網路卡 RingBuffer 最大允許設定到 4096，目前的實際設定是 512。

> ✎ **注意**
>
> 這裡有一個小細節，ethtool 查看到的實際是 Rx bd 的大小。Rx bd 位於網路卡中，相當於一個指標。RingBuffer 在記憶體中，Rx bd 指向 RingBuffer。Rx bd 和 RingBuffer 中的元素是一一對應的關係。在網路卡啟動的時候，核心會為網路卡的 Rx bd 在記憶體中分配 RingBuffer，並設定好對應關係。

在 Linux 的整個網路堆疊中，RingBuffer 扮演一個任務的收發中轉站的角色。對於接收過程來講，網路卡負責往 RingBuffer 寫入收到的資料訊框，ksoftirqd 核心執行緒負責從中取走處理。只要 ksoftirqd 核心執行緒工作得足夠快，RingBuffer 這個中轉站就不會出現問題。但是我們設想一下，假如某一時刻，瞬間來了特別多的封包，而 ksoftirqd 處理不過來了，會發生什麼？這時 RingBuffer 可能瞬間就被填滿，後面再來的封包，被網路卡直接捨棄，不做任何處理！

▲ 圖 9.2　RingBuffer 溢位

那怎麼樣能看一下，我們的伺服器上是否有因為這個原因導致的封包遺失呢？前面介紹的四個工具都可以查看這個封包遺失統計，拿 ethtool 工具來舉例：

```
# ethtool -S eth0
......
rx_fifo_errors: 0
tx_fifo_errors: 0
```

rx_fifo_errors 如果不為 0（在 ifconfig 中表現為 overruns 指標增長），就表示有封包因為 RingBuffer 裝不下而被捨棄了。那麼如何解決這個問題呢？很自然首先我們想到的是，加大 RingBuffer 這個「中轉站」的大小，如圖 9.3 所示。透過 ethtool 命令就可以修改。

```
# ethtool -G eth1 rx 4096 tx 4096
```

▲ 圖 9.3　RingBuffer 擴充

這樣網路卡會被分配更大一點的「中轉站」，可以解決偶發的暫態封包遺失。不過這種方法有個小副作用，那就是排隊的封包過多會增加處理網路封包的延遲時間。所以應該讓核心處理網路封包的速度更快一些，而非讓網路封包傻傻地在 RingBuffer 中排隊。後面會再介紹到 RSS，它可以讓更多的核心來參與網路封包接收。

建議 2：多佇列網路卡 RSS 最佳化

硬體中斷的情況可以透過核心提供的偽檔案 /proc/interrupts 進行查看。拿筆者手頭的一台虛擬機器來舉例：

```
# cat  /proc/interrupts
           CPU0        CPU1      CPU2       CPU3
  0:        34          0         0           0   IO-APIC-edge timer
  ......
 27:       351          0         0  1109986815   PCI-MSI-edge  virtio1-input.0
 28:      2571          0         0           0   PCI-MSI-edge  virtio1-output.0
 29:         0          0         0           0   PCI-MSI-edge  virtio2-config
 30:   4233459 1986139461    244872      474097   PCI-MSI-edge  virtio2-input.0
 31:         3          0         2           0   PCI-MSI-edge  virtio2-output.0
```

上述結果是我手頭的一台虛擬機器的輸出結果。其中包含了非常豐富的資訊。網路卡的輸入佇列 virtio1-input.0 的中斷號是 27，總的中斷次數是 1109986815，並且 27 號中斷都是由 CPU3 來處理的。

那麼為什麼這個輸入佇列的中斷都在 CPU3 上呢？這是因為核心的中斷親和性設定，在我的機器的偽檔案系統中可以查看到。

```
# cat /proc/irq/27/smp_affinity
8
```

smp_affinity 裡是 CPU 的親和性的綁定，8 是二進位的 1000，第 4 位為 1。代表的就是當前的第 27 號中斷都由第 4 個 CPU 核心──CPU3 來處理的。

現在的主流網路卡基本上都是支援多佇列的。下面透過 ethtool 工具可以查看網路卡的佇列情況。

```
# ethtool -l eth0
Channel parameters for eth0:
Pre-set maximums:
RX:        0
TX:        0
Other:     1
Combined:  63
Current hardware settings:
RX:        0
TX:        0
Other:     1
Combined:  8
```

上述結果表示當前網路卡支援的最大佇列數是 63，當前開啟的佇列數是 8。這樣當有資料到達的時候，可以將接收進來的封包分散到多個佇列裡。另外，每一個佇列都有自己的中斷號，比如我手頭另外一台多佇列的機器上可以看到這樣的結果（為了方便展示，刪除了部分不相關內容）：

```
# cat /proc/interrupts
        CPU1       CPU3       CPU5       CPU7
    ...
27: 470130696 0          0          0          PCI-MSI-edge virtio1-input.0
29: 0         2065657303 0          0          PCI-MSI-edge virtio1-input.1
31: 0         0          2510110352 0          PCI-MSI-edge virtio1-input.2
33: 0         0          0          2757994424 PCI-MSI-edge virtio1-input.3
```

這台機器上 virtio 這片虛擬網路卡上有四個輸入佇列，其硬體中斷號分別是 27、29、31 和 33。有獨立的中斷號就可以獨立向某個 CPU 核心發起硬體中斷請求，讓對應 CPU 來 poll 封包。中斷和 CPU 的對應關係還是透過 cat /proc/irq/{ 中斷號 }/smp_affinity 來查看。透過將不同佇列的 CPU 親和性打散到多個 CPU 核心上，就可以讓多核心同時平行處理接收到的封包了。這個特性叫作 RSS（Receive Side Scaling，接收端擴充），如圖 9.4 所示。這是加快 Linux 核心處理網路封包的速度非常有用的最佳化方法。

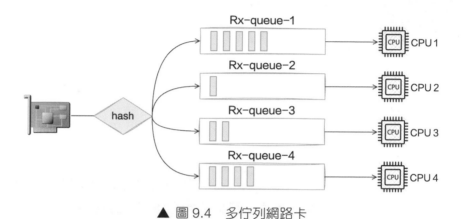

▲ 圖 9.4　多佇列網路卡

在網路卡支援多佇列的伺服器上，想提高核心接收封包的能力，直接簡單加大佇列數就可以了，這比加大 RingBuffer 更為有用。因為加大 RingBuffer 只是提供更大的空間讓網路訊框能繼續排隊，而加大佇列數則能讓封包更早地被核心處理。ethtool 修改佇列數量的方法如下：

```
#ethtool -L eth0 combined 32
```

不過在一般情況下，佇列中斷號和 CPU 之間的親和性並不需要手工維護，而是由 irqbalance 服務來自動管理，透過 ps 命令可以查到這個處理程序。

```
# ps -ef | grep irqb
root    29805    1  0 18:57 ?      00:00:00 /usr/sbin/irqbalance --foreground
```

irqbalance 會根據系統中斷負載的情況，自動維護和遷移各個中斷的 CPU 親和性，以保持各個 CPU 之間的中斷消耗均衡。如果有必要，irqbalance 也會自動把中斷從一個 CPU 遷移到另一個 CPU 上。如果確實想自己維護親和性，那要先關掉 irqbalance，然後再修改中斷號對應的 smp_affinity。

```
# service irqbalance stop
# echo 2 > /proc/irq/30/smp_affinity
```

建議 3：硬體中斷合併

在第 1 章中介紹過，當網路封包接收到 RingBuffer 後，接下來通超強中斷通知 CPU。那麼你覺得從整體效率上來講，是有封包到達就發起中斷好呢，還是累積一些資料封包再通知 CPU 更好？

先允許我來引用一個實際工作中的例子，假如你是一位開發人員，和你對口的產品經理一天有 10 個小需求需要讓你幫忙處理。她對你有兩種中斷方式：

- 第一種：產品經理想到一個需求，就過來找你，和你描述需求細節，然後讓你幫她來改。
- 第二種：產品經理想到需求後，不來打擾你，等累積夠 5 個來找你一次，你集中處理。

我們現在不考慮及時性，只考慮你的整體工作效率，你覺得哪種方案下你的工作效率會高呢？或換句話說，你更喜歡哪一種工作狀態呢？只要你真的有過工作經驗，一定會覺得第二種方案更好。對人腦來講，頻繁地中斷會打亂你的計畫，你腦子裡剛想到一半的技術方案可能也就廢了。當產品經理走了以後，你再想撿起來剛被中斷的工作，很可能得花點時間回憶一會兒才能繼續工作。

對於 CPU 來講也是一樣，CPU 要做一件新的事情之前，要載入該處理程
序的位址空間，載入處理程序程式，讀取處理程序資料，各等級 cache
要慢慢熱身。因此如果能適當降低中斷的頻率，多累積幾個封包一起發
出中斷，對提升 CPU 的整體工作效率是有幫助的。所以，網路卡允許我
們對硬體中斷進行合併。

現在來看看網路卡的硬體中斷合併設定。

```
# ethtool -c eth0
Coalesce parameters for eth0:
Adaptive RX: off   TX: off
......

rx-usecs: 1
rx-frames: 0
rx-usecs-irq: 0
rx-frames-irq: 0
......
```

我們來說一下上述結果的大致含義：

- Adaptive RX：自我調整中斷合併，網路卡驅動自己判斷什麼時候該合
  併什麼時候不合併。
- rx-usecs：當過這麼長時間過後，一個 RX interrupt 就會產生。
- rx-frames：當累計接收到這麼多個訊框後，一個 RX interrupt 就會產
  生。

如果想好了修改其中的某一個參數，直接使用 ethtool –C 命令就可以，
例如：

```
# ethtool -C eth0 adaptive-rx on
```

需要注意的是，減少中斷數量雖然能使得 Linux 整體網路封包吞吐更高，
不過一些封包的延遲也會增大，所以用的時候要適當注意。

9.3 發送過程最佳化

建議 1：控制資料封包大小

在第 4 章中講到，在發送協定層執行的過程中到了 IP 層如果要發送的資料大於 MTU，會被分片。這個分片會有哪些影響呢？首先就是在分片的過程中我們看到多了一次記憶體拷貝。其次就是分片越多，在網路傳輸的過程中出現封包遺失的風險也越大。當封包遺失重傳出現的時候，重傳計時器的工作時間單位是秒，也就是說最快 1 秒以後才能開始重傳。所以，如果在你的應用程式裡可能的話，可以嘗試將資料大小控制在一個 MTU 內部來極致地提高性能。早期的 QQ 後台服務中應用過這個技巧，不知道現在還有沒有在用。

建議 2：減少記憶體拷貝

假如你要發送一個檔案給另外一台機器，那麼比較基礎的做法是先呼叫 read 把檔案讀出來，再呼叫 write 把資料發出去。這樣資料需要頻繁地在核心態記憶體和使用者態記憶體之間拷貝，如圖 9.6 所示。

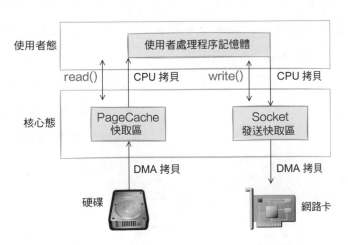

▲ 圖 9.6　呼叫 read + write 發送檔案

目前減少記憶體拷貝主要有兩種方法,分別是使用 mmap 和 sendfile 兩個系統呼叫。使用 mmap 系統呼叫的話,映射進來的這段位址空間的記憶體在使用者態和核心態都是可以使用的。如果所發送資料是 mmap 映射進來的資料,則核心直接就可以從位址空間中讀取,如圖 9.7 所示,這樣就節約了一次從核心態到使用者態的拷貝過程。

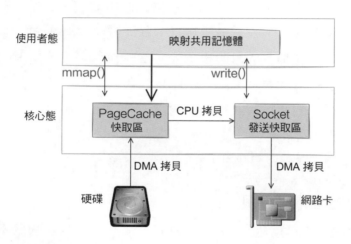

▲ 圖 9.7　呼叫 mmap + write 發送檔案

不過在 mmap 發送檔案的方式裡,系統呼叫的消耗並沒有減少,還是發生兩次核心態和使用者態的上下文切換。如果只是想把一個檔案發送出去,而不關心它的內容,則可以呼叫另外一個做得更極致的系統呼叫——sendfile。在這個系統呼叫裡,徹底把讀取檔案和發送檔案合併起來了,系統呼叫的消耗又省了一次。再配合絕大多數網路卡都支持的「分散—收集」(Scatter-gather)DMA 功能。可以直接從 PageCache 快取區中 DMA 拷貝到網路卡中,如圖 9.8 所示。這樣絕大部分的 CPU 拷貝操作就都省去了。

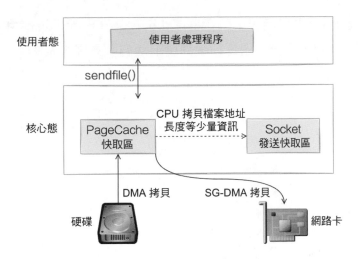

▲ 圖 9.8　sendfile 發送檔案

建議 3：延後分片

在建議 1 中講過發送過程在 IP 層如果要發送的資料大於 MTU，會被分片。但其實有一個例外，那就是開啟了 TSO（TCP Segmentation Offload）/ GSO（Generic Segmentation Offload）。我們來回顧和跟進發送過程中的相關原始程式。

```
//file: net/ipv4/ip_output.c
static int ip_finish_output(struct sk_buff *skb)
{
  ......

    //大於MTU就要進行分片了
    if (skb->len > ip_skb_dst_mtu(skb) && !skb_is_gso(skb))
        return ip_fragment(skb, ip_finish_output2);
    else
        return ip_finish_output2(skb);
}
```

ip_finish_output 是協定層中的函數。skb_is_gso 判斷是否使用 GSO，如果使用了，就可以把分片過程延後到更下面的裝置層去做。

```
//file: net/core/dev.c
int dev_hard_start_xmit(struct sk_buff *skb, struct net_device *dev,
            struct netdev_queue *txq)
{
    ......

    if (netif_needs_gso(skb, features)) {
            if (unlikely(dev_gso_segment(skb, features)))
                goto out_kfree_skb;
            if (skb->next)
                goto gso;
    }
}
```

dev_hard_start_xmit 位於裝置層，和物理網路卡離得更近。netif_needs_gso 來判斷是否需要進行 GSO 切分。在這個函數裡會判斷網路卡硬體是不是支援 TSO，如果支持，則不進行 GSO 切分，將大包直接傳給網路卡驅動，切分工作延後到網路卡硬體中去做。如果硬體不支援，則呼叫 dev_gso_segment 開始切分。

延後分片的好處是可以省去大量封包的協定表頭的計算工作量，減輕 CPU 的負擔，如下頁圖 9.9。

使用 ethtool 工具可以查看當前 TSO 和 GSO 的開啟狀況。

```
# ethtool -k eth0
tcp-segmentation-offload: on
        tx-tcp-segmentation: on
        tx-tcp-ecn-segmentation: off [fixed]
        tx-tcp6-segmentation: on
udp-fragmentation-offload: off [fixed]
generic-segmentation-offload: off
```

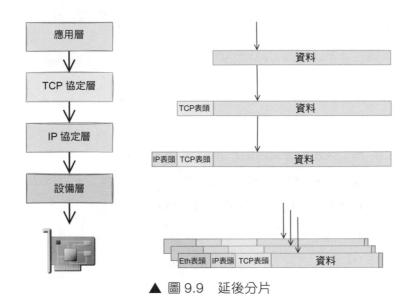

▲ 圖 9.9　延後分片

如果沒有開啟，可以使用 ethtool 工具打開。

```
# ethtool -K eth0 tso on
# ethtool -K eth0 gso on
```

建議 4：多佇列網路卡 XPS 最佳化

在 4.4.5 節，我們看到在 __netdev_pick_tx 函數中，要選出來一個發送佇列。如果存在 XPS 設定，就以 XPS 設定為準。過程是根據當前 CPU 的 ID 號去 XPS 中查看要用哪個發送佇列，來看下原始程式。

```
//file: net/core/flow_dissector.c
static inline int get_xps_queue(struct net_device *dev, struct sk_buff
*skb)
{
  //獲取XPS設定
  dev_maps = rcu_dereference(dev->xps_maps);
  if (dev_maps) {
      map = rcu_dereference(
      //raw_smp_processor_id() 是獲取當前CPU ID
```

```
        dev_maps->cpu_map[raw_smp_processor_id()]);
    if (map) {
        if (map->len == 1)
            queue_index = map->queues[0];
 ......
 }
```

原始程式中 raw_smp_processor_id 是在獲取當前執行的 CPU id。用該 CPU 號查看對應的 CPU 核心是否已設定。XPS 設定在 /sys/class/net// queues/tx-/xps_cpus 這個偽檔案裡。例如對我手頭的一台伺服器來說，設定是這樣的。

```
# cat /sys/class/net/eth0/queues/tx-0/xps_cpus
00000001
# cat /sys/class/net/eth0/queues/tx-1/xps_cpus
00000002
# cat /sys/class/net/eth0/queues/tx-2/xps_cpus
00000004
# cat /sys/class/net/eth0/queues/tx-3/xps_cpus
00000008
......
```

上述結果中 xps_cpus 是一個 CPU 遮罩，表示當前佇列對應的 CPU 號。從上面輸出看對於 eth0 網路卡下的 tx-0 佇列，是和 CPU0 綁定的。00000001 表示 CPU0，00000002 表示 CPU1……依此類推。假如當前 CPU 核心是 CPU0，那麼找到的佇列就是 eth0 網路卡下的 tx-0。

那麼透過 XPS 指定了當前 CPU 要使用的發送佇列有什麼好處呢？好處大致有兩個：

- 第一，因為更少的 CPU 爭用同一個佇列，所以裝置佇列鎖上的衝突大大減少。如果進一步設定成每個 CPU 都有自己獨立的佇列可用，則會完全消除佇列鎖的消耗。

- 第二，CPU 和發送佇列一對一綁定以後能提高傳輸結構的局部性，從而進一步提升效率。

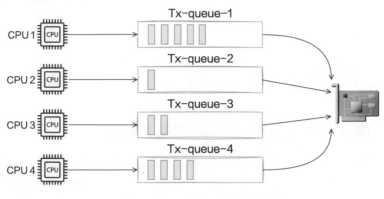

▲ 圖 9.10　多佇列網路卡發送

✎注意

關於 RSS、RPS、RFS、aRFS、XPS 等網路封包收發過程中的最佳化方法可參考原始程式中的 Documentation/networking/scaling.txt 這個文件，裡面有關於這些技術的詳細官方説明。

建議 5：使用 eBPF 繞開協定層的本機網路 IO

如果業務中涉及大量的本機網路 IO，可以考慮這個最佳化方案。

在第 5 章中我們看到，本機網路 IO 和跨機 IO 比較起來，確實是節省了驅動上的一些消耗。發送資料不需要進 RingBuffer 的驅動佇列，直接把 skb 傳給接收協定層（經過軟體中斷）。但是在核心的其他元件上，工作量可是一點都沒少，系統呼叫、協定層（傳輸層、網路層等）、裝置子系統整個走了一個遍。連「驅動」程式都走了（雖然對環回裝置來説這個驅動只是純軟體的虛擬出來的）。

如果想用本機網路 IO，但是又不想頻繁地在協定層中繞來繞去，那麼可以試試 eBPF。使用 eBPF 的 sockmap 和 sk redirect 可以繞過 TCP/IP 協定層，而被直接發送給接收端的 socket，業界已經有公司在這麼做了。

9.4 核心與處理程序協作最佳化

建議 1：儘量少用 recvfrom 等處理程序阻塞的方式

在 3.3 節介紹過，使用 recvfrom 阻塞方式來接收 socket 上的資料時，每次一個處理程序專門為了等一個 socket 上的資料就被從 CPU 上拿下來，然後再換上另一個處理程序。等到資料準備睡眠的處理程序又會被喚醒，總共兩次處理程序上下文切換消耗。如果伺服器上有大量的使用者請求需要處理，那就需要有很多的處理程序存在，而且不停地切換來切換去。這樣做的缺點有以下這些：

■ 因為每個處理程序只能同時等待一筆連接，所以需要大量的處理程序。
■ 處理程序之間互相切換的時候需要消耗很多 CPU 週期，一次切換大約是 3～5 微秒左右。
■ 頻繁的切換導致 L1、L2、L3 等快取記憶體的效果大打折扣。

大家可能以為這種網路 IO 模型很少見了，但其實在很多傳統的用戶端 SDK 中，比如 MySQL、Redis 和 Kafka 仍然沿用了這種方式。

建議 2：使用成熟的網路函數庫

使用 epoll 能高效率地管理巨量 socket。在服務端，我們有各種成熟的網路函數庫可選用。這些網路函數庫都對 epoll 使用了不同程度的封裝。

首先要給大家參考的是 Redis。舊版本的 Redis 裡單執行緒高效率地使用 epoll 就能支援每秒數萬 QPS 的高性能。如果你的服務是單執行緒的,可以參考 Redis 在網路 IO 這塊的原始程式。

如果是多執行緒的,執行緒之間的分工有很多種模式,那麼哪個執行緒負責等待讀取 IO 事件?哪個執行緒負責處理使用者請求?哪個執行緒又負責給使用者寫入傳回。根據分工的不同,又衍生出單 Reactor、多 Reactor 以及 Proactor 等多種模式。大家也不必頭疼,只要理解這些原理之後選擇一個性能不錯的網路函數庫就可以了。比如 PHP 中的 Swoole、Golang 的 net 套件、Java 中的 Netty、C++ 中的 Sogou Workflow 都封裝得非常不錯。

建議 3:使用 Kernel-ByPass 新技術

如果你的服務對網路要求確實特別特別高,而且各種最佳化措施也都用過了,那麼現在還有終極最佳化大招──Kernel-ByPass 技術。

由本書前面的介紹可知,核心在接收網路封包的時候要經過很長的收發路徑。在這期間涉及很多核心元件之間的協作、協定層的處理以及核心態和使用者態的拷貝和切換。Kernel-ByPass 這類的技術方案就是繞開核心協定層,自己在使用者態來實現網路封包的收發。這樣不但避開了繁雜的核心協定層處理,也減少了核心態、使用者態之間頻繁的拷貝和切換,將性能發揮到極致!

目前我所知道的方案有 SOLARFLARE 的軟硬體方案、DPDK 等等,如果大家感興趣,可以多去了解一下!

9.5 握手揮手過程最佳化

建議 1：設定充足的通訊埠範圍

用戶端在呼叫 connect 系統呼叫發起連接的時候，需要先選擇一個可用的通訊埠。核心在選用通訊埠的時候，是採用從可用通訊埠範圍中某一個隨機位置開始遍歷的方式。如果通訊埠不充足，核心可能需要迴圈很多次才能選上一個可用的。這也會導致花費更多的 CPU 週期在內部的雜湊表查詢以及可能的迴旋栓鎖等待上。因此不要等到通訊埠用盡顯示出錯了才開始加大通訊埠範圍，而是應該一開始就保持一個比較充足的值。

```
# vi /etc/sysctl.conf
net.ipv4.ip_local_port_range = 5000 65000
# sysctl -p   //使設定生效
```

如果通訊埠加大了仍不夠用，那麼可以考慮開啟通訊埠 reuse 和 recycle。這樣通訊埠在連接、斷開的時候就無須等待 2MSL 的時間了，可以快速回收。開啟這個參數之前需要保證 tcp_timestamps 是開啟的。

```
# vi /etc/sysctl.conf
net.ipv4.tcp_timestamps = 1
net.ipv4.tcp_tw_reuse = 1
net.ipv4.tw_recycle = 1
# sysctl -p
```

建議 2：用戶端最好不要使用 bind

如果不是業務有要求，建議用戶端不要使用 bind。因為在 6.3 節看到過，connect 系統呼叫在選擇通訊埠的時候，即使一個通訊埠已經被用過了，只要和已有的連接四元組不完全一致，那這個通訊埠仍然可以被用於建立新連接。但是 bind 函數會破壞 connect 的這段通訊埠選擇邏輯，直接綁定一個通訊埠，而且一個通訊埠只能被綁定一次。如果使用了 bind，則一個通訊埠只能用於發起一筆連接，整體上來看，你的機器的最大併發連接數就真的受限於 65535 了。

建議 3：小心連接佇列溢位

服務端使用了兩個連接佇列來回應來自用戶端的握手請求。這兩個佇列的長度是在伺服器呼叫 listen 的時候就確定好了的。如果發生溢位，很可能會封包遺失。所以如果你的業務使用的是短連接且流量比較大，那麼一定要學會觀察這兩個佇列是否存在溢位的情況。因為一旦出現由連接佇列導致的握手問題，那麼 TCP 連接耗時都是秒級以上的了。

對於半連接佇列，有個簡單的辦法。那就是只要保證 tcp_syncookies 這個核心參數是 1，就能保證不會有因為半連接佇列滿而發生的封包遺失。

對全連接佇列來說，可以透過 netstat -s 來觀察。netstat -s 可查看到當前系統全連接佇列滿導致的封包遺失統計。但該數字記錄的是總封包遺失數，所以你需要再借助 watch 命令動態監控。

```
# watch 'netstat -s | grep overflowed'
160 times the listen queue of a socket overflowed //全連接佇列滿導致的封包遺失
```

如果輸出的數字在你監控的過程中變了，那說明當前伺服器有因為全連接佇列滿而產生的封包遺失。你就需要加大全連接佇列的長度了。全連接佇列是應用程式呼叫 listen 時傳入的 backlog 以及核心參數 net.core.somaxconn 二者之中較小的那個，如須加大，可能兩個參數都需要改。

如果你手頭並沒有伺服器的許可權，只是發現自己的用戶端機連接某個服務端出現耗時長，想定位一下是否是握手佇列的問題，那也有間接的辦法，可以 tcpdump 抓取封包查看是否有 SYN 的 TCP Retransmission。

如果有偶發的 TCP Retransmission，那就說明對應的服務端連接佇列可能有問題了。

建議 4：減少握手重試

在 6.5 節介紹過，如果握手發生異常，用戶端或服務端就會啟動逾時重傳機制。這個逾時重試的時間間隔是加倍增長的，1 秒、3 秒、7 秒、15秒、31 秒、63 秒……對我們提供給使用者直接存取的介面來說，重試第一次耗時 1 秒多已經嚴重影響使用者體驗了。如果重試到第三次以後，很有可能某一個環節已經顯示出錯傳回 504 了。所以在這種應用場景下，維護這麼多的逾時次數其實沒有任何意義。倒不如把它們設定得小一些，儘早放棄。其中用戶端的 syn 重傳次數由 tcp_syn_retries 控制，伺服器半連接佇列中的逾時次數由 tcp_synack_retries 來控制，把它們調成你想要的值。

建議 5：打開 TFO（TCP Fast Open）

第 6 章有一個細節沒有介紹，那就是 fastopen 功能。在用戶端和服務端都支援該功能的前提下，用戶端的第三次握手 ack 封包就可以攜帶要發送給伺服器的資料。這樣就會節約一個 RTT 的時間消耗。如果支援，可以嘗試啟用。

```
# vi /etc/sysctl.conf
net.ipv4.tcp_fastopen = 3 //服務端和用戶端兩種角色都啟用
# sysctl -p
```

建議 6：保持充足的檔案描述符號上限

在 Linux 下一切皆檔案，包括網路連接中的 socket。如果你需要支援巨量的併發連接，那麼調整和加大檔案描述符號上限是很關鍵的。否則你將收到 "Too many open files" 這個錯誤。

相關的限制機制請參考 8.2 節，這裡我們舉出一套推薦的修改方法。例如
你的服務需要在單執行緒支援 100 萬筆併發，那麼建議：

```
# vi /etc/sysctl.conf
fs.file-max=1100000 //系統等級設定成110萬，多留點buffer。
fs.nr_open=1100000 //處理程序等級也設定成110萬，因為要保證比hard nofile大
# sysctl -p

# vi /etc/security/limits.conf
//使用者處理程序等級都設定成100萬
* soft nofile 1000000
* hard nofile 1000000
```

建議 7：如果請求頻繁，請棄用短連接改用長連接

如果你的程式頻繁請求某個服務端，比如 Redis 快取，和建議 1 比起來，
一個更好一點的方法是使用長連接。這樣做的好處有：

1）節約了握手消耗。短連接中每次請求都需要雙端之間進行握手，這樣
   每次都得讓使用者多等一個握手的時間消耗。

2）避開了佇列滿的問題。前面我們看到當全連接或半連接佇列溢位的時
   候，服務端直接封包遺失。而用戶端並不知情，所以傻傻地等 3 秒才
   會重試，要知道 TCP 本身並不是專門為網際網路服務設計的，這個 3
   秒的逾時對於網際網路使用者體驗的影響是致命的。

3）通訊埠數不容易出問題。在釋放連接的時候，用戶端使用的通訊埠需
   要進入 TIME_WAIT 狀態，等待 2 MSL 的時間才能釋放。所以如果連
   接頻繁，通訊埠數量很容易不夠用。而長連接固定使用那麼幾十上百
   個通訊埠就夠用了。

建議 8：TIME_WAIT 的最佳化

很多線上程式如果使用了短連接，就會出現大量的 TIME_WAIT。

首先，我想說的是沒有必要見到兩三萬個 TIME_WAIT 就恐慌得不行。從記憶體的角度來考慮，一筆 TIME_WAIT 狀態的連接僅是 0.5 KB 的記憶體而已。從通訊埠占用的角度來說，確實消耗掉了一個通訊埠，但假如你下次再連接的是不同的服務端的話，該通訊埠仍然可以使用。只有在所有 TIME_WAIT 都聚集在和一個服務端的連接上的時候才會有問題。

那怎麼解決呢？其實辦法有很多。第一個是按建議 1 開啟通訊埠 reuse 和 recycle，第二個是限制 TIME_WAIT 狀態的連接最大數量。

```
# vi /etc/sysctl.conf
net.ipv4.tcp_max_tw_buckets = 32768
# sysctl -p
```

如果再徹底一些，也可以乾脆採用建議 7，直接用長連接代替頻繁的短連接。連接頻率大大降低以後，自然也就沒有 TIME_WAIT 的問題了。

容器網路虛擬化

10.1 相關實際問題

時至今日，容器和雲端原生相關的技術大火。現在越來越多的公司線上生產環境中不再是將服務部署到實體物理機或是 KVM 虛擬機器上，而是部署到基於 Docker 的容器雲端上。這就對開發等相關的技術人員提出了新的挑戰，你需要理解自己寫出來的程式是如何在容器雲端上執行的。如果理解不合格，很有可能將沒有能力定位線上問題，也沒有能力進行性能等方面的最佳化。

回到網路上來，先來思考這麼幾個問題。

1）容器中的 eth0 和母機上的 eth0 是一個東西嗎？

大家在容器中執行 ifconfig 等命令的時候，和實體機一樣也能看到一個 eth0。那麼這個 eth0 和物理機上的 eth0 網路卡裝置是一個東西嗎？

2) veth 裝置是什麼，它是執行原理的？

有一些容器使用基礎的讀者可能會知道容器是基於 Linux 上的 veth 裝置工作的。那問題來了，veth 裝置到底是什麼？和我們日常工作中熟悉的網路卡、環回裝置相比它有什麼相同，又有什麼不同的地方？使用 veth 裝置在發送和接收資料封包的時候，核心等底層又是執行原理的？

3) Linux 是如何實現虛擬網路環境的？

容器化中非常重要的一步就是隔離，不能讓 A 容器用到 B 容器的裝置，甚至連看一眼都不可以。Linux 上實現隔離的技術方法就是命名空間（namespace）。對網路模組來說，由網路命名空間（net namespace，簡稱 netns）為容器隔離出一套邏輯上完全獨立的網路空間。

那你知道網路命名空間是如何建立出來的嗎？處理程序、網路卡裝置、socket 等又是如何加入某個網路命名空間的？在被網路命名空間隔離的容器的網路收發過程和直接在物理機上的收發過程有什麼不一樣？

4) Linux 如何保證同宿主機上多個虛擬網路環境中的路由表等可以獨立工作？

在被容器隔離開的容器網路環境中，是可以設定自己獨立的路由表、iptable 規則的。那麼 Linux 是如何保證多個容器之間、容器和母機之間的路由表、iptable 規則都能獨立工作而不衝突的？

5) 同一宿主機上多個容器之間是如何通訊的？

在現實工作中，為了充分壓榨機器的硬體資源，一般會在一台機器上虛擬出來幾個，甚至幾十個容器。那麼這些容器之間是如何互相實現網路互通而進行通訊的呢？

6）Linux 上的容器如何和外部機器通訊？

除了內部互通，一般來說容器裡執行的服務是需要存取外部的，例如存取資料庫。另外就是可能需要曝露比如 80 通訊埠，對外提供服務。那麼 Docker 是如何實現和外網互通的？

10.2 veth 裝置對

這一節來看看 Docker 網路虛擬化中最基礎的技術——veth。回想一下在物理機組成的網路裡，最基礎、最簡單的網路連接方式是什麼？沒錯，那就是直接用一根交叉網線把兩台電腦的網路卡連起來，如圖 10.1 所示。這樣，一台機器發送資料，另外一台就能收到了。

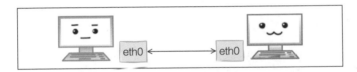

▲ 圖 10.1　最簡單的物理網路

那麼，網路虛擬化實現的第一步，就是用軟體來模擬這個簡單的網路連接實現過程。實現的技術就是本節的主角 veth，它模擬了在物理世界裡兩片連接在一起的網路卡，這兩個「網路卡」之間可以互相通訊。平時工作中在 Docker 鏡像裡我們看到的 eth0 裝置，其實就是 veth，如圖 10.2 所示。

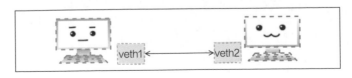

▲ 圖 10.2　veth

事實上，這種軟體模擬硬體方式我們一點也不陌生，我們本機網路 IO 裡的 IO 環回裝置也是這樣一個用軟體虛擬出來的裝置。veth 和 IO 的一點區別就是 veth 總是成雙成對地出現。我們來深入看看 veth 是執行原理的。

10.2.1　veth 如何使用

不像環回裝置，絕大多數讀者在日常工作中可能沒接觸過 veth，所以本節專門用一小節的篇幅來介紹 veth 如何使用。

在 Linux 下，可以透過使用 ip 命令建立一對 veth。其中 link 表示 link layer 的意思，即鏈路層。這個命令可以用於管理和查看網路介面，包括物理網路介面，也包括虛擬介面。

```
# ip link add veth0 type veth peer name veth1
```

使用 ip link show 命令進行查看。

```
# ip link add veth0 type veth peer name veth1
# ip link show
1: lo: <LOOPBACK,UP,LOWER_UP> mtu 65536 qdisc noqueue state UNKNOWN mode
DEFAULT
    link/loopback 00:00:00:00:00:00 brd 00:00:00:00:00:00
2: eth0: <BROADCAST,MULTICAST,UP,LOWER_UP> mtu 1500 qdisc mq state UP mode
DEFAULT qlen 1000
    link/ether 6c:0b:84:d5:88:d1 brd ff:ff:ff:ff:ff:ff
3: eth1: <BROADCAST,MULTICAST> mtu 1500 qdisc noop state DOWN mode DEFAULT
qlen 1000
    link/ether 6c:0b:84:d5:88:d2 brd ff:ff:ff:ff:ff:ff
4: veth1@veth0: <BROADCAST,MULTICAST,M-DOWN> mtu 1500 qdisc noop state DOWN
mode DEFAULT qlen 1000
    link/ether 4e:ac:33:e5:eb:16 brd ff:ff:ff:ff:ff:ff
5: veth0@veth1: <BROADCAST,MULTICAST,M-DOWN> mtu 1500 qdisc noop state DOWN
mode DEFAULT qlen 1000
    link/ether 2a:6d:65:74:30:fb brd ff:ff:ff:ff:ff:ff
```

和 eth0、IO 等網路裝置一樣，veth 也需要為其設定 IP 後才能夠正常執行。我們為這對 veth 分別來設定 IP。

```
# ip addr add 192.168.1.1/24 dev veth0
# ip addr add 192.168.1.2/24 dev veth1
```

接下來，把這兩個裝置啟動起來。

```
# ip link set veth0 up
# ip link set veth1 up
```

當裝置啟動起來以後，透過熟悉的 ifconfig 命令就可以查看到它們了。

```
# ifconfig
eth0: ......
lo: ......
veth0: flags=4163<UP,BROADCAST,RUNNING,MULTICAST>  mtu 1500
        inet 192.168.1.1  netmask 255.255.255.0  broadcast 0.0.0.0
        ......
veth1: flags=4163<UP,BROADCAST,RUNNING,MULTICAST>  mtu 1500
        inet 192.168.1.2  netmask 255.255.255.0  broadcast 0.0.0.0
        ......
```

現在，一對虛擬裝置已經建立起來了。不過我們需要做一點準備工作，它們之間才可以進行互相通訊。首先要關閉反向過濾 rp_filter，該模組會檢查 IP 封包是否符合要求，否則可能會過濾掉。然後再打開 accept_local，接收本機 IP 資料封包。詳細準備過程如下。

```
# echo 0 > /proc/sys/net/ipv4/conf/all/rp_filter
# echo 0 > /proc/sys/net/ipv4/conf/veth0/rp_filter
# echo 0 > /proc/sys/net/ipv4/conf/veth1/rp_filter
# echo 1 > /proc/sys/net/ipv4/conf/veth1/accept_local
# echo 1 > /proc/sys/net/ipv4/conf/veth0/accept_local
```

在 veth0 上來 ping 一下 veth1。這兩個 veth 之間可以通訊了！

```
# ping 192.168.1.2 -I veth0
PING 192.168.1.2 (192.168.1.2) from 192.168.1.1 veth0: 56(84) bytes of data.
64 bytes from 192.168.1.2: icmp_seq=1 ttl=64 time=0.019 ms
64 bytes from 192.168.1.2: icmp_seq=2 ttl=64 time=0.010 ms
64 bytes from 192.168.1.2: icmp_seq=3 ttl=64 time=0.010 ms
......
```

我在另外一個主控台上，還啟動了 tcpdump 命令抓取封包，抓到的結果如下。

```
# tcpdump -i veth0
09:59:39.449247 ARP, Request who-has *** tell ***, length 28
09:59:39.449259 ARP, Reply *** is-at 4e:ac:33:e5:eb:16 (oui Unknown), length 28
09:59:39.449262 IP *** > ***: ICMP echo request, id 15841, seq 1, length 64
09:59:40.448689 IP *** > ***: ICMP echo request, id 15841, seq 2, length 64
......
```

由於兩個裝置之間是第一次通訊，所以 veth0 首先發出一個 arp request，veth1 收到後回覆一個 arp reply。然後接下來就是正常的 ping 命令下的 IP 封包了。

10.2.2　veth 底層建立過程

在 10.2.1 節中，我們親手建立了一對 veth 裝置，並透過簡單的設定就可以讓它們之間互相通訊了。那麼在本小節中，我們看看在核心裡，veth 到底是如何建立的。

veth 的相關原始程式位於 drivers/net/veth.c，其中初始化入口是 veth_init。

```
//file: drivers/net/veth.c
static __init int veth_init(void)
{
    return rtnl_link_register(&veth_link_ops);
}
```

在 veth_init 中註冊了 veth_link_ops（veth 裝置的操作方法），它包含了
veth 裝置的建立、啟動和刪除等回呼函數。

//file: drivers/net/veth.c
```
static struct rtnl_link_ops veth_link_ops = {
    .kind      = DRV_NAME,
    .priv_size = sizeof(struct veth_priv),
    .setup     = veth_setup,
    .validate  = veth_validate,
    .newlink   = veth_newlink,
    .dellink   = veth_dellink,
    .policy    = veth_policy,
    .maxtype   = VETH_INFO_MAX,
};
```

先來看看 veth 裝置的建立函數 veth_newlink，這是理解 veth 的關鍵。

//file: drivers/net/veth.c
```
static int veth_newlink(struct net *src_net, struct net_device *dev,
            struct nlattr *tb[], struct nlattr *data[])
{
    ......
    //建立
    peer = rtnl_create_link(net, ifname, &veth_link_ops, tbp);

    //註冊
    err = register_netdevice(peer);
    err = register_netdevice(dev);
    ......

    //把兩個裝置連結到一起
    priv = netdev_priv(dev);
    rcu_assign_pointer(priv->peer, peer);

    priv = netdev_priv(peer);
    rcu_assign_pointer(priv->peer, dev);
}
```

在 veth_newlink 中，我們看到它透過 register_netdevice 建立了 peer 和 dev 兩個網路虛擬裝置。接下來的 netdev_priv 函數傳回的是網路裝置的 private 資料，priv->peer 就是一個指標而已。

```
//file: drivers/net/veth.c
struct veth_priv {
    struct net_device __rcu  *peer;
    atomic64_t       dropped;
};
```

兩個新建立出來的裝置 dev 和 peer 透過 priv->peer 指標來完成結對。其中 dev 裝置裡的 priv->peer 指標指向 peer 裝置，peer 裝置裡的 priv->peer 指向 dev。

接著再看看 veth 裝置的啟動過程。

```
//file: drivers/net/veth.c
static void veth_setup(struct net_device *dev)
{
    //veth的操作清單，其中包括veth的發送函數veth_xmit
    dev->netdev_ops = &veth_netdev_ops;
    dev->ethtool_ops = &veth_ethtool_ops;
    ......
}
```

其中 dev->netdev_ops = &veth_netdev_ops 這行也比較關鍵。veth_netdev_ops 是 veth 裝置的操作函數。例如發送過程中呼叫的函數指標 ndo_start_xmit，對 veth 裝置來說就會呼叫到 veth_xmit。這在下一小節裡會用到。

```
//file: drivers/net/veth.c
static const struct net_device_ops veth_netdev_ops = {
    .ndo_init        = veth_dev_init,
    .ndo_open        = veth_open,
    .ndo_stop        = veth_close,
```

```
    .ndo_start_xmit      = veth_xmit,
    .ndo_change_mtu      = veth_change_mtu,
    .ndo_get_stats64     = veth_get_stats64,
    .ndo_set_mac_address = eth_mac_addr,
};
```

10.2.3 veth 網路通訊過程

第 2 章和第 4 章系統介紹了 Linux 網路封包的收發過程。在第 5 章又詳細討論了基於環回裝置 lo 的本機網路 IO 過程。回顧一下第 5 章中基於環回裝置 lo 的本機網路過程。在發送階段，流程是執行 send 系統呼叫 => 協定層 => 鄰居子系統 => 網路裝置層 => 驅動。在接收階段，流程是軟體中斷 => 驅動 => 網路裝置層 => 協定層 => 系統呼叫返回，過程如圖 10.3 所示。

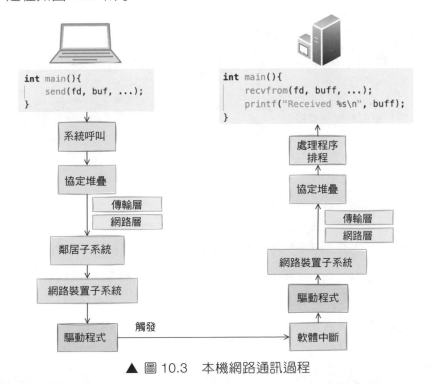

▲ 圖 10.3 本機網路通訊過程

基於 veth 的網路 IO 過程和圖 10.3 幾乎完全一樣。和 IO 裝置不同的就是使用的驅動程式不一樣，馬上就能看到。

網路裝置層最後會透過 ops->ndo_start_xmit 來呼叫驅動進行真正的發送。

```
//file: net/core/dev.c
int dev_hard_start_xmit(struct sk_buff *skb, struct net_device *dev,
    struct netdev_queue *txq)
{
    //獲取裝置驅動的回呼函數集合ops
    const struct net_device_ops *ops = dev->netdev_ops;

    //呼叫驅動的ndo_start_xmit進行發送
    rc = ops->ndo_start_xmit(skb, dev);
    ......
}
```

在第 5 章介紹過對環回裝置 lo 來說，netdev_ops 是 loopback_ops。那麼上面發送過程中呼叫的 ops->ndo_start_xmit 對應的就是 loopback_xmit。

```
//file:drivers/net/loopback.c
static const struct net_device_ops loopback_ops = {
    .ndo_init       = loopback_dev_init,
    .ndo_start_xmit= loopback_xmit,
    .ndo_get_stats64 = loopback_get_stats64,
};
```

回顧上一小節的介紹，對 veth 裝置來說，它在啟動時將 netdev_ops 設定成了 veth_netdev_ops。那 ops->ndo_start_xmit 對應的具體發送函數就是 veth_xmit。這就是在 veth 發送的過程中，唯一和 lo 裝置不同的地方所在。我們來簡單看一下這個發送函數的程式。

```
//file: drivers/net/veth.c
static netdev_tx_t veth_xmit(struct sk_buff *skb, struct net_device *dev)
{
    struct veth_priv *priv = netdev_priv(dev);
    struct net_device *rcv;

    //獲取veth裝置的對端
    rcv = rcu_dereference(priv->peer);

    //呼叫dev_forward_skb向對端發送封包
    if (likely(dev_forward_skb(rcv, skb) == NET_RX_SUCCESS)) {
    }
```

在 veth_xmit 中主要就是獲取當前 veth 裝置，然後把資料向對端發送過去就行了。發送到對端裝置的工作是由 dev_forward_skb 函數處理的。

```
//file: net/core/dev.c
int dev_forward_skb(struct net_device *dev, struct sk_buff *skb)
{
    skb->protocol = eth_type_trans(skb, dev);
    ......
    return netif_rx(skb);
}
```

先呼叫了 eth_type_trans 將 skb 的所屬裝置改為剛剛取到的 veth 對端裝置 rcv。

```
//file: net/ethernet/eth.c
__be16 eth_type_trans(struct sk_buff *skb, struct net_device *dev)
{
    skb->dev = dev;
    ......
}
```

接著呼叫 netif_rx，這塊又和 IO 裝置的操作一樣了。在該方法中最終會執行到 enqueue_to_backlog 中（netif_rx -> netif_rx_internal -> enqueue_ to_backlog）。在這裡將要發送的 skb 插入 softnet_data-> input_pkt_queue 佇列中並呼叫 napi_schedule 來觸發軟體中斷，見下面的程式。

```
//file: net/core/dev.c
static int enqueue_to_backlog(struct sk_buff *skb, int cpu, ...)
{
    sd = &per_cpu(softnet_data, cpu);
    __skb_queue_tail(&sd->input_pkt_queue, skb);
    ......
    ____napi_schedule(sd, &sd->backlog);
}
```

```
//file:net/core/dev.c
static inline void ____napi_schedule(struct softnet_data *sd, ...)
{
    list_add_tail(&napi->poll_list, &sd->poll_list);
    __raise_softirq_irqoff(NET_RX_SOFTIRQ);
}
```

當資料發送完喚起軟體中斷後，veth 對端的裝置開始接收。和發送過程不同的是，所有的虛擬裝置的接收封包 poll 函數都是一樣的，都是在裝置層被初始化成 process_backlog。

```
//file:net/core/dev.c
static int __init net_dev_init(void)
{
    for_each_possible_cpu(i) {
        sd->backlog.poll = process_backlog;
    }
}
```

所以 veth 裝置的接收過程和 IO 裝置完全一樣。想再看看這個過程的讀者就請參考 5.4 節。大致流程是 net_rx_action 執行到 deliver_skb，然後送到協定層中。

```
|--->net_rx_action()
   |--->process_backlog()
      |--->__netif_receive_skb()
         |--->__netif_receive_skb_core()
            |---> deliver_skb
```

10.2.4 小結

由於大部分的讀者在日常工作中一般不會接觸到 veth，所以在看到 Docker 相關的技術文中提到這個技術時總會以為它是多麼的高深。

其實從實現上來看，虛擬裝置 veth 和我們日常接觸的 IO 裝置非常非常地像，連基於 veth 的本機網路 IO 通訊圖其實都是我直接從第 5 章裡拿過來的，只要看完了本書第 5 章，理解 veth 簡直太容易。

只不過和 IO 裝置相比，veth 是為了虛擬化技術而生的，所以它多了個結對的概念。在建立函數 veth_newlink 中，一次性就建立了兩個網路裝置出來，並把對方分別設定成了各自的 peer。在發送資料的過程中，找到發送裝置的 peer，然後發起軟體中斷讓對方收取就算結束了。

10.3 網路命名空間

10.2 節介紹了 veth，有了 veth 可以建立出許多的虛擬裝置，預設它們都是在宿主機網路中的。接下來虛擬化中還有很重要的一步，那就是隔離。用 Docker 來舉例，那就是不能讓 A 容器用到 B 容器的裝置，甚至連看一眼都不可以。只有這樣才能保證不同的容器之間重複使用硬體資源的同時，還不會影響其他容器的正常執行。

在 Linux 上實現隔離的技術方法就是命名空間（namespace）。透過命名空間能隔離容器的處理程序 PID、檔案系統掛載點、主機名稱等多種資源。不過此處要重點介紹的是網路命名空間（netnamespace，簡稱 netns）。它可以為不同的命名空間從邏輯上提供獨立的網路通訊協定層，具體包括網路裝置、路由表、arp 表、iptables 以及通訊端（socket）等，如圖 10.4 所示，使不同的網路空間都好像執行在獨立的網路中一樣。

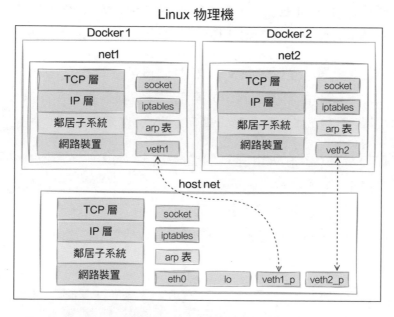

▲ 圖 10.4　虛擬網路環境

你是不是和筆者一樣，也很好奇 Linux 底層到底是如何實現網路隔離的？下面來好好挖一挖網路命名空間的內部實現。

10.3.1 如何使用網路命名空間

先來看一下網路命名空間是如何使用的吧。建立一個新的命名空間 net1，再建立一對 veth，將 veth 的一頭放到 net1 中。分別查看母機和 net1 空間內的 iptable、裝置等。最後讓兩個命名空間進行通訊，要達成的效果如圖 10.5 所示。

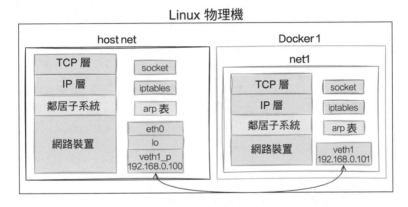

▲ 圖 10.5　實驗效果

下面是詳細的建立過程。首先建立一個新的網路命名空間——net1。

```
# ip netns add net1
```

查看它的 iptable、路由表以及網路裝置。

```
# ip netns exec net1 route
Kernel IP routing table
Destination     Gateway        Genmask         Flags Metric Ref    Use Iface


# ip netns exec net1 iptables -L
ip netns exec net1 iptables -L
Chain INPUT (policy ACCEPT)
target    prot opt source       destination
......
```

```
# ip netns exec net1 ip link list
lo: <LOOPBACK> mtu 65536 qdisc noop state DOWN mode DEFAULT qlen 1
    link/loopback 00:00:00:00:00:00 brd 00:00:00:00:00:00
```

由於是新建立的網路命名空間,所以上述的輸出中路由表、iptable 規則都是空的。不過這個命名空間中初始情況下就存在一個 lo 本地環回裝置,只不過預設是 DOWN(未啟動)狀態。

接下來建立一對 veth,並把 veth 的一頭增加給它。

```
# ip link add veth1 type veth peer name veth1_p
# ip link set veth1 netns net1
```

在母機上查看一下當前的裝置,發現已經看不到 veth1 這個網路卡裝置了,只能看到 veth1_p。

```
# ip link list
1: lo: <LOOPBACK,UP,LOWER_UP> mtu 65536 ...
2: eth0: <BROADCAST,MULTICAST,UP,LOWER_UP> mtu 1500 ...
3: eth1: <BROADCAST,MULTICAST> mtu 1500 ...
45: veth1_p@if46: <BROADCAST,MULTICAST> mtu 1500 qdisc noop state DOWN mode
DEFAULT qlen 1000
    link/ether 0e:13:18:0a:98:9c brd ff:ff:ff:ff:ff:ff link-netnsid 0
```

這個新裝置已經跑到 net1 這個網路空間裡了。

```
# ip netns exec net1 ip link list
1: lo: <LOOPBACK> mtu 65536 ...
46: veth1@if45: <BROADCAST,MULTICAST> mtu 1500 qdisc noop state DOWN mode
DEFAULT qlen 1000
    link/ether 7e:cd:ec:1c:5d:7a brd ff:ff:ff:ff:ff:ff link-netnsid 0
```

把這對 veth 分別設定上 IP,並把它們啟動起來。

```
# ip addr add 192.168.0.100/24 dev veth1_p
# ip netns exec net1 ip addr add 192.168.0.101/24 dev veth1
```

```
# ip link set dev veth1_p up
# ip netns exec net1 ip link set dev veth1 up
```

在母機和 net1 中分別執行 ifconfig 查看當前啟動的網路裝置。

```
# ifconfig
eth0: ......
lo: ......
veth1_p: flags=4163<UP,BROADCAST,RUNNING,MULTICAST>  mtu 1500
        inet 192.168.0.100  netmask 255.255.255.0  broadcast 0.0.0.0
        ......

# ip netns exec net1 ifconfig
veth1: flags=4163<UP,BROADCAST,RUNNING,MULTICAST>  mtu 1500
        inet 192.168.0.101  netmask 255.255.255.0  broadcast 0.0.0.0
        ......
```

來讓它和母機通訊一下試試。

```
# ip netns exec net1 ping 192.168.0.100 -I veth1
PING 192.168.0.100 (192.168.0.100) from 192.168.0.101 veth1: 56(84) bytes
of data.
64 bytes from 192.168.0.100: icmp_seq=1 ttl=64 time=0.027 ms
64 bytes from 192.168.0.100: icmp_seq=2 ttl=64 time=0.010 ms
```

現在一個新網路命名空間建立實驗就結束了。在這個空間裡，網路裝置、路由表、arp 表、iptables 都是獨立的，不會和母機上的衝突，也不會和其他空間裡的產生干擾，而且還可以透過 veth 來和其他空間下的網路進行通訊。想實際動手做這個實驗的讀者在公眾號「開發內功修煉」後台回覆「配套原始程式」，來獲取本實驗要使用的測試 makefile 檔案。

10.3.2 命名空間相關的定義

在核心中，很多元件都是和 namespace 有關係的，先來看看這個連結關係是如何定義的，後面再看看 namespace 本身的詳細結構。

連結命名空間

在 Linux 中，很多我們平常熟悉的概念都是歸屬到某一個特定的網路命名空間中的，比如處理程序、網路卡裝置、socket 等。

Linux 中每個處理程序（執行緒）都是用 task_struct 來表示的。每個 task_struct 都要連結到一個命名空間物件 nsproxy，而 nsproxy 又包含了網路命名空間（netns）。對網路卡裝置和 socket 來說，透過自己的成員來直接表明自己的歸屬，如圖 10.6 所示。

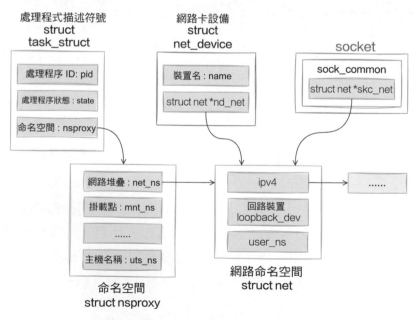

▲ 圖 10.6　核心命名空間相關資料結構

拿網路裝置來舉例，只有歸屬到當前網路命名空間下的時候才能透過 ifconfig 看到，否則是不可見的。我們詳細來看看這幾個資料結構的定義，先來看處理程序。

```
//file:include/linux/sched.h
struct task_struct {
    /* namespaces */
    struct nsproxy *nsproxy;
    ......
}
```

命名空間的核心資料結構是上面的這個 struct nsproxy。所有類型的命名空間（包括 pid、檔案系統掛載點、網路堆疊等）都是在這裡定義的。

```
//file: include/linux/nsproxy.h
struct nsproxy {
    struct uts_namespace *uts_ns;    // 主機名稱
    struct ipc_namespace *ipc_ns;    // IPC
    struct mnt_namespace *mnt_ns;    // 檔案系統掛載點
    struct pid_namespace *pid_ns;    // 處理程序標誌
    struct net           *net_ns;    // 網路通訊協定層
};
```

其中 struct net *net_ns 就是本節要討論的網路命名空間。它的詳細定義稍後再説。接著看表示網路裝置的 struct net_device，它也要歸屬到某個網路空間下。

```
//file: include/linux/netdevice.h
struct net_device{
    //裝置名稱
    char          name[IFNAMSIZ];

    //網路命名空間
    struct net    *nd_net;
    ......
}
```

所有的網路裝置剛建立出來都是在宿主機預設網路空間下的。可以透過「ip link set 裝置名稱 netns 網路空間名」將裝置移動到另一個空間裡去，這時其實修改的就是 net_device 下的 struct net* 指標。所以在前面的實驗裡，當 veth1 移動到 net1 下的時候，該裝置在宿主機下「消失」了，在 net1 下就能看到了。

還有我們經常用的 socket，也是歸屬在某一個網路命名空間下的。

```
//file:
struct sock_common {
    struct net      *skc_net;
}
```

網路命名空間定義

本小節中，我們來看網路命名空間的主要資料結構 struct net 的定義。

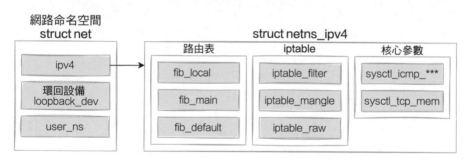

▲ 圖 10.7　網路命名空間資料結構

可見每個 net 核心物件下都包含了自己的路由表、iptable 以及核心參數設定等。我們來看具體的程式。

```
//file:include/net/net_namespace.h
struct net {
    //每個net中都有一個環回裝置
    struct net_device        *loopback_dev;               /* The loopback */
```

```
    //路由表、netfilter都在這裡
    struct netns_ipv4 ipv4;
    ......
}
```

由上述定義可見，每一個網路命名空間——netns 中都有一個 loopback_dev，這就是為什麼在第一節中看到剛建立出來的空間裡就有一個 IO 裝置的底層原因。

網路命名空間中最核心的資料結構是 struct netns_ipv4 ipv4。在該資料結構裡，定義了每一個網路空間專屬的路由表、ipfilter 以及各種核心參數。

```
//file: include/net/netns/ipv4.h
struct netns_ipv4 {
    //路由表
    struct fib_table  *fib_local;
    struct fib_table  *fib_main;
    struct fib_table  *fib_default;

    //IP表
    struct xt_table      *iptable_filter;
    struct xt_table      *iptable_raw;
    struct xt_table      *arptable_filter;

    //核心參數
    long sysctl_tcp_mem[3];
    ......
}
```

10.3.3 網路命名空間的建立

處理程序與網路命名空間

Linux 上存在一個預設的網路命名空間，Linux 中的 1 號處理程序初始使用該預設空間。Linux 上其他所有處理程序都是由 1 號處理程序衍生出來的，在衍生 clone 的時候如果沒有特別指定，所有的處理程序都將共用這個預設網路空間，如圖 10.8 所示。

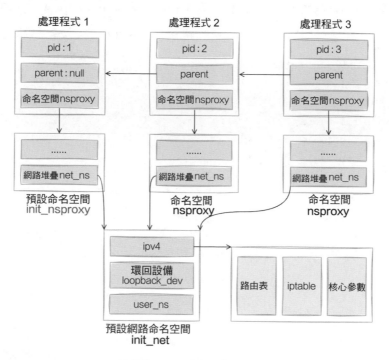

▲ 圖 10.8　預設命名空間

在 clone 函數裡可以指定建立新處理程序時的 flag，都是以 CLONE_ 開頭的。和命名空間有關的標識位元有 CLONE_NEWIPC、CLONE_NEWNET、CLONE_NEWNS、CLONE_NEWPID 等等。如果在建立處理程序時指定了 CLONE_NEWNET 標識位元，那麼該處理程序將建立並使用新的 netns。

其實核心提供了三種操作命名空間的方式，分別是 clone、setns 和 unshare。本節只用 clone 來舉例，它的工作結果如圖 10.9 所示。

> ✎注意
>
> 使用 strace 追蹤可以確認 ip netns add 命令內部是否使用了 unshare。unshare 的工作原理和 clone 類似。

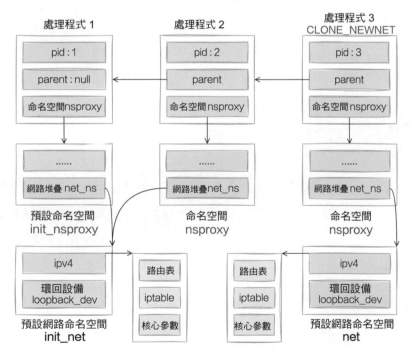

▲ 圖 10.9　建立新命名空間

先來看下預設的網路命名空間的初始化過程。

```
//file: init/init_task.c
struct task_struct init_task = INIT_TASK(init_task);

//file: include/linux/init_task.h
#define INIT_TASK(tsk)   \
{
    ......
    .nsproxy   = &init_nsproxy,  \
}
```

上面的程式是在初始化第 1 號處理程序。可見 nsproxy 是已經建立好的
init_nsproxy。再看 init_nsproxy 是如何建立的。

```
//file: kernel/nsproxy.c
struct nsproxy init_nsproxy = {
    .uts_ns= &init_uts_ns,
    .ipc_ns= &init_ipc_ns,
    .mnt_ns= NULL,
    .pid_ns= &init_pid_ns,
    .net_ns= &init_net,
};
```

初始的 init_nsproxy 裡將多個命名空間都進行了初始化,其中我們關注的
網路命名空間,用的是預設網路空間 init_net。它是系統初始化的時候就
建立好的。

```
//file: net/core/net_namespace.c
struct net init_net = {
    .dev_base_head = LIST_HEAD_INIT(init_net.dev_base_head),
};
EXPORT_SYMBOL(init_net);

//file: net/core/net_namespace.c
static int __init net_ns_init(void)
{
    ......
```

```
    setup_net(&init_net, &init_user_ns);
    ......
    register_pernet_subsys(&net_ns_ops);
    return 0;
}
```

上面的 setup_net 方法對這個預設網路命名空間進行初始化。

看到這裡我們清楚了 1 號處理程序的命名空間初始化過程。Linux 中所有的處理程序都是由這個 1 號處理程序建立的。如果建立子處理程序的過程中沒有指定 CLONE_NEWNET 這個標識位元，就直接還使用預設的網路空間。

如果建立處理程序過程中指定了 CLONE_NEWNET 標識位元，那麼就會重新申請一個網路命名空間出來。見以下的關鍵函數 copy_net_ns（它的呼叫鏈是 do_fork = > copy_process = > copy_namespaces = > create_new_namespaces = > copy_net_ns）。

```
//file: net/core/net_namespace.c
struct net *copy_net_ns(unsigned long flags,
            struct user_namespace *user_ns, struct net *old_net)
{
    struct net *net;

    // 重要！！！
    // 不指定CLONE_NEWNET就不會建立新的網路命名空間
    if (!(flags & CLONE_NEWNET))
        return get_net(old_net);

    //申請新網路命名空間並初始化
    net = net_alloc();
    rv = setup_net(net, user_ns);
    ......
}
```

記住 setup_net 是初始化網路命名空間的，這個函數接下來還會提到。

網路命名空間內的子系統初始化

命名空間內的各個子系統都是在呼叫 setup_net 時初始化的，包括路由表、tcp 的 proc 偽檔案系統、iptable 規則讀取等等，所以這個小節也是蠻重要的。

由於核心網路模組的複雜性，在核心中將網路模組劃分成了各個子系統。每個子系統都定義了一個初始化函數和一個退出函數。

```
//file: include/net/net_namespace.h
struct pernet_operations {
    // 鏈結串列指標
    struct list_head list;

    // 子系統的初始化函數
    int (*init)(struct net *net);

    // 網路命名空間每個子系統的退出函數
    void (*exit)(struct net *net);
    void (*exit_batch)(struct list_head *net_exit_list);
    int *id;
    size_t size;
};
```

各個子系統透過呼叫 register_pernet_subsys 或 register_pernet_device 將其初始化函數註冊到網路命名空間系統的全域鏈結串列 pernet_list 中，如圖 10.10 所示。你在原始程式目錄下搜索這兩個函數，會看到各個子系統的註冊過程。

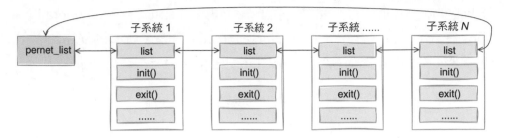

▲ 圖 10.10　網路子系統鏈

拿 register_pernet_subsys 來舉例，簡單看下它是如何將子系統都註冊到 pernet_list 中的。

```
//file: net/core/net_namespace.c
static struct list_head *first_device = &pernet_list;
int register_pernet_subsys(struct pernet_operations *ops)
{
    error =  register_pernet_operations(first_device, ops);
    ......
}
```

register_pernet_operations 又會呼叫 __register_pernet_operations。

```
//file: include/net/net_namespace.h
#define for_each_net(VAR)                 \
    list_for_each_entry(VAR, &net_namespace_list, list)
//file: net/core/net_namespace.c
static int __register_pernet_operations(struct list_head *list,
                struct pernet_operations *ops)
{
    struct net *net;
    list_add_tail(&ops->list, list);
    if (ops->init || (ops->id && ops->size)) {
        for_each_net(net) {
            error = ops_init(ops, net);
            ......
        }
    }
}
```

在 list_add_tail 這一行，完成了將子系統傳入的 struct pernet_operations *ops 鏈入 pernet_list 中。注意，for_each_net 遍歷了所有的網路命名空間，然後在這個空間內執行了 ops_init 初始化。

這個初始化是網路子系統在註冊的時候呼叫的。同樣，當新的命名空間建立時，會遍歷該全域變數 pernet_list，執行每個子模組註冊的初始化函數。再回到 3.1.1 節提到的 setup_net 函數。

```c
//file: net/core/net_namespace.c
static __net_init int setup_net(struct net *net, struct user_namespace
*user_ns)
{
    const struct pernet_operations *ops;
    list_for_each_entry(ops, &pernet_list, list) {
        error = ops_init(ops, net);
    ......
}
```

```c
//file: net/core/net_namespace.c
static int ops_init(const struct pernet_operations *ops, struct net *net)
{
    if (ops->init)
        err = ops->init(net);
}
```

在建立新命名空間呼叫到 setup_net 函數時，會透過 pernet_list 找到所有的網路子系統，把它們都用 init 初始化一遍。

我們拿路由表來舉例，路由表子系統透過 register_pernet_subsys 將 fib_net_ops 註冊進來。

```c
//file: net/ipv4/fib_frontend.c
static struct pernet_operations fib_net_ops = {
    .init = fib_net_init,
    .exit = fib_net_exit,
```

```
};

void __init ip_fib_init(void)
{
    register_pernet_subsys(&fib_net_ops);
    ......
}
```

這樣每當建立一個新的網路命名空間時，就會呼叫 fib_net_init 來建立一套獨立的路由規則。

再比如拿 iptable 中的 nat 表來說，也是一樣的。每當建立新網路命名空間的時候，就會呼叫 iptable_nat_net_init 建立一套新的表。

//file: net/ipv4/netfilter/iptable_nat.c
```
static struct pernet_operations iptable_nat_net_ops = {
    .init  = iptable_nat_net_init,
    .exit  = iptable_nat_net_exit,
};
static int __init iptable_nat_init(void)
{
    err = register_pernet_subsys(&iptable_nat_net_ops);
    ......
```

增加裝置

在一個裝置剛剛建立出來的時候，它是屬於預設網路命名空間 init_net 的，包括 veth 裝置。不過可以在建立後進行修改，將裝置增加到新的網路命名空間。

拿 veth 裝置來舉例，它是在建立時的原始程式 alloc_netdev_mqs 中設定到 init_net 上的（執行程式路徑：veth_newlink ＝＞ rtnl_create_link ＝＞ alloc_netdev_mqs）。

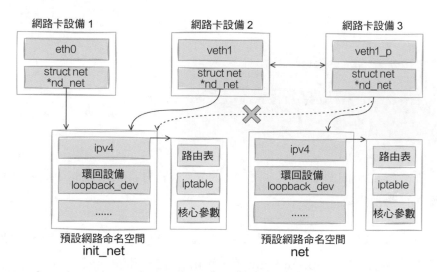

▲ 圖 10.11　修改裝置命名空間

```
//file: core/dev.c
struct net_device *alloc_netdev_mqs(...)
{
    dev_net_set(dev, &init_net);
}
```

```
//file: include/linux/netdevice.h
void dev_net_set(struct net_device *dev,struct net *net)
{
    release_net(dev->nd_net);
    dev->nd_net = hold_net(net);
}
```

在執行修改裝置所屬的網路命名空間時，會將 dev->nd_net 再指向新的
netns。對 veth 來説，它包含了兩個裝置。這兩個裝置可以放在不同的網
路命名空間中。這就是 Docker 容器和其母機或其他容器通訊的基礎。

```
//file: core/dev.c
int dev_change_net_namespace(struct net_device *dev, struct net *net, ...)
{
```

```
      ......
      dev_net_set(dev, net)
}
```

socket 與網路命名空間

其實每個 socket 都歸屬於某個網路命名空間。這是由建立這個 socket 的處理程序所屬的 netns 來決定的。當在某個處理程序裡建立 socket 的時候，核心就會把當前處理程序的 nsproxy-> net_ns 找出來，並把它給予值給 scoket 上的網路命名空間成員 skc_net，如圖 10.12 所示。

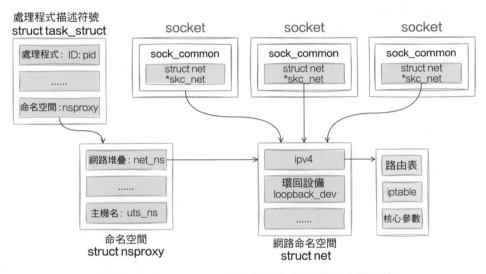

▲ 圖 10.12　socket 命名空間來自其所屬處理程序

下面來說明看看 socket 是如何被放到某個網路命名空間中的。在 socket 中，用來保存和網路命名空間歸屬關係的變數是 skc_net。

```
//file: include/net/sock.h
struct sock_common {
    ......
    struct net     *skc_net;
}
```

接下來就是 socket 建立的時候,核心中可以透過 current->nsproxy->net_ns 把當前處理程序所屬的網路命名空間找出來,最終把 socket 中的 sk_net 成員和該命名空間建立好聯繫。

```
//file: net/socket.c
int sock_create(int family, int type, int protocol, struct socket **res)
{
    return __sock_create(current->nsproxy->net_ns, family, type, protocol,
res, 0);
}
```

在 socket_create 中,看到 current->nsproxy->net_ns 了,它獲取到了處理程序的網路命名空間。再依次經過 __sock_create => inet_create => sk_alloc,呼叫到 sock_net_set 的時候,成功設定了新 socket 和 netns 的連結關係。

```
//file: include/net/sock.h
static inline
void sock_net_set(struct sock *sk, struct net *net)
{
    write_pnet(&sk->sk_net, net);
}
```

10.3.4 網路收發如何使用網路命名空間

以網路封包發送過程中的路由功能為例,來看一下網路在傳輸的時候是如何使用網路命名空間的。大致的原理就是 socket 上記錄了其歸屬的網路命名空間。需要查詢路由表之前先找到該命名空間,再找到網路命名空間裡的路由表,然後再開始執行查詢,如圖 10.13 所示。

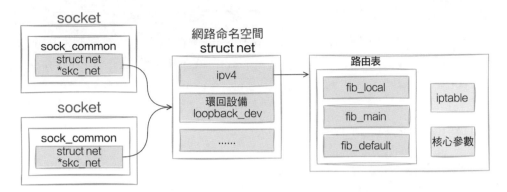

▲ 圖 10.13　網路反射式路由表執行查詢

我們來看詳細的路由查詢過程。第 4 章提到過在發送過程中 IP 層的發送函數 ip_queue_xmit 呼叫 ip_route_output_ports 來查詢路由項。

```
//file: net/ipv4/ip_output.c
int ip_queue_xmit(struct sk_buff *skb, struct flowi *fl)
{
    rt = ip_route_output_ports(sock_net(sk), fl4, sk,
                daddr, inet->inet_saddr,
                ......);
}
```

注意上面的 sock_net(sk) 這一步，在這裡 socket 記錄的網路命名空間 struct net *sk_net 被找了出來。

```
//file: include/net/sock.h
static inline struct net *sock_net(const struct sock *sk)
{
    return read_pnet(&sk->sk_net);
}
```

在第 5 章簡單介紹過路由查詢的過程，路由查詢最後會執行到 fib_lookup，我們來看下這個函數的原始程式。

> 📝 **注意**
>
> 路由查詢的呼叫鏈條有點長，是 ip_route_output_ports => ->ip_route_output_ flow => __ip_route_output_key() => ip_route_output_key_hash => ip_route_output_key_hash_rcu。

```
//file: include/net/ip_fib.h
static inline int fib_lookup(struct net *net, ...)
{
    struct fib_table *table;
    table = fib_get_table(net, RT_TABLE_LOCAL);
    table = fib_get_table(net, RT_TABLE_MAIN);
    ......
}

static inline struct fib_table *fib_get_table(struct net *net, u32 id)
{
    ptr = id == RT_TABLE_LOCAL ?
        &net->ipv4.fib_table_hash[TABLE_LOCAL_INDEX] :
        &net->ipv4.fib_table_hash[TABLE_MAIN_INDEX];
    return hlist_entry(ptr->first, struct fib_table, tb_hlist);
}
```

由上述程式可見，在路由過程中是根據前面步驟中確定好的網路命名空間 struct net *net 來查詢路由項的。每個網路命名空間有自己的 net 變數，所以不同的網路命名空間中自然也就可以設定不同的路由表了。

10.3.5 結論

很多人說 Linux 的網路命名空間實現了多個獨立協定層。這個說法其實不是很準確，核心網路程式只有一套，並沒有隔離。只是為不同空間建立不同的 struct net 物件，從而每個 struct net 中都有獨立的路由表、

iptable 等資料結構。每個裝置、每個 socket 上也都有指標指明自己歸屬哪個網路命名空間，如圖 10.14 所示。透過這種方法從邏輯上看起來好像是真的有多個協定層一樣。

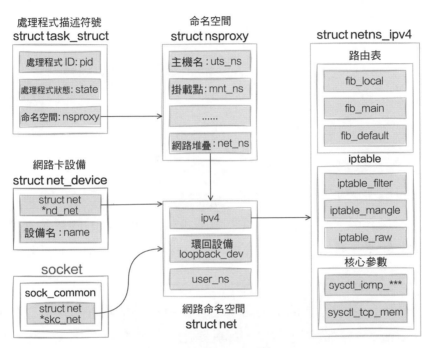

▲ 圖 10.14　網路命名空間核心結構

這樣，就為一台物理機上建立出多個邏輯上的協定層，為 Docker 容器的誕生提供了可能。在圖 10.4 中，Docker1 和 Docker2 都可以分別擁有自己獨立的網路卡裝置，設定自己的路由規則、iptable。從而使得它們的網路功能不會相互影響。怎麼樣，現在是不是對網路命名空間理解得更深了呢？

10.4 虛擬交換機 Bridge

Linux 中的 veth 是一對能互相連接、互相通訊的虛擬網路卡。透過使用它，可以讓 Docker 容器和母機通訊，或在兩個 Docker 容器中進行交流。

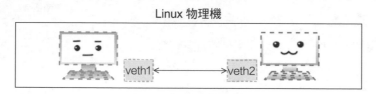

Linux 物理機

▲ 圖 10.15　veth 對通訊

不過在實際工作中，我們會想在一台物理機上虛擬出幾個、甚至幾十個容器，以求充分壓榨物理機的硬體資源。但這樣帶來的問題是大量的容器之間的網路互聯。很明顯上面簡單的 veth 互聯方案是沒有辦法直接工作的，我們該怎麼辦？

回頭想一下，在物理機的網路環境中，多台不同的物理機之間是如何連接在一起互相通訊的呢？沒錯，那就是乙太網交換機。同一網路內的多台物理機透過交換機連在一起，然後它們就可以相互通訊了，如圖 10.16 所示。

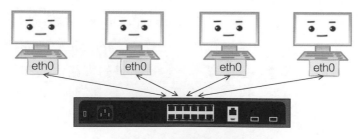

▲ 圖 10.16　物理區域網連接

在我們的網路虛擬化環境裡，和物理網路中的交換機一樣，也需要這樣
一個軟體實現的裝置。它需要有很多個虛擬通訊埠，能把更多的虛擬網
路卡連接在一起，透過自己的轉發功能讓這些虛擬網路卡之間可以通
訊。在 Linux 下這個軟體實現交換機的技術就叫作 Bridge（再強調下，
這是純軟體實現的），工作原理如圖 10.17 所示。

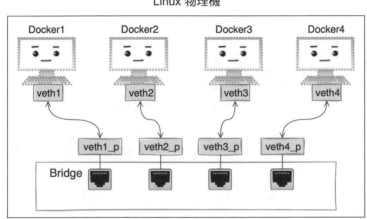

▲ 圖 10.17　Bridge 工作原理

各個 Docker 容器都透過 veth 連接到 Bridge 上，Bridge 負責在不同的
「通訊埠」之間轉發資料封包。這樣各個 Docker 之間就可以互相通訊
了！這一節我們來說明聊聊 Bridge 的詳細工作過程。

10.4.1　如何使用 Bridge

在分析它的工作原理之前，很有必要先來看一看 Bridge 是如何使用的。
為了方便大家理解，接下來我們透過動手實踐的方式，在一台 Linux 上建
立一個小型的虛擬網路，並讓它們互相通訊。

建立兩個不同的網路

Bridge 是用來連接兩個不同的虛擬網路的,所以在準備實驗 Bridge 之前需要先用 ip net 命令建構出兩個不同的網路空間來,如圖 10.18 所示。

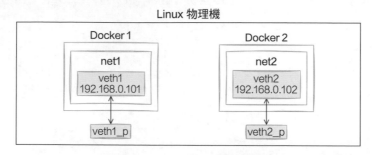

▲ 圖 10.18　建立兩個虛擬網路

具體的建立過程如下。在公眾號「開發內功修煉」後台回覆「配套原始程式」,來獲取本實驗要使用的測試 makefile 檔案。使用 ip netns 命令建立網路命名空間。首先建立一個 net1:

```
# ip netns add net1
```

接下來建立一對 veth,裝置名稱分別是 veth1 和 veth1_p,並把其中的一頭 veth1 放到這個新的網路命名空間中。

```
# ip link add veth1 type veth peer name veth1_p
# ip link set veth1 netns net1
```

因為我們打算用這個 veth1 來通訊,所以需要為其設定上 IP,並啟動它。

```
# ip netns exec net1 ip addr add 192.168.0.101/24 dev veth1
# ip netns exec net1 ip link set veth1 up
```

查看上述設定是否成功。

```
# ip netns exec net1 ip link list
# ip netns exec net1 ifconfig
```

重複上述步驟，再建立一個新的網路命名空間，命名分別為：

- netns: net2
- veth pair: veth2, veth2_p
- ip: 192.168.0.102

這樣我們就在一台 Linux 中建立出來兩個虛擬的網路環境。

把兩個網路連接到一起

在上一個步驟中，只是建立出來兩個獨立的網路環境而已。這個時候這兩個環境之間還不能互相通訊，需要建立一個虛擬交換機——Bridge，來把這兩個網路環境連起來，如圖 10.19 所示。

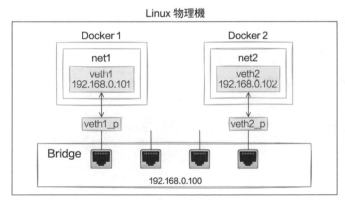

▲ 圖 10.19　使用 Bridge 連接兩個網路

建立過程如下。建立一個 Bridge 裝置，把剛剛建立的兩對 veth 中剩下的兩頭「插」到 Bridge 上來。

```
# brctl addbr br0
# ip link set dev veth1_p master br0
# ip link set dev veth2_p master br0
# ip addr add 192.168.0.100/24 dev br0
```

再為 Bridge 設定上 IP，並把 Bridge 以及插在其上的 veth 啟動。

```
# ip link set veth1_p up
# ip link set veth2_p up
# ip link set br0 up
```

查看當前 Bridge 的狀態，確認剛剛的操作是成功的。

```
# brctl show
bridge name       bridge id            STP enabled      interfaces
br0               8000.4e931ecf02b1    no               veth1_p
                                                         veth2_p
```

網路連通測試

激勵人心的時刻就要到了，我們在 net1 裡（透過指定 ip netns exec net1 以及 -I veth1），ping 一下 net2 裡的 IP（192.168.0.102）試試，如圖 10.20 所示。

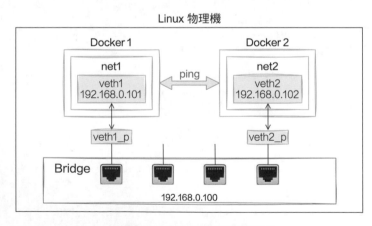

▲ 圖 10.20　網路連通測試

```
# ip netns exec net1 ping 192.168.0.102 -I veth1
PING 192.168.0.102 (192.168.0.102) from 192.168.0.101 veth1: 56(84) bytes
of data.
64 bytes from 192.168.0.102: icmp_seq=1 ttl=64 time=0.037 ms
```

```
64 bytes from 192.168.0.102: icmp_seq=2 ttl=64 time=0.008 ms
64 bytes from 192.168.0.102: icmp_seq=3 ttl=64 time=0.005 ms
```

哇，通了通了！這樣，我們就在一台 Linux 上虛擬出了 net1 和 net2 兩個
不同的網路環境。我們還可以按照這種方式建立更多的網路，都可以透
過一個 Bridge 連接到一起，這就是 Docker 中網路系統工作的基本原理。

10.4.2　Bridge 是如何建立出來的

在核心中，Bridge 是由兩個相鄰儲存的核心物件來表示的，如圖 10.21
所示。

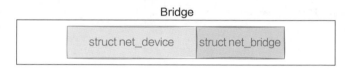

▲ 圖 10.21　Bridge 核心結構

我們先看下它是如何被建立出來的。核心中建立 Bridge 的關鍵程式在
br_add_bridge 這個函數裡。

```
//file:net/bridge/br_if.c
int br_add_bridge(struct net *net, const char *name)
{
    //申請橋接器裝置，並用br_dev_setup來啟動它
    dev = alloc_netdev(sizeof(struct net_bridge), name,
            br_dev_setup);

    dev_net_set(dev, net);
    dev->rtnl_link_ops = &br_link_ops;

    //註冊橋接器裝置
    res = register_netdev(dev);
    if (res)
```

```
        free_netdev(dev);
    return res;
}
```

上述程式中註冊橋接器的關鍵程式是 alloc_netdev 這一行。在這個函數裡，將申請橋接器的核心物件 net_device。在這個函數呼叫裡要注意兩點：

- 第一個參數傳入了 struct net_bridge 的大小。
- 第三個參數傳入的 br_dev_setup 是一個函數。

帶著這兩點注意事項，進入 alloc_netdev 的實現中。

```
//file: include/linux/netdevice.h
#define alloc_netdev(sizeof_priv, name, setup) \
    alloc_netdev_mqs(sizeof_priv, name, setup, 1, 1)
```

好，竟然是個巨集。那就得看 alloc_netdev_mqs 了。

```
//file: net/core/dev.c
struct net_device *alloc_netdev_mqs(int sizeof_priv, ..., void (*setup)
(struct net_device *))
{
    //申請橋接器裝置
    alloc_size = sizeof(struct net_device);
    if (sizeof_priv) {
        alloc_size = ALIGN(alloc_size, NETDEV_ALIGN);
        alloc_size += sizeof_priv;
    }

    p = kzalloc(alloc_size, GFP_KERNEL);
    dev = PTR_ALIGN(p, NETDEV_ALIGN);

    //橋接器裝置初始化
    dev->... = ...;
```

```
    setup(dev); //setup是一個函數指標,實際使用的是br_dev_setup
    ......
}
```

在上述程式中,kzalloc 是用來在核心態申請核心記憶體的。需要注意的
是,申請的記憶體大小是一個 struct net_device 再加上一個 struct net_
bridge(第一個參數傳進來的)。一次性就申請了兩個核心物件,這説
明 Bridge 在核心中是由兩個核心資料結構來表示的,分別是 struct net_
device 和 struct net_bridge。

申請完了一家緊接著呼叫 setup,這實際是外部傳入的 br_dev_setup 函
數。在這個函數內部進行進一步的初始化。

//file: net/bridge/br_device.c
```
void br_dev_setup(struct net_device *dev)
{
    struct net_bridge *br = netdev_priv(dev);
    dev->... = ...;
    br->... = ...;
    ......
}
```

總之,brctl addbr br0 命令主要就是完成了 Bridge 核心物件(struct net_
device 和 struct net_bridge)的申請以及初始化。

10.4.3 增加裝置

呼叫 brctl addif br0 veth0 給橋接器增加裝置的時候,會將 veth 裝置以虛
擬的方式連到橋接器上。當增加了若干個 veth 以後,核心中物件的大概
邏輯如下頁圖 10.22 所示。

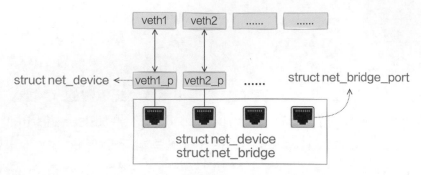

▲ 圖 10.22　給 Bridge 增加裝置過程

其中 veth 由 struct net_device 來表示，Bridge 的虛擬插座由 struct net_bridge_port 來表示。接下來看看原始程式是如何達成上述的邏輯結果的。

增加裝置會呼叫到 net/bridge/br_if.c 下面的 br_add_if。

```
//file: net/bridge/br_if.c
int br_add_if(struct net_bridge *br, struct net_device *dev)
{
    // 申請一個net_bridge_port
    struct net_bridge_port *p;
    p = new_nbp(br, dev);

    // 註冊裝置訊框接收函數
    err = netdev_rx_handler_register(dev, br_handle_frame, p);

    // 增加到bridge的已用通訊埠列表裡
    list_add_rcu(&p->list, &br->port_list);
    ......
}
```

這個函數中的第二個參數 dev 傳入的是要增加的裝置。在本節中可以認為是 veth 的其中一頭。比較關鍵的是 net_bridge_port 這個結構，它模擬的是物理交換機上的插座。它造成一個連接的作用，把 veth 和 Bridge 連接了起來。new_nbp 的原始程式如下：

```
//file: net/bridge/br_if.c
static struct net_bridge_port *new_nbp(struct net_bridge *br,
                    struct net_device *dev)
{
    //申請插座物件
    struct net_bridge_port *p;
    p = kzalloc(sizeof(*p), GFP_KERNEL);

    //初始化插座
    index = find_portno(br);
    p->br = br;
    p->dev = dev;
    p->port_no = index;
    ......
}
```

在 new_nbp 中，先是申請了代表插座的核心物件。find_portno 函數是在當前 bridge 下尋找一個可用的通訊埠編號。接下來插座物件透過 p->br = br 和 bridge 裝置連結了起來，透過 p->dev = dev 和代表 veth 裝置的 dev 物件也建立了聯繫。

在 br_add_if 中還呼叫 netdev_rx_handler_register 註冊了裝置訊框接收函數，設定 veth 上的 rx_handler 為 br_handle_frame。後面在接接收封包的時候會回呼到它。

```
//file: net/core/dev.c
int netdev_rx_handler_register(struct net_device *dev,
                rx_handler_func_t *rx_handler,
                void *rx_handler_data)
{
    ......
    rcu_assign_pointer(dev->rx_handler_data, rx_handler_data);
    rcu_assign_pointer(dev->rx_handler, rx_handler);
}
```

10.4.4 資料封包處理過程

在第 2 章講到過接接收封包的完整流程。資料封包會被網路卡先送到
RingBuffer 中,然後依次經超強中斷、軟體中斷處理。在軟體中斷中再依
次把封包送到裝置層、協定層,最後喚醒應用程式。

不過,拿 veth 裝置來舉例,如果它連接到 Bridge 上,在裝置層的 __
netif_receive_skb_core 函數中和上述過程有所不同。連在 Bridge 上的
veth 在收到資料封包的時候,不會進入協定層,而是會進入 Bridge 處
理。Bridge 找到合適的轉發通訊埠(另一個 veth),透過這個 veth 把資
料轉發出去。工作流程如圖 10.23 所示。

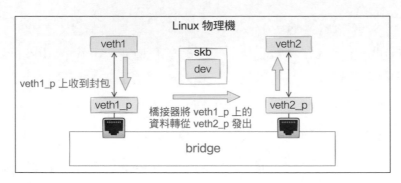

▲ 圖 10.23　Bridge 上的資料轉發過程

我們從 veth1_p 裝置的接收看起,所有裝置的接收都一樣,都會進入 __
netif_receive_skb_core 裝置層的關鍵函數。

```
//file: net/core/dev.c
static int __netif_receive_skb_core(struct sk_buff *skb, bool pfmemalloc)
{
    ......

    // tcpdump抓取封包點
    list_for_each_entry_rcu(...);
```

```
    // 執行裝置的rx_handler（也就是br_handle_frame）
    rx_handler = rcu_dereference(skb->dev->rx_handler);
    if (rx_handler) {
        switch (rx_handler(&skb)) {
        case RX_HANDLER_CONSUMED:
            ret = NET_RX_SUCCESS;
            goto unlock;
        }
    }

    // 送往協定層
    // ......
unlock:
    rcu_read_unlock();
out:
    return ret;
}
```

在 __netif_receive_skb_core 中先是過了 tcpdump 的抓取封包點，然後查詢和執行了 rx_handler。在上面小節中我們看到，把 veth 連接到 Bridge 上的時候，veth 對應的核心物件 dev 中的 rx_handler 被設定成了 br_handle_frame。所以連接到 Bridge 上的 veth 在收到封包的時候，會將訊框送入 Bridge 處理函數 br_handle_frame。另外要注意的是，Bridge 函數處理完的話，一般來説就執行 goto unlock 退出了，和普通的網路卡資料封包接收相比，並不會往下再送到協定層。

接著來看看 Bridge 是怎麼工作的，進入 br_handle_frame 函數。

```
//file: net/bridge/br_input.c
rx_handler_result_t br_handle_frame(struct sk_buff **pskb)
{
    ......
forward:
    NF_HOOK(NFPROTO_BRIDGE, NF_BR_PRE_ROUTING, skb, skb->dev, NULL,
            br_handle_frame_finish);
}
```

上面我對 br_handle_frame 的邏輯進行了充分的簡化,簡化後它的核心就是呼叫 br_handle_frame_finish。同樣 br_handle_frame_finish 也略為複雜。本節的目標是了解 Docker 場景下 bridge 上的 veth 裝置轉發。所以根據這個場景,我又對該函數進行了充分的簡化。

```
//file: net/bridge/br_input.c
int br_handle_frame_finish(struct sk_buff *skb)
{
    // 獲取veth所連接的橋接器通訊埠及Bridge裝置
    struct net_bridge_port *p = br_port_get_rcu(skb->dev);
    br = p->br;

    // 更新和查詢轉發表
    struct net_bridge_fdb_entry *dst;
    br_fdb_update(br, p, eth_hdr(skb)->h_source, vid);
    dst = __br_fdb_get(br, dest, vid)

    // 轉發
    if (dst) {
        br_forward(dst->dst, skb, skb2);
    }
}
```

在硬體中,交換機和集線器的主要區別就是它會智慧地把資料送到正確的通訊埠上去,而不會像集線器那樣給所有的通訊埠群發一遍。所以在上面的函數中,我們看到了更新和查詢轉發表的邏輯。這就是橋接器在學習,它會根據自我學習結果來工作。

在找到要送往的通訊埠後,下一步就是呼叫 br_forward => __br_forward 進入真正的轉發流程。

```
//file: net/bridge/br_forward.c
static void __br_forward(const struct net_bridge_port *to, struct sk_buff *skb)
```

```
{
    // 將skb中的dev改成新的目的dev
    skb->dev = to->dev;

    NF_HOOK(NFPROTO_BRIDGE, NF_BR_FORWARD, skb, indev, skb->dev,
        br_forward_finish);
}
```

在 __br_forward 中，將 skb 上的裝置 dev 改為了新的目的 dev，如圖
10.24 所示。

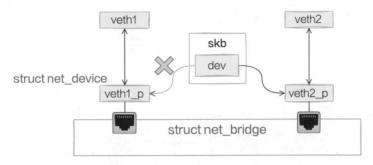

▲ 圖 10.24　修改 skb 歸屬裝置

然後呼叫 br_forward_finish 進入發送流程。在 br_forward_finish 裡會依
次呼叫 br_dev_queue_push_xmit 和 dev_queue_xmit。

//file: net/bridge/br_forward.c
```
int br_forward_finish(struct sk_buff *skb)
{
    return NF_HOOK(NFPROTO_BRIDGE, NF_BR_POST_ROUTING, skb, NULL, skb->dev,
            br_dev_queue_push_xmit);
}
int br_dev_queue_push_xmit(struct sk_buff *skb)
{
    dev_queue_xmit(skb);
    ......
}
```

dev_queue_xmit 就是發送函數，在 10.2 節介紹過，後續的發送過程就是
dev_queue_xmit => dev_hard_start_xmit => veth_xmit。在 veth_xmit
中會獲取當前 veth 的對端，然後把資料給它發送過去，如圖 10.25 所示。

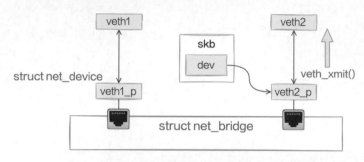

▲ 圖 10.25　資料轉發給 veth

至此，Bridge 上的轉發流程就算完畢了。要注意的是，整個 Bridge 的工
作原始程式都是在 net/core/dev.c 或 net/bridge 目錄下，都是在裝置層工
作的。這也就充分印證了我們經常說的 Bridge（物理交換機也一樣）是
二層上的裝置。

接下來，收到橋接器發過來資料的 veth 會把資料封包發送給它的對端
veth2，veth2 再開始自己的資料封包接收流程，如圖 10.26 所示。

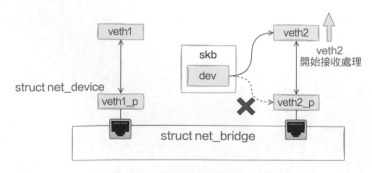

▲ 圖 10.26　目的裝置接收處理

10.4.5 小結

所謂網路虛擬化，其實用一句話來概括就是用軟體來模擬實現真實的物理網路連接。

Linux 核心中的 Bridge 模擬實現了物理網路中的交換機的角色。和物理網路類似，可以將虛擬裝置插入 Bridge。不過和物理網路有點不一樣的是，一對 veth 插入 Bridge 的那端其實就不是裝置了，可以視為退化成了一個網線插頭。當 Bridge 連線了多對 veth 以後，就可以透過自身實現的網路封包轉發的功能來讓不同的 veth 之間互相通訊了。

回到 Docker 的使用場景上來舉例，完整的 Docker1 和 Docker2 通訊的過程如圖 10.27 所示。

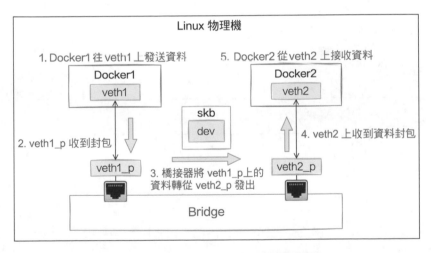

▲ 圖 10.27　Bridge 工作過程整理

大致步驟是：

1. Docker1 往 veth1 上發送資料。
2. 由於 veth1_p 是 veth1 的對端，所以這個虛擬裝置上可以收到封包。

3. veth 收到封包以後發現自己是連在 Bridge 上的，於是進入 Bridge 處理。在 Bridge 裝置上尋找要轉發到的通訊埠，這時找到了 veth2_p 開始發送。Bridge 完成了自己的轉發工作。

4. veth2 作為 veth2_p 的對端，收到了資料封包。

5. Docker2 就可以從 veth2 裝置上收到資料了。

覺得這個流程圖還不過癮？那我們再繼續拉大視野，從兩個 Docker 的使用者態來開始看一看，見圖 10.28。

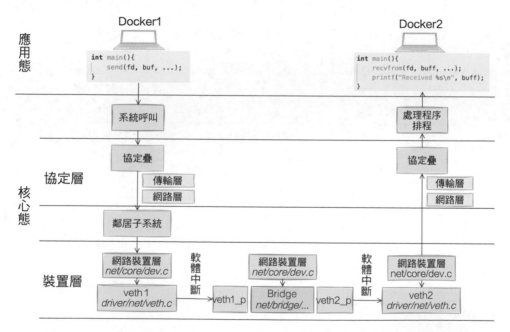

▲ 圖 10.28　基於 Bridge 的本機網路發送和接收

Docker1 在需要發送資料的時候，先透過 send 系統呼叫發送，這個發送會執行到協定層進行協定表頭的封裝等處理。經由鄰居子系統找到要使用的裝置（veth1）後，從這個裝置將資料發送出去，veth1 的對端 veth1_p 會收到資料封包。

收到資料封包的 veth1_p 是一個連接在 Bridge 上的裝置,這時候 Bridge
會接管該 veth 的資料接收過程。從自己連接的所有裝置中查詢目的裝
置。找到 veth2_p 以後,呼叫該裝置的發送函數將資料發送出去。同
樣,veth2_p 的對端 veth2 即將收到資料。

其中 veth2 收到資料後,將和 IO、eth0 等裝置一樣,進入正常的資料接
收處理過程。Docker2 中的使用者態處理程序將能夠收到 Docker1 發送
過來的資料了。

10.5 外部網路通訊

學習完前幾節內容,我們透過 veth、網路命名空間和 Bridge 在一台
Linux 上就能虛擬多個網路環境出來。也還可以讓新建網路環境之間、和
宿主機之間都可以通訊。這時還剩下一個問題沒有解決,那就是虛擬網
路環境和外部網路的通訊,如圖 10.29 所示。還拿 Docker 容器來舉例,
你啟動的容器裡的服務肯定是需要存取外部資料庫的。還有就是可能需
要曝露比如 80 通訊埠對外提供服務。

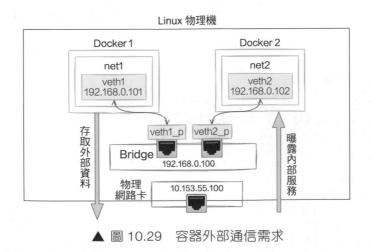

▲ 圖 10.29 容器外部通信需求

本節主要就是解決這個問題的。解決它還需要用到路由和 NAT 技術。

10.5.1 路由和 NAT

路由

Linux 在發送資料封包或轉發送封包的時候,會涉及路由過程。這個發送資料過程既包括本機的資料發送,也包括途經當前機器的資料封包的轉發,其中本機發送在第 3 章討論過。

所謂路由其實很簡單,就是該選擇哪張網路卡(虛擬網路卡裝置也算)將資料寫進去。到底該選擇哪張網路卡呢,規則都是在路由表中指定的。Linux 中可以有多張路由表,最重要和常用的是 local 和 main。

local 路由表統一記錄本地,確切説是本網路命名空間中的網路卡裝置 IP 的路由規則。

```
#ip route list table local
local 10.143.x.y dev eth0 proto kernel scope host src 10.143.x.y
local 127.0.0.1 dev lo proto kernel scope host src 127.0.0.1
```

其他的路由規則,一般都是在 main 路由表中記錄著的。可以用 ip route list table local 命令查看,也可以用更簡短的 route –n 命令查看,如圖 10.30 所示。

```
[          ~]# route -n
Kernel IP routing table
Destination     Gateway         Genmask         Flags Metric Ref    Use Iface
10.0.0.0        10.             255.0.0.0       UG    0      0        0 eth0
10.             0.0.0.0         255.255.248.0   U     0      0        0 eth0
169             0.0.0.0         255.255.0.0     U     1002   0        0 eth0
```

▲ 圖 10.30 main 路由表查看

除了本機發送，轉發也會涉及路由過程。如果 Linux 收到資料封包以後發現目的位址並不是本地位址的話，就可以選擇把這個資料封包從自己的某個網路卡裝置轉發出去。這時和本機發送一樣，也需要讀取路由表。根據路由表的設定來選擇從哪個裝置將封包轉走。

不過值得注意的是，Linux 上轉發功能預設是關閉的，也就是發現目的位址不是本機 IP 位址時預設將封包直接捨棄。需要做一些簡單的設定，Linux 才可以進行像路由器一樣的工作，實現資料封包的轉發。

iptables 與 NAT

Linux 核心網路堆疊在執行上基本屬於純核心態的東西，但為了迎合各種各樣使用者層不同的需求，核心開放了一些通訊埠出來供使用者層來干預。其中 iptables 就是一個非常常用的干預核心行為的工具，它在核心裡埋下了五個鉤子入口，這就是俗稱的五鏈。

Linux 在接收資料的時候，在 IP 層進入 ip_rcv 中處理。再執行路由判斷，發現是本機的話就進入 ip_local_deliver 進行本機接收，最後送往 TCP 協定層。在這個過程中，埋了兩個 HOOK，第一個是 PRE_ROUTING。這段程式會執行到 iptables 中 pre_routing 裡的各種表。發現是本地接收後接著又會執行到 LOCAL_IN，這會執行到 iptables 中設定的 input 規則。

在發送資料的時候，查詢路由表找到出口裝置後，依次透過 __ip_local_out、ip_output 等函數將封包送到裝置層。在這兩個函數中分別過了 OUTPUT 和 PREROUTING 的各種規則。

在轉發資料的時候，Linux 收到資料封包發現不是本機的封包可以透過查詢自己的路由表找到合適的裝置把它轉發出去。那就先在 ip_rcv

中將封包送到 ip_forward 函數中處理,最後在 ip_output 函數中將封包轉發出去。在這個過程中分別過了 PREROUTING、FORWARD 和 POSTROUTING 三個規則。

綜上所述,iptables 裡的五個鏈在核心網路模組中的位置就可以歸納成圖 10.31 這幅圖。

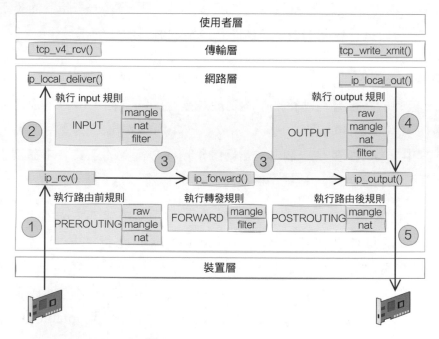

▲ 圖 10.31　iptables 內部原理

資料接收過程走的是 1 和 2,發送過程走的是 4 和 5,轉發過程是 1、3、5。有了這張圖,我們能更清楚地理解 iptables 和核心的關係。

在 iptables 中,根據實現的功能的不同,又分成了四張表。分別是 raw、mangle、nat 和 filter。其中 nat 表實現我們常說的 NAT(Network AddressTranslation)功能。其中 NAT 又分成 SNAT(Source NAT)和 DNAT(Destination NAT)兩種。

SNAT 解決的是內網位址存取外部網路的問題。它是透過在 POSTROUTING 裡修改來源 IP 來實現的。DNAT 解決的是內網的服務要能夠被外部存取到的問題。它是透過 PREROUTING 修改目標 IP 實現的。

10.5.2 實現外部網路通訊

基於以上基礎知識,我們用純手工的方式架設一個可以和 Docker 類似的虛擬網路,而且要實現和外網通訊的功能。在公眾號「開發內功修煉」後台回覆「配套原始程式」,獲取本實驗要使用的測試 makefile 檔案。

實驗環境準備

我們先來建立一個虛擬的網路環境,其網路命名空間為 net1,如圖 10.32 所示。宿主機的 IP 是 10.162 的網段,可以存取外部機器。虛擬網路為其分配 192.168.0 的網段,這個網段是私有的,外部機器無法辨識。

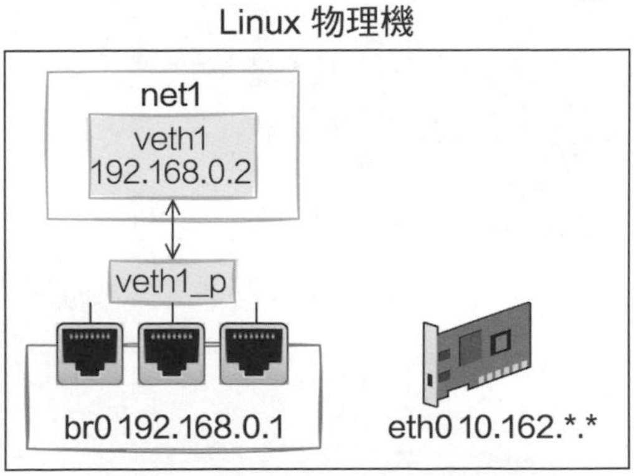

▲ 圖 10.32　外部通訊實驗準備

這個虛擬網路的架設過程如下。先建立一個網路命名空間,命名為 net1。

```
# ip netns add net1
```

建立一個 veth 對（veth1 - veth1_p），把其中的一頭 veth1 放在 net1 中，給它設定上 IP，並把它啟動起來。

```
# ip link add veth1 type veth peer name veth1_p
# ip link set veth1 netns net1
# ip netns exec net1 ip addr add 192.168.0.2/24 dev veth1
# ip netns exec net1 ip link set veth1 up
```

建立一個 Bridge，給它也設定上 IP。接下來把 veth 的另外一端 veth1_p 插到 Bridge 上面。最後把 Bridge 和 veth1_p 都啟動起來。

```
# brctl addbr br0
# ip addr add 192.168.0.1/24 dev br0
# ip link set dev veth1_p master br0
# ip link set veth1_p up
# ip link set br0 up
```

這樣我們就在 Linux 上建立出了一個虛擬的網路。這個準備過程和 10.4 節中一樣，只不過這裡為了省事，只建立了一個網路出來，上一節建立出來兩個。

請求外部資源

現在假設 net1 這個網路環境想存取外部網路資源。假設它要存取的另外一台機器的 IP 是 10.153.*.*，這個 10.153.*.* 後面兩段由於是我的內部網路，所以隱藏起來了，如圖 10.33 所示。你在實驗的過程中，用自己的 IP 代替即可。

我們直接來存取一下試試：

```
# ip netns exec net1 ping 10.153.*.*
connect: Network is unreachable
```

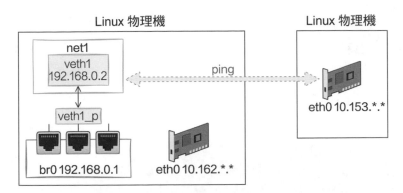

▲ 圖 10.33　請求外部資源

提示網路不通，這是怎麼回事？用這段顯示出錯關鍵字在核心原始程式
裡搜索一下：

//file: arch/parisc/include/uapi/asm/errno.h
```
#define ENETUNREACH    229 /* Network is unreachable */
```

//file: net/ipv4/ping.c
```
static int ping_sendmsg(struct kiocb *iocb, struct sock *sk,
                    struct msghdr *msg, size_t len)
{
    ......
    rt = ip_route_output_flow(net, &fl4, sk);
    if (IS_ERR(rt)) {
        err = PTR_ERR(rt);
        rt = NULL;
        if (err == -ENETUNREACH)
            IP_INC_STATS_BH(net, IPSTATS_MIB_OUTNOROUTES);
        goto out;
    }
    ......
out:
    return err;
}
```

在 ip_route_output_flow 這裡，判斷傳回值如果是 ENETUNREACH 就退出了。從這個巨集定義註釋上來看顯示出錯的資訊就是 "Network is unreachable"。這個 ip_route_output_flow 主要是執行路由選路。所以我們推斷可能是路由出問題了，看一下這個網路命名空間的路由表。

```
# ip netns exec net1 route -n
Kernel IP routing table
Destination     Gateway         Genmask         Flags Metric Ref    Use Iface
192.168.0.0     0.0.0.0         255.255.255.0   U     0      0        0 veth1
```

怪不得，原來 net1 這個網路命名空間下預設只有 192.168.0.* 這個網段的路由規則。我們 ping 的 IP 是 10.153.*.*，根據這個路由表找不到出口，自然就發送失敗了。

我們來給 net 增加上預設路由規則，只要匹配不到其他規則就預設送到 veth1 上，同時指定下一筆是它所連接的 Bridge（192.168.0.1）。

```
# ip netns exec net1 route add default gw 192.168.0.1 veth1
```

再 ping 一下試試。

```
# ip netns exec net1 ping 10.153.*.* -c 2
PING 10.153.*.* (10.153.*.*) 56(84) bytes of data.

--- 10.153.*.* ping statistics ---
2 packets transmitted, 0 received, 100% packet loss, time 999ms
```

好，仍然不通。上面路由幫我們把資料封包從 veth 正確送到了 Bridge 這個橋接器。接下來橋接器還需要 Bridge 轉發到 eth0 網路卡上。所以我們得打開下面這兩個轉發相關的設定。

```
# sysctl net.ipv4.conf.all.forwarding=1
# iptables -P FORWARD ACCEPT
```

不過這個時候，還會有一個問題。那就是外部的機器並不認識
192.168.0.* 這個網段的 IP。它們之間都是透過 10.* 進行通訊的。回想
下我們工作中的電腦上沒有外網 IP 的時候是如何正常上網的呢？外部的
網路只認識外網 IP，沒錯，那就是我們上面説的 NAT 技術。

這次的需求是實現內部虛擬網路存取外網，所以需要使用的是 SNAT。
它將 namespace 請求中的 IP（192.168.0.2）換成外部網路認識的
10.153.*.*，進而達到正常存取外部網路的效果。

```
# iptables -t nat -A POSTROUTING -s 192.168.0.0/24 ! -o br0 -j MASQUERADE
```

來再 ping 一下試試，通了！

```
# ip netns exec net1 ping 10.153.*.*
PING 10.153.*.* (10.153.*.*) 56(84) bytes of data.
64 bytes from 10.153.*.*: icmp_seq=1 ttl=57 time=1.70 ms
64 bytes from 10.153.*.*: icmp_seq=2 ttl=57 time=1.68 ms
```

這時候可以開啟 tcpdump 抓取封包查看一下，在 Bridge 上抓到的封包我
們能看到還是原始的來源 IP 和目的 IP，如圖 10.34 所示。

No.	Time	Source	Destination	Protocol	Leng	Info
1	0.000000	192.168.0.2	10.153.▉	ICMP	98	Echo (ping) request
2	0.001692	10.153.▉	192.168.0.2	ICMP	98	Echo (ping) reply

▲ 圖 10.34　Bridge 上抓到的來源 IP

再到 eth0 上查看，來源 IP 已經被替換成可和外網通訊的 eth0 上的 IP
了，如圖 10.35 所示。

No.	Time	Source	Destination	Protocol	Leng	Info
1	0.000000	10.162.▉	10.153.▉	ICMP	98	Echo (ping) request
2	0.001623	10.153.▉	10.162.▉	ICMP	98	Echo (ping) reply

▲ 圖 10.35　eth0 上抓到的來源 IP

至此,容器就可以透過宿主機的網路卡來存取外部網路上的資源了。我們來複習一下這個發送過程,見圖 10.36。

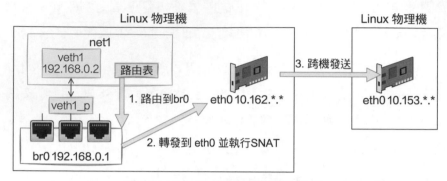

▲ 圖 10.36　存取外部資源過程

開放容器通訊埠

我們再考慮另外一個需求,那就是把在這個網路命名空間內的服務提供給外部網路使用。和上面的問題一樣,虛擬網路環境中 192.168.0.2 這個 IP 外界是不認識它的,只有這個宿主機知道它是誰,所以我們同樣還需要 NAT 功能。

這次我們是要實現外部網路存取內部位址,所以需要的是 DNAT 設定。DNAT 和 SNAT 設定中有一個不一樣的地方就是需要明確指定容器中的通訊埠在宿主機上對應哪個。比如在 docker 命令的使用中,是透過 -p 來指定通訊埠的對應關係的。

```
# docker run -p 8000:80 ...
```

我們透過以下這個命令來設定 DNAT 規則。

```
# iptables -t nat -A PREROUTING  ! -i br0 -p tcp -m tcp --dport 8088 -j
DNAT --to-destination 192.168.0.2:80
```

這裡表示的是宿主機在路由之前判斷一下，如果流量不是來自 br0，並且是存取 tcp 的 8088，那就轉發到 192.168.0.2:80。

在 net1 環境中啟動一個伺服器。

```
# ip netns exec net1 nc -lp 80
```

在外部用 telnet 連一下試試，通了！

```
# telnet 10.162.*.* 8088
Trying 10.162.*.*...
Connected to 10.162.*.*.
Escape character is '^]'.
```

透過 # tcpdump -i eth0 host 10.153.*.* 開啟抓取封包。可見在 eth0 上的時候，網路封包目的是宿主機的 IP 的通訊埠，如圖 10.37 所示。

No.	Time	Source	Destination	Protocol	Leng	Info
1	0.000000	10.162.	10.143.	TCP	74	33220 → 8088 [SYN] Seq=0 Win=29200 Len...
2	0.000166	10.162.	10.143.	TCP	74	8088 → 33220 [SYN, ACK] Seq=0 Ack=1 Wi...
3	0.001768	10.143.	10.162.	TCP	66	33220 → 8088 [ACK] Seq=1 Ack=1 Win=294...
4	23.077673	10.143.	10.162.	TCP	75	33220 → 8088 [PSH, ACK] Seq=1 Ack=1 Wi...
5	23.077750	10.162.	10.143.	TCP	66	8088 → 33220 [ACK] Seq=1 Ack=10 Win=29...
6	27.798868	10.143.	10.162.	TCP	66	33220 → 8088 [FIN, ACK] Seq=10 Ack=1 W...
7	27.799057	10.162.	10.143.	TCP	66	8088 → 33220 [FIN, ACK] Seq=1 Ack=11 W...
8	27.800615	10.143.	10.162.	TCP	66	33220 → 8088 [ACK] Seq=11 Ack=2 Win=29...

▲ 圖 10.37　eth0 上抓到的目的 IP

但資料封包到宿主機協定層以後命中了我們設定的 DNAT 規則，宿主機把它轉發到了 br0 上。在 Bridge 上抓取封包看看，由於沒有那麼多的網路流量封包，所以不用過濾直接抓取封包就行，# tcpdump -i br0。發現在 br0 上抓到的目的 IP 和通訊埠是已經替換過的了，換成了 192.168.0.2:80，如下頁圖 10.38 所示。

No.	Time	Source	Destination	Protocol	Leng	Info
1	0.000000	10.143.	192.168.0.2	TCP	74	33220 → 80 [SYN] Seq=0 Win=29200 Len=0…
2	0.000091	192.168.0.2	10.143.	TCP	74	80 → 33220 [SYN, ACK] Seq=0 Ack=1 Win=…
3	0.001731	10.143.	192.168.0.2	TCP	66	33220 → 80 [ACK] Seq=1 Ack=1 Win=29440…
4	23.077639	10.143.	192.168.0.2	TCP	75	33220 → 80 [PSH, ACK] Seq=1 Ack=1 Win=…
5	23.077684	192.168.0.2	10.143.	TCP	66	80 → 33220 [ACK] Seq=1 Ack=10 Win=2918…
6	27.798848	10.143.	192.168.0.2	TCP	66	33220 → 80 [FIN, ACK] Seq=10 Ack=1 Win…
7	27.798981	192.168.0.2	10.143.	TCP	66	80 → 33220 [FIN, ACK] Seq=1 Ack=11 Win…
8	27.800566	10.143.	192.168.0.2	TCP	66	33220 → 80 [ACK] Seq=11 Ack=2 Win=2944…

▲ 圖 10.38　Bridge 上抓到的目的 IP

Bridge 當然知道 192.168.0.2 是 veth1。於是，在 veth1 上監聽 80 的
服務就能收到來自外界的請求了！我們來複習一下這個接收過程，見圖
10.39。

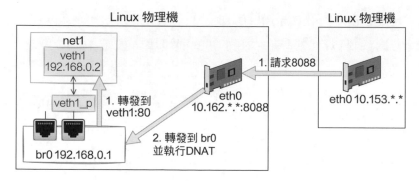

▲ 圖 10.39　回應外部請求過程

10.5.3　小結

現在業界已經有很多公司都遷移到容器上了。開發人員寫出來的程式大
機率是要執行在容器上的。因此深刻理解容器網路的工作原理非常重
要。只有這樣，將來遇到問題的時候才知道該如何下手處理。

veth 實現連接，Bridge 實現轉發，網路命名空間實現隔離，路由表控制
發送時的裝置選擇，iptables 實現 nat 等功能。基於以上基礎知識，我們

採用純手工的方式架設了一個虛擬網路環境，如圖 10.40 所示。

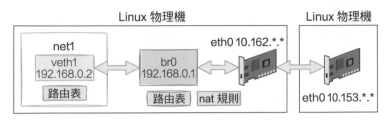

▲ 圖 10.40　容器與外部的通訊過程

這個虛擬網路可以存取外網資源，也可以提供通訊埠服務供外網來呼叫，這就是 Docker 容器網路工作的基本原理。

10.6　本章複習

事實上，當前大火的容器並不是新技術，而是基於 Linux 的一些基礎元件誕生和演化出來的。

本章深度拆解了容器網路虛擬化的三大基礎，veth、網路命名空間和 Bridge。veth 模擬了現實物理網路中一對連接在一起可以相互通訊的網路卡。Bridge 則模擬了交換機的角色，可以把 Linux 上的各種網路卡裝置連接在一起，讓它們之間可以互相通訊。網路命名空間則是將網路裝置、處理程序、socket 等隔離開，在一台機器上虛擬出多個邏輯上的網路堆疊。理解了它們的工作原理之後再理解容器就容易得多了。

回到本章開篇提到的幾個問題上。

1）容器中的 eth0 和母機上的 eth0 是一個東西嗎？

答案為否，每個容器中的裝置都是獨立的。物理 Linux 機上的 eth0 一般來説是個真正的網路卡，有網線介面。而容器中的 eth0 只是一個虛擬裝置 veth 裝置對中的一頭，它和 IO 環回裝置類似，是以純軟體方式工作的。裝置的名字是可以隨便修改的，其實想改成什麼都可以。命名成 eth0 這個名字是容器作者們為了讓容器和物理機更像。

2）veth 裝置是什麼，它是執行原理的？

veth 裝置和環回裝置 IO 非常像，唯一的區別就是 veth 是為了虛擬化技術而生的，所以它多了個結對的概念。每一次建立 veth 都會建立出來兩個虛擬網路裝置。這兩個裝置是連通著的，在 veth 的一頭發送資料，另一頭就可以收到。它是容器和母機通訊的基礎。

3）Linux 是如何實現虛擬網路環境的？

預設情況下，其實就存在一個網路命名空間，在核心中它叫 init_net。網路命名空間的核心物件中，是包含自己的路由表、iptable，甚至是核心參數的。建立網路命名空間的方法有多種，分別是 clone、setns 和 unshare，透過它們可以建立新的空間出來。拿 clone 來舉例，如果指定了 CLONE_NEWNET 標記，核心就會建立一個新的網路命名空間。

每個處理程序內部都會有指標，透過它來表示自己的命名空間歸屬。veth 等虛擬網路卡裝置也歸屬在預設命名空間下，但可以透過命令將它修改到其他網路命名空間中。

透過上述的一系列操作，每個命名空間中都有了自己獨立的處理程序、虛擬網路卡裝置、socket、路由表、iptables 等元素，也就進而實現了網路的隔離。

4）Linux 如何保證同宿主機上多個虛擬網路環境中路由表等可以獨立工作？

不管有沒有新的網路命名空間，Linux 的網路封包收發流程都是一樣的，只不過涉及特定的網路命名空間相關的邏輯時需要先查詢到表示命名空間的 struct net 物件。拿路由步驟舉例，核心先根據 socket 找到其歸屬的網路命名空間，再找到命名空間裡的路由表，然後再開始執行查詢。

如果沒有建立任何新 namespace，就執行的是預設命名空間 inet_net 中的路由規則，就是透過 route 命令直接查看到的規則。如果是在新的 namespace 中，那就是執行的這個空間下的路由設定。

5）同一宿主機上多個容器之間是如何通訊的？

在物理機的網路環境中，多台不同的物理機之間透過乙太網交換機連接在一起，進而實現通訊。在 Linux 下也是類似的，Bridge 是用軟體模擬了交換機，它也有插座的概念，多個虛擬裝置都是「連接」在 Bridge 上的。Bridge 工作在核心網路堆疊的二層上，可以在不同的插座之間轉發資料封包。

6）Linux 上的容器如何和外部機器通訊？

使用 veth、Bridge、網路命名空間三個技術架設起來的虛擬網路只能在宿主機內部進行通訊，因為其私有 IP 無法被外網認識。我們採用路由表控制以及 NAT 功能，可以使得虛擬網路透過母機的網路卡和外部機器進行通訊。

這裡多説兩句。Kubernets、Istio 等專案中用的網路方案看似複雜，但其實追根溯源也是對路由選擇、iptables 等技術的不同應用方式罷了！

Note

Note